生化制药技术

第二版

陈 晗 主编　　陈可夫 主审

化学工业出版社

·北京·

生化制药技术是指利用现代生物化学技术从生物体中分离、纯化、制备用于预防、治疗和诊断疾病的具有活性的"生化物质"。本教材对其内容进行了精心选择,主要包括生化制药的基本技术,氨基酸类药物、肽类及蛋白质类药物、核酸类药物、酶类药物以及多糖类药物、脂类药物;还介绍了动物制剂、植物药用成分、现代生物技术类药物以及生物制品等内容。从职业教育特点和实际需求出发强化知识的技术性、先进性和实用性,对所列生化产品注重生产的代表性和生产的可行性,对制备工艺本着科学性、准确性及产品制备的可操作性的原则,采用了简单易行的技术路线。本书配有电子课件,可从 www.cipedu.com.cn 下载使用。

　　本书可作为高职高专院校生物制药技术、药品生物技术、化工生物技术以及其他生物技术类相关专业的教材,也可供从事生物药物生产、研究的工作人员参考。

图书在版编目(CIP)数据

　　生化制药技术/陈晗主编 . —2 版 . —北京:化学工业
出版社,2017.11(2025.2重印)
　　"十三五"职业教育规划教材
　　ISBN 978-7-122-30689-0

　　Ⅰ.①生… Ⅱ.①陈… Ⅲ.①药物-生物制品-职业
教育-教材 Ⅳ.①TQ464

　　中国版本图书馆 CIP 数据核字(2017)第 238585 号

责任编辑:迟　蕾　李植峰　　　　　　　　　　装帧设计:张　辉
责任校对:王　静

出版发行:化学工业出版社(北京市东城区青年湖南街 13 号　邮政编码 100011)
印　　装:北京天宇星印刷厂
787mm×1092mm　1/16　印张 15¼　字数 377 千字　2025 年 2 月北京第 2 版第 2 次印刷

购书咨询:010-64518888(传真:010-64519686)　　售后服务:010-64518899
网　　址:http://www.cip.com.cn
凡购买本书,如有缺损质量问题,本社销售中心负责调换。

定　价:39.80 元　　　　　　　　　　　　　　　　版权所有　违者必究

《生化制药技术》（第二版）编写人员

主　　编：陈　晗

副 主 编：杨　晶　朱德艳　邵玲莉　沈玉杰

参编人员：（按姓名笔画排列）

关　力（黑龙江农业职业技术学院）

朱德艳（荆楚理工学院）

张虎成（北京市医药器械学校）

张星海（浙江经贸职业技术学院）

李玲玲（重庆工贸职业技术学院）

杨　晶（黑龙江农业职业技术学院）

沈玉杰（吉林大学中日联谊医院）

邵玲莉（金华职业技术学院）

陈　晗（荆楚理工学院）

祝冬青（江苏食品药品职业技术学院）

黄百祺（广东科贸职业学院）

曾青兰（咸宁职业技术学院）

主　　审：陈可夫（荆楚理工学院）

前　言

生化制药技术是用现代生物化学技术从生物体中分离、纯化、制备用于预防、治疗和诊断疾病的具有活性的"生化物质"。这些"生化物质"主要是氨基酸、多肽、蛋白质、酶及辅酶、多糖、脂类、维生素、激素、核酸及其降解产物等。本课程的基本任务和作用是使学生掌握生化制药的基本理论知识和生化制药的基本技术和方法。通过学习，学生将具备从事生化药物的制备、研究和解决问题的能力。

本书根据课程目标的需要，在教学内容上尽量淡化学科的系统性，强化知识的系统性、完整性，力求融科学性、技术性、通俗性、先进性和实用性于一体；对所列生化产品注重生产的代表性和生产的可行性；对制备工艺本着科学性、准确性及产品制备的可操作性的原则，采用了简单易行的技术路线。

本书采用 2015 年版《中国药典》的内容，在编写方法上，对其内容进行了精心的选用，主要包括绪论、生化制药的基本技术、氨基酸类药物、肽类和蛋白质类药物、核酸类药物、酶类药物、多糖类药物、脂类药物的制备技术，还补充了动物制剂、植物药用成分、现代生物技术类药物以及生物制品等内容作为学生自学和教学参考之用。每章前面以知识要点为引导；章末有思考题供学生自学、复习参考之用，教师也可以根据教学大纲对每章的重点要求，选出一些复习题供学生讨论和自学。本书配套电子课件，可从 www.cipedu.com.cn 下载使用。

参加本书编写的人员有陈晗、杨晶、朱德艳、关力、李玲玲、张星海、张虎成、沈玉杰、邵玲莉、祝冬青、黄百祺、曾青兰等。在编写中得到了荆楚理工学院、黑龙江农业职业技术学院、江苏食品药品职业技术学院、金华职业技术学院、浙江经贸职业技术学院、北京市医药器械学校、重庆工贸职业技术学院、咸宁职业技术学院、广东科贸职业学院、吉林大学中日联谊医院的领导和同仁们的大力支持与帮助，也收到不少同仁的宝贵意见，在此一并表示衷心感谢。

由于编者水平有限，教材难免存在不足之处，我们热忱希望使用本教材的教师和同学及其他读者提出宝贵意见，以便再版时进一步修正。

编者
2018 年 1 月

第一版前言

生化制药技术是指利用现代生物化学技术从生物体中分离、纯化、制备用于预防、治疗和诊断疾病的具有活性的"生化物质"。这些"生化物质"主要是氨基酸、多肽、蛋白质、酶及辅酶、多糖、脂类、维生素、激素、核酸及其降解产物等。本课程的基本任务和作用是使学生掌握生化制药的基本理论知识、基本技术和方法。通过学习，学生将具备从事生化药物制备和生产工作的能力。

本书共分 12 章，按 92 学时编写。在编写过程中，对内容进行了精心选择，主要包括绪论、生化制药的基本技术、氨基酸类药物、多肽及蛋白质类药物、核酸类药物、酶类药物以及多糖类药物、脂类药物，还介绍了动物制剂、植物药用成分、生物技术类药物以及生物制品等内容。每章前面以知识要点为引导；章末有思考题供学生自学、复习之用。根据课程目标的需要，在教学内容上尽量淡化学科的系统性，强化知识的技术性、先进性和实用性。对所列生化产品注重生产的代表性和生产的可行性。对制备工艺本着科学性、准确性及产品制备的可操作性的原则，采用了简单易行的技术路线。

参加本书编写的人员有陈可夫、关力、李居宁、李玲玲、陈晗、张星海、张虎成、邵玲莉、祝冬青、曾青兰等。本编写组在编写过程中并得到了荆楚理工学院、黑龙江农业职业技术学院、江苏食品药品职业技术学院、金华职业技术学院、浙江经贸职业技术学院、北京市医药器械学校、重庆工贸职业技术学院、咸宁职业技术学院和化学工业出版社的领导和同仁们的大力支持与帮助；在编写过程中也收到不少同仁们的宝贵意见与建议，在此一并表示衷心感谢。

本书可作为高职高专院校生物制药、生物技术类相关专业的教材，也可供从事生物药物生产、研究的工作人员参考。

由于编者水平有限，教材难免存有不妥和疏漏之处，热忱希望使用本教材的教师和学生及其他读者提出宝贵意见，以便再版时进一步修正。

荆楚理工学院　陈可夫

2008 年 4 月

目 录

绪 论 /1

第一章 生化制药的基本技术 /6

第二章 氨基酸类药物 /30

第三章　肽类和蛋白质类药物 / 58

第四章　核酸类药物 / 79

第五章　酶类药物 / 105

第六章　多糖类药物 / 129

第七章　脂类药物 / 146

第八章　动物器官或组织提取制剂 / 170

第九章　植物药用成分的提取 / 183

第十章　现代生物技术药物 / 204

第十一章 生物制品 / 217

参考文献 / 230

绪　论

第一节　生化药物的特点与分类

　　生化药物（biochemical drug）是从生物体分离纯化，或用化学合成、微生物合成、现代生物技术制得用于预防、治疗和诊断疾病的一类生化物质，主要是氨基酸、多肽、蛋白质、酶及辅酶、多糖、脂类、维生素、激素、核酸及其降解产物等。这类物质是维持正常生理活动、治疗疾病、保持健康必需的生化成分。

一、生化药物的特点

　　生化药物的显著特点：一是来自于生物体，即来自动物、植物和微生物；二是生物体中的基本生化成分。因此，在医疗应用中显示出高效、低毒、量小的临床效果。随着人们对纯天然物质的青睐，生化药物将受到更大的重视。

　　人们把用传统方法从生物体制备的内源性生理活性物质习惯称为生化药品，而把利用生物技术制备的一些内源性物质包括疫苗、单克隆抗体等统称为生物技术药物。生物技术药物是在生化制药基础上利用现代生物技术发展起来的。传统生化制药的内容是现代生物制药的基础，了解传统生化制药工艺对学习掌握现代生物制药技术十分必要。

　　生化药物传统上主要是从动物（植物）器官、组织，血浆（细胞）中分离纯化制得，但不包括从植物中提取、纯化所得的一些物质如生物碱、有机酸等。从中草药中提取的生物活性物质，习惯上仍属于中药的范畴。

二、生化药物的分类

　　生化药物主要按其化学本质和化学特性进行分类，该分类方法有利于比较同一类药物的结构与功能的关系、分离制备方法的特点和检验方法的统一，因此一般按此法分类。

1. 氨基酸及其衍生物类药物

这类药物包括天然的氨基酸、氨基酸混合物以及氨基酸的衍生物，如 N-乙酰半胱氨酸、L-二羟基苯丙氨基酸等。

2. 多肽和蛋白质类药物

多肽和蛋白质的化学本质相同，性质相似，只是因分子量相对不同而导致生物学性质上有较大的差异。如分子量大小不同的物质，其免疫学性质就完全不一样。蛋白质类药物如血清白蛋白、丙种球蛋白、胰岛素等；多肽类药物如催产素、降解素、胰高血糖素等。

3. 酶类药物

酶类药物可按功能分为：消化酶类、消炎酶类、心脑血管疾病治疗酶类、抗肿瘤酶类、氧化还原酶类等。

4. 核酸及其降解产物类药物

这类药物有核酸（DNA 和 RNA）、多聚核苷酸、单核苷酸、核苷、碱基及其衍生物，如 5-氟尿嘧啶、6-巯基嘌呤等。

5. 糖类药物

糖类药物以黏多糖为主。多糖类药物是由糖苷键将单糖连接而成的，但由于糖苷键的位置不同，连接单糖数目不同，因而多糖种类繁多，药理活性各异。

6. 脂类药物

此类药物具有相似的性质，能溶于有机溶剂而不溶于水，其化学结构差异较大，功能各异。这类药物主要有脂肪、脂肪酸类、磷脂类、胆酸类、固醇类、卟啉类等。

7. 动物器官或组织液

这是一类化学结构、有效成分不完全清楚，但在临床上确有一定疗效的药物，俗称脏器制剂，如骨宁、眼宁等。

第二节　生化药物的现状及发展趋势

一、生化药物的现状

生化药物是近二十年形成的一类新的人用治疗药物。这些药物主要是从动物、植物、微生物中分离出来的，具有高疗效的生物活性物质，又称生化活性物质、生理活性物质或药理活性物质。生化药物的生产是一个复杂的工艺过程，通常把研究生产生化药物的科学称为生化制药工艺学，简称生化制药学。生化是指生物化学，是研究生命本质的科学，它以生物体为研究对象，应用化学的、物理的、生物的方法，探讨生物体内各种物质的化学组成和变化规律。所谓制药，是应用物理的、化学的、生物的方法和手段，生产治疗各种疾病的物质。因此，生化制药学是以生物化学、药物化学、遗传学、分子生物学为理论基础，通过提取、发酵或合成的方法研究药物生产的一门应用科学。

生化制药学在历史发展的演变过程中，最初主要凭实践经验，利用动物的内脏器官，直接或简易加工后，治疗、预防人类各种疾病，曾有脏器制剂的名称。随着有机化学、生物化学、药物化学、微生物学、分子生物学、临床医学的发展以及它们之间的相互渗透、促进，逐步明确了许多天然物质的化学结构、药理机制、代谢过程，加之近代纯化技术的应用，已经突破了原来以脏器为原料的范畴，开辟了植物、微生物等方面的资源，并提高到有科学理论依据的新阶段。如再冠以脏器一词，无论从当前的实际情况，还是从今后发展的趋势，都是不适宜的。近代涌现出的一些新的科学技术，如生物工艺、微生物工艺、生化工程、酶工程、遗传工程等，都包含有生化制药的内容和工艺方法。当前，世界已由化学合成药物逐步转向天然药物的研究和制造，注意力日益集中到动植物、微生物和海洋生物上来。特别是微生物，易于培养，繁殖快，便于工业化生产，还可通过诱变选育新的良种，加入前体培养法能大幅度地提高产量，微生物发酵还可综合利用，如从食用酵母中提取辅酶 A、细胞色素 C、维生素、多种核苷酸及凝血因子等，可发掘的潜力非常大，可提供的生化药物正迅速增加。微生物发酵生产的品种以氨基酸、核酸和酶制剂的规模最大，其次是激素、脂类、糖类等。今日的生化制药，已初步形成一个工业体系，成为医药工业不可缺少的重要组成部分和分支。

我国现阶段的生化药物，以动物脏器来源为主，其品种已与国际水平相接近，并逐步开始运用微生物发酵、酶转化或化学合成法进行生产。1989 年卫生部颁布的生化药物有两百多个种类，原料药有 100 多种。国外 20 世纪 70 年代新上市的生化药物总数为 140 种，载入药典 74 种，占 53%，非药典的为 66 种，占 47%，正在研究的约有 180 种，其中酶及辅酶 39 种、多肽 35 种、激素 44 种、腺嘌呤衍生物类 15 种、前列腺素类 10 种、氨基酸类 12 种、脏器制品 10 种。2015 年《中华人民共和国药典》二部中收载生化药品、抗生素以及放射性药品等，品种共计 2603 个，其中较 2010 年版新增 492 个，修订 415 个，不收载 28 个。三部中收载生物制品共计 137 个，其中较 2010 年版药典新增 13 个，修订 10 个，不收载品种 6 个。

二、生化制药的发展趋势

传统上是利用动物的脏器、组织、体液等制取生化药物，在过去和现在均占主导地位，在将来相当长的时间内仍是研究开发的主要方面。但随着现代生物技术的研究与应用日趋成熟，生物技术在生化制药领域将发挥越来越重要的作用，其发展趋势主要表现在以下几个方面。

1. 制取天然来源少、过去难以获得的生物活性物质

目前已发现的蛋白质、多肽类激素有 50 多种，细胞因子 100 多种，许多都是机体调控代谢和生理功能的重要物质，但有些物质因来源困难以致无法作为药物使用。应用基因工程技术，可以解决这一问题。近 10 年来，利用基因工程表达的医药产品已达 150 多种，其中已有数十种具有生产的可能性，有的正在生产。

2. 发展蛋白质工程药物

广义地说，天然存在的生化药物都可以认为是新药的先导化合物。人类根据其对物质结构与功能关系的了解，借助电子计算机技术的发展，将分子生物学、基础医药学、药物化学、药理学等知识综合起来，对新型药物分子采用电子计算机辅助设计，定向进行筛选，能制成数以千万计新的化合物，可大大提高新药研制成功的概率。

在发展蛋白质工程药物方面，已有很多成功的范例，如白细胞介素-2，由于其 125 位的半胱氨酸有可能与其他半胱氨酸形成不必要的二硫键，而产生异构体和聚合体，从而降低其纯度，增大了副作用。将 125 位的半胱氨酸取代，则成为一种新型的白细胞介素-2，其生物活性、稳定性等都比天然白细胞介素 2 要好，临床应用副作用小，可较大剂量地使用，增强了疗效。组织纤溶酶原激活剂分子中的一个半胱氨酸改换为丝氨酸后，半衰期延长数倍，

现已应用于临床。

大约有 39000 个人类基因序列已于 2003 年被基本阐明,其中约 10％有可能用作蛋白质类药物的开发,在这个基础上将可能产生许多新的生化药物。

3. 大分子物质片段的制取和化学修饰

大分子蛋白质在临床应用方面往往受限,生物活性并非必需整个大分子,取其生物大分子具有活性的片段或采取化学修饰的方法也有很多成功的范例。

尿激酶原缺其 N 端 143 个氨基酸后的低分子衍生物,其溶栓能力与尿激酶原相同,但副作用较低,活性受抑制少。将粒细胞-巨噬细胞集落刺激因子 N 端 1～11 位氨基酸删除,其生物活性有明显提高,受体亲和活性增强。

将两种物质的有效片段结合在一起以改善其作用,也是一种可取的方法。组织纤溶酶原激活剂与尿激酶原分子上不同的功能域通过基因重组技术结合在一起,半衰期延长约 10 倍,纤溶能力提高数倍。

酶的活性片段的制取是目前酶学研究中的一个重要方向。在酶的化学修饰方面,如聚乙二醇、脂肪酸类、糖类、修饰超氧化物歧化酶已进入实用阶段,修饰后的酶在稳定性、半衰期和免疫源性等方面都得到良好地改善。

4. 发展大分子药物的制剂

现代生物技术的发展,使大分子蛋白质、多肽、多糖类等药物以较快的速度进入新药的行列,发展更好的剂型是目前需要加强的一项重要工作。对大分子药物的各种剂型,除注射剂外,还有黏膜吸收、透皮给药、脂质体、气雾剂等,包括不同情况的控释系统,大分子药物的稳定剂、促透剂、吸收剂等都有待于深入研究。

三、我国生化制药工业的成就

我国生化制药工业自 20 世纪 50 年代建立以来,尤其在近几年,得到了快速发展,取得了显著的成绩,主要表现在以下几个方面。

1. 生产速度迅速增长:生化制药经历了从粗加工到精加工,从加工原料到制剂生产,在生产管理、质量监督、科学技术、人才培养等方面形成相对独立的体系,已成为我国的一大制药行业。生化医药企业有 300 余家,产品 700 多种。1999 年生化制药工业总产值按当年价格计算为 42.14 亿元,同比增长 25.5％;主要产品胰岛素产销形势很好,1999 年 11 个主要厂家共生产生物提取猪胰岛素 489.29 万瓶,同比增长 10.9％。各企业除有效地组织生化药物产业化生产外,向多元化销售渠道发展,到 2006 年生物制药实现总产值 302.29 亿元。

2. 生产技术不断提高

我国的生化制药企业大都起步较晚,基础较差。近年来,生化制药企业在技术改造方面加强了力度,改造了数百个企业的注射剂或片剂车间,更新了关键性设备。同时,还新建了一批较高水平的生化制药企业,使整个行业的面貌有了较大的改观,生化药物生产技术迈上了新台阶,为进一步发展打下了较好的基础。

3. 产品结构逐步优化,质量不断提高

过去多年来,我国生化制药曾停留在对天然资源的综合利用上,生产的药物品种不够多,其质量标准水平较低。近十年来,加强了科研工作,成功地开发出了一批新的生化药物,使生化药物结构发生了质的变化。同时,对于一批疗效确切但质量标准低的产品,通过整顿,提高了质量标准和临床疗效,增强了竞争能力。例如尿激酶,由于提高了质量,不仅不由国外大量进口，而且已向国外出口；降纤酶的质量标准也达到国际先进水平；制定了人工牛黄新的标准，更为接近天然牛黄的成分，疗效有了提高。总之，生化药物的结构与质量标准已开始向国际化发展，不断提高竞争能力，创造出更大的经济效益和社会效益。

4. 产业结构改变，规模经济占主导地位

生化制药企业最初多为附属厂，随着经济改革的深化，市场经济的建立，生化制药产业的结构也在不断变化。原来的附属厂已有相当一部分独立出来，得到较快的发展。同时，出现了一批合资生化制药企业。20 世纪 80 年代只有少数几家产值较高的企业，而现在 30％以上的企业产值较高，这 30％的企业产值占全行业总产值的 50％以上，充分发挥了规模经济的优势，占了主导地位。实现规模效益是生化制药厂的发展方向。

几年来，我国生化制药行业虽然得到了很大的发展，但其总体水平还是比较低的，还有不少问题，宏观调控乏力，低水平重复严重，部分企业设备水平低，技术改造任务艰巨等，这些都困扰着生化制药行业的进一步发展。

生化制药是医药产业的重要组成部分，与其他医药产业同样担负着保护人民健康、保护生产力的责任，需要更好更快地发展。进入 21 世纪，生化制药产业面临着很好的发展机遇。生化药物在儿童发育和老年人的保健中将发挥重要的作用，在国内、国际市场上都有广阔的前景，一定会有更大的发展。

本 章 小 结

生化药物来自生物体，是生物体中的基本生化成分，具有高效、低毒、量小的临床效果。生化药物主要有氨基酸及其衍生物类药物、多肽和蛋白质类药物、酶类药物、核酸及其降解产物类药物、糖类药物、脂类药物、动物器官或组织液制剂。我国现阶段的生化药物以动物脏器来源为主，其品种已与国际水平相接近，但以微生物发酵、酶转化或化学合成法生产的品种则不多。我国生化制药工业取得了显著成绩，生产速度迅速增长；生产技术不断提高；产品结构逐步优化，质量不断提高；产业结构逐步改变，规模经济逐渐占主导地位。

习 题

1. 简述生化制药的发展趋势。
2. 生化制药在我国医药工业中的地位如何？

第一章 生化制药的基本技术

【学习目标】 熟悉生化药物的提取工艺流程；掌握生物药物的提取制备方法，如吸附、沉淀、离子交换、萃取等提取方法及色谱（层析）、超滤、结晶、干燥等精制方法；掌握这些方法的原理及操作；并能根据药物的性质选择合适的提取与精制方法。

【学习重点】 1. 生化药物的一般提取方法，包括吸附、沉淀、离子交换、萃取等。
2. 生化药物的精制方法，包括各种色谱分离、结晶、超滤、电泳等。

【学习难点】 如何根据目的产物的性质选择合适的提取、纯化方法。

第一节 原料的选择、处理及有效成分的提取

供生产生化药物的生物资源主要有动物、植物、微生物的组织、器官、细胞及代谢产物。利用发酵工程和细胞工程分别对微生物和动植物细胞进行大规模培养是获得生化制药原料的重要途径。基因工程、酶工程和蛋白质工程等的应用更是对生化制药新资源的开发起到了不可估量的作用。生化药物的提取与分离方法因原材料、药物的种类和性质不同而存在很大差异。总的来说，其提取纯化一般分为 5 个步骤：预处理、固液分离、提取、精制和成品加工（包括干燥、制丸、挤压、造粒、制片等步骤），如图 1-1 所示。

生化药物提取的每一步都可采用多种单元操作。一般情况下，原材料中产品浓度越低，其提取纯化的成本越高，操作步骤越多，提取收得率也越低，因此，在提纯过程当中，要尽量选用产品含量较高的原材料，并尽可能减少操作步骤。

一、原料选取与保存

生化药物生产原料的选择原则主要是：有效成分含量高，原料新鲜；原料来源丰富，易得，原料成本低；原料中杂质含量较少等。这就涉及生物品种、组织器官的类型及生物的生长期等因素的影响。如制备催乳素，不能选用禽类、鱼类，应以哺乳动物为原材料；制备胃蛋白酶只能选用胃为材料；制备凝乳酶只能以哺乳期小牛、仔羊的第四胃为材料，而不能用成年牛、羊的胃。而难分离的杂质会增加工艺的复杂性、影响收率、质量和经济效益，所以应避免与产品性质相似的杂质对提纯过程的干扰。如制备磷酸单酯酶时，以前列腺为材料可

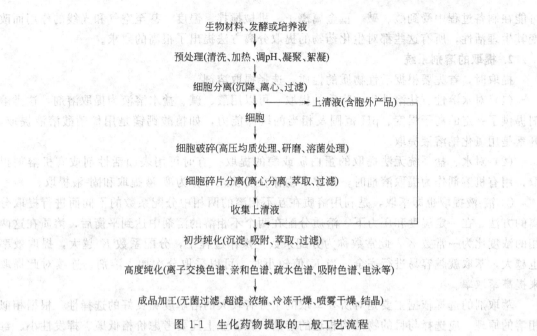

图 1-1 生化药物提取的一般工艺流程

使操作简化，而不宜以胰脏为材料。因胰脏中除了磷酸单酯酶外，还含有与其性质相近的磷酸二酯酶，两者难于分开。此外，在选择生物材料时，最好能一物多用，综合利用。如以胰脏为材料可同时进行弹性蛋白酶、激肽释放酶、胰岛素与胰酶等的生产。

植物原料确定后，要选择合适的季节、时间、地点后采集并就地去除不用的部分，将有用部分保鲜处理；动物材料采集后要及时去除结缔组织、脂肪组织等，并迅速冷冻贮存；对于微生物原料，要将菌体细胞与培养液及时分开后进行保鲜处理。

保存生物材料的主要方法有冷冻法，常用－40℃速冻，此法适用于所有生物原料；有机溶剂脱水法，常用有机溶剂丙酮制成"丙酮粉"，此法适用于原料少而价值高、有机溶剂对产品没有破坏的原料，如脑垂体等；防腐剂保鲜法，如对于发酵液、提取液等液体原料，加入乙醇、苯酚等对其进行保存。

二、生化药物提取

1. 物质性质与提取

提取是利用目的物的溶解特性，将其于细胞的固形成分或其他结合成分分离，使其由固相转入液相或从细胞内的生理状态转入特定溶液环境的过程。如果是将目的物从某一溶剂系统转入另一溶剂系统则称为萃取，即液-液提取。如用溶剂从固体中抽提物质叫做液-固提取，也叫浸取。据所用溶剂温度的不同，浸取可分为浸渍（用冷溶剂溶出固体材料中的物质）和浸煮（用热溶剂溶出目的物）。

许多生化药物具有生物活性、其稳定性受 pH、温度、离子强度、金属离子、提取过程中所使用的溶剂等环境因素的影响。生物药物对剪切力很敏感，分子量越大，其稳定性就越差，在分离纯化过程中，条件就应当越温和。一些组分的浓度非常低，在待处理物料中的含量往往低于杂质含量，如胰岛素在胰脏中的含量约为万分之二，而胆汁中的胆红素含量也仅有万分之五到八。生物材料中组成庞大的生化杂质与目的物的理化性质如溶解度、相对分子质量、等电点等都十分接近，所以分离、纯化比较困难，尤其是提纯过程中有效成分的生理活性处于不断变化中，其可被生物材料自身的酶系所分解破坏，或为微生物活动所分解，也可能在制备过程中受到酸、碱、重金属离子、机械搅拌、温度、甚至空气和光线的作用而改变其生理活性，所有这些都对生化药物的提取分离方法提出了很高的要求。

2. 提取的溶剂系统

提取时，首先要根据活性物质的性质，选择提取溶剂。

（1）对水溶性、盐溶性生物物质的提取 可以用酸、碱、盐水溶液为提取溶剂，这类溶剂提供了一定的离子强度、pH 范围及相当的缓冲能力，如植酸钙镁是用稀硝酸溶液提取，肝素是用氯化钠溶液提取。

（2）对水、盐系统无法提取的蛋白质或酶的提取 有时可用表面活性剂或有机溶剂提取，用有机溶剂作为提取溶剂时，根据产物存在的状态可分为液-液提取和固-液提取。

① 液-液提取也即萃取，是利用溶质在互不相溶的两相中分配系数的不同而进行提取分离的方法。在一定温度和压力下，溶质分配在两个不相溶的溶剂中达到平衡后，溶质在这两相的浓度比为一常数 K，此常数称为分配系数。操作过程中，分配系数 K 越大，提取效率也越大，萃取就越容易进行完全。当 K 值较小时，可以采取分次加入溶剂、连续对此提取来提高萃取率。

萃取剂的选择依据主要是对所要萃取的组分有较大的溶解度和良好的选择性。根据相似相溶的原理，应选择与目的物结构相近的溶剂。在工业上还要考虑价格低廉、挥发性小、毒性小、来源广等特点，以及萃取剂对产品的选择性能、与原溶剂不相溶、两相有较大密度差、萃取剂易于回收等。不同的萃取剂对溶质的萃取效果不同。如疏水性的青霉素 G 和青霉素 V 酸性很强，其 pK_a 值为 $2.5\sim3.1$，相对分子质量分别为 334 和 350，适宜用有机溶剂从发酵液中萃取，在 pH2.5~3.0 范围内，用乙酸戊酯和乙酸丁酯作为萃取剂的萃取效率高（见表 1-1）。

工业生产中，常用的萃取溶剂有甲醇、乙醇、丙酮、乙酸乙酯、乙酸丁酯等。通常情况下，萃取操作多用于抗生素、核苷酸等小分子药物的提取。

表 1-1 青霉素在不同萃取剂中的分配系数

溶 剂	pH2.5（溶剂/水）	pH7.0（溶剂/水）
乙酸戊酯	45/1	1/235
乙酸丁酯	47/1	1/186
乙酸乙酯	39/1	1/260
氯仿	39/1	1/220
三氯乙烯	21/1	1/260
乙醚	12/1	1/190

② 固-液提取也称为浸取，在许多行业有着广泛的应用，在生物工业、制药工业也常用到浸取操作，所使用的浸取溶剂是多种多样的，如表 1-2 所示。

表 1-2 浸取过程举例

产 物	固 体	溶 质	溶 剂
维生素 B	碎米	维生素 B	乙醇-水
鸦片提取物	罂粟	鸦片提取物	CH_2Cl_2 或超临界 CO_2
肝提取物	哺乳动物的肝	肽、缩氨酸	水
胰岛素	牛、猪胰脏	胰岛素	酸性醇
中草药汁	中草药材	药用成分	水
药酒	中草药材	药用成分	酒

为了高效、快速地从固体中将目的物浸取出来，同时尽可能将杂质留在固体中，选择合适的溶剂是很重要的，溶剂选择的主要依据是"相似相溶"原理，这与溶剂萃取有相通之处。

浸取较常用的有机溶剂有甲醇、乙醇、丙酮、丁醇等极性溶剂和乙醚、氯仿、苯等非极性溶剂，如用醇醚混合物提取辅酶 Q_{10}，用氯仿提取胆红素等。在提取制备过程中，药物产品中有时也会残留微量有机溶剂，如青霉素等抗生素产品，但因药物的治疗效果远比微量残留溶剂可能引起的副作用显著得多，所以可供挑选的溶剂范围较宽。

生物材料是由细胞组成的，可溶性物质通常在细胞内，为加速浸取的过程，往往要对原料进行预处理，恰当地粉碎原料，以缩短固体或细胞内部溶质分子向其表面的扩散距离。同时，在浸取之前应先将植物的叶、茎、化和根等物料干燥，使细胞膜破裂，从而使药品成分更易浸取出来。

无论用哪种溶剂系统对目的物进行提取，在提取过程中都要尽量增加目的物的溶出度，并尽可能减少杂质的溶出度，同时充分重视目的物在提取过程中的活性变化。如对蛋白质类药物要避免高温、强烈搅拌、大量泡沫、强酸、强碱及重金属离子等的作用使其变性失活，并且采用一定的措施保持它们的生物活性，如用合适的缓冲系统、添加保护剂及抑制某些水解酶的作用等；对酶类药物的提取要防止辅酶的丢失和温度、pH 等其他失活因素的干扰；多肽类及核酸类药物需注意避免酶的降解作用，提取过程中，应在低温下操作，并添加合适的酶抑制剂；对脂类药物应通过添加抗氧剂、通氮气及避光等措施减少与空气的接触，防止其氧化作用。除此之外，还要考虑提取溶剂的用量及提取次数、提取时间，并注意提取的温度、pH、变性剂等因素的影响。只有这样，才能保证活性物质提取充分且不变性。

三、细胞破碎

一些微生物在代谢中将产物分泌到细胞之外的液相中，如胞外酶（细菌产生的碱性蛋白酶，霉菌产生的糖化酶等），提取过程只需直接采用过滤和离心进行固液分离，然后将获得澄清的滤液再进一步纯化即可。但是，还有很多生化物质位于细胞内部，如胞内酶（青霉素酰化酶、碱性磷酸酶等）都位于细胞内部，必须在纯化前先将细胞破碎，使细胞内产物释放到液相中，然后再进行提纯。

细胞破碎的目的是破坏细胞外围，使胞内物质释放出来，其方法很多，按是否使用外加作用力可分为机械法和非机械法两大类。机械法包括球磨法、高压匀浆法、超声破碎法、X-press 法等。其中的高压匀浆法是当前较为理想的大规模破碎细胞的常用方法，所用设备是高压匀浆器，由高压泵和匀浆阀组成。其可破碎酵母菌、大肠杆菌、假单胞菌、黑曲霉菌等。操作时，将细胞悬浮液在高压下通入一个孔径可调的排放孔中，菌体从高压环境转到低压环境，从而造成细胞的破碎。操作中，影响细胞破碎的主要因素是压力、温度和悬浮液通过匀浆器的次数。在工业生产中，通常采用的压力是 55～70MPa；要达到 90% 以上的破碎率，菌悬液一般要通过匀浆器至少两次。在机械破碎过程中，由于消耗的机械能转化为热量会使温度上升，易造成生物产品受热破坏，所以在大多数情况下要采用冷却措施。非机械法有酶溶法、化学渗透法、反复冻融法、干燥法等，其中化学渗透法和酶溶法应用最广泛。采用化学法时，所选择的溶剂（酸、碱、有机溶剂等）对预提取的生化物质不能有损害作用，且操作后要从产品中除去这些试剂，以保证产品的纯净。采用酶溶法时，要选择好特定的酶和适宜的操作条件；由于溶菌酶价格较高，一般仅适用于小规模应用；自溶法价格低，在一定程度上能用于工业规模，但对不稳定的微生物易引起所需物质的变性，自溶后的细胞培养液过滤速度也会降低。总之，每种方法的应用都有一定的局限性，目前人们仍在探寻新的细胞破碎方法，如激光破碎法、高速相向流撞击法等，细胞破碎的方法有待不断深入和完善。

四、固液分离

固液分离是药物生产中经常遇到的重要单元操作，提取液、发酵液、细胞破碎后所得的菌悬液及某些中间产品和半成品等都需进行固液分离。固液分离的方法很多，有重力沉降、离心分离和过滤等。在生化药物的提纯过程中，用的较普遍的是离心和过滤。

离心分离是利用转鼓高速转动所产生的离心力，来实现悬浮液、乳浊液分离或浓缩。离心技术在生物制药行业中应用较广泛，如从培养液中分离收集细胞、去除细胞碎片、收集沉淀物等。与其他固液分离法比较，离心分离具有分离速度快、分离效率高、液相澄清度好等优点。同时，设备投资高、能耗大、连续排料时固相干度不如过滤设备也是其不可避免的缺点。

经过滤和离心处理后，目的产物存在于滤液或离心上清液中，液体的体积很大，浓度很低，可用吸附法、沉淀法、离子交换法、萃取法、超滤法等对其进行提取，目的主要是对所处理溶液进行浓缩，同时，也起到了一定的纯化作用。

经提取过程初步纯化后，液体的体积大大减少，但杂质仍然较多，需要进一步精制。初步纯化中的某些操作，如沉淀、超滤等也可应用于精制。蛋白质、酶等大分子物质精制常用色谱或电泳分离，小分子物质的精制则可利用结晶操作。

精制后的目的产物根据其应用要求，有时还需要浓缩、无菌过滤和去热原、干燥等步骤。对于此中涉及的分离技术将在后面内容中逐一介绍。

第二节　沉淀技术

沉淀是物理环境的变化引起溶质的溶解度降低、生成固体凝聚物的现象。沉淀一般只能达到初步纯化的目的，此技术较为成熟，目前广泛应用于实验室和工业规模蛋白质等生物产物的回收、浓缩和纯化。通过沉淀，既可使目的物沉淀下来，也可将杂质沉淀下来，使目的物留于上清液中。据沉淀机理的不同，其可分为盐析法、有机溶剂沉淀法和等电点沉淀法等。

对于许多药品生产来说，去除沉淀剂是必不可少的操作。食品和药品中都不得含有沉淀剂，回收沉淀剂既是保证产品质量的需要，也是降低生产成本的需要，尤其是价值高的亲和沉淀剂。经典的操作是用洗涤法，用少量水或缓冲液将沉淀物中的其他杂质重新溶解，利用溶解度的不同将目的物与杂质相互分离。如果沉淀剂和目的物在缓冲液中都溶解，可用超滤或色谱的方法将它们分离。

蛋白质的相对分子质量在（1～100）万之间，其颗粒大小属于胶体离子的范围，又由于其表面有许多极性基团，亲水性极强，易溶于水成为稳定的胶体溶液。可通过降低蛋白质周围的水化层和双电层厚度来降低蛋白质溶液的稳定性，实现蛋白质的沉淀，而这两个因素又与溶液性质（如电解质的种类、浓度、pH 等）密切相关。所以蛋白质的沉淀可采用加入无机盐的盐析法、加入酸碱调节溶液的 pH 的等电点沉淀法、加入水溶性有机溶剂的有机溶剂沉淀法等。

一、盐析法

水溶液中蛋白质的溶解度一般在生理离子强度范围内（0.15～0.2mol/L）最大，低于或高于此范围时溶解度均降低。蛋白质在高离子强度的溶液中溶解度降低、发生沉淀的现象称为盐析。不同的蛋白质盐析时所需的盐的浓度不同，因此调节盐的浓度，可以使混合蛋白质溶液中的蛋白质分段析出，达到分离纯化的目的（见表1-3）。不仅蛋白质，许多生化物质都可以用盐析法进行沉淀分离，如20%～40%饱和度的硫酸铵可以使许多病毒沉淀；使用43%饱和度的硫酸铵也可以使DNA和rRNA沉淀，而tRNA保留在上清液中。但盐析法应用最广的还是在蛋白质领域内。

表 1-3 蛋白质的盐析沉淀纯化

目标产物	原 料	硫酸铵饱和度/%		收率/%	纯化倍数
		一 次 沉 淀	二 次 沉 淀		
人干扰素	细胞培养液	30(上清)	80(沉淀)	99	1.7
白细胞介素	细胞培养液	35(上清)	85(沉淀)	73.5	7.0
单克隆抗体	细胞培养液	50(沉淀)		100	>8
组织纤溶酶原激活物	猪心抽提液	50(沉淀)		76	1.8
			35(沉淀)	81	1.5

常用的盐析用盐包括硫酸铵、硫酸钠、硫酸镁、氯化钠、磷酸二氢钠等。其中硫酸铵价格便宜；溶解度大且受温度影响很小，在25℃时其溶解度为766g/L；硫酸铵沉淀蛋白质的能力很强，其饱和溶液能使大多数的蛋白质沉淀下来；且对酶没有破坏作用，所以在生产中应用最普遍。

盐析操作时加入固体硫酸铵粉末，加入时速度不能太快，应分批加入，并充分搅拌，使其完全溶解并防止局部浓度过高。为确定盐析剂硫酸铵的用量，可通过查表求硫酸铵水溶液由原饱和度达到所需饱和度时每升溶液应加硫酸铵的量（见表1-4）。

表 1-4 每升硫酸铵水溶液应加入固体硫酸铵的克数

原有硫酸铵饱和度/%	需要达到的硫酸铵的饱和度/%																
	10	20	25	30	33	35	40	45	50	55	60	65	70	75	80	90	100
0	56	114	144	176	196	209	243	277	313	351	390	430	472	516	561	662	767
10		57	86	118	137	150	183	216	251	288	326	365	406	449	494	592	694
20			29	59	78	91	123	155	189	225	262	300	340	382	424	520	619
25				30	49	61	93	125	158	193	230	267	307	348	390	485	583
30					19	30	62	94	127	162	198	235	273	314	356	449	546
33						12	43	74	107	142	177	214	252	292	333	426	522
35							31	63	94	129	164	200	238	278	319	411	506
40								31	63	97	132	168	205	245	285	375	496
45									32	65	99	134	171	210	250	339	431
50										33	66	101	137	176	214	302	392
55											33	67	103	141	179	264	353
60												34	69	105	143	227	314
65													34	70	107	190	275
70														35	72	153	237
75															36	115	198
80																77	157
90																	79

二、有机溶剂沉淀法

向水溶液中加入一定量亲水性的有机溶剂，降低溶质的溶解度，使其沉淀析出的分离纯化方法，称为有机溶剂沉淀法。亲水性有机溶剂加入溶液后降低了介质的介电常数（表 1-5 是一些物质的介电常数），使溶质之间的静电引力增加，聚集形成沉淀，并且水溶性有机溶剂的亲水性强，它会抢夺本来与亲水溶质结合的自由水，使溶质分子表面水化层被破坏，导致溶质分子之间的相互作用增大而发生凝聚，从而沉淀析出。

由表 1-5 可以看出，乙醇、丙酮的介电常数都很较低，是最常用的沉淀用溶剂。2.5mol/L 甘氨酸的介电常数很大，可以作为蛋白质等生物高分子溶液的稳定剂。

表 1-5　一些有机溶剂的介电常数

溶　　剂	介电常数	溶　　剂	介电常数
水	80	2.5mol/L 尿素	84
20%乙醇	70	5mol/L 尿素	91
40%乙醇	60	丙酮	22
60%乙醇	48	甲醇	33
100%乙醇	24	丙醇	23
2.5mol/L 甘氨酸	137		

与盐析法相比，有机溶剂沉淀法的优点是分辨率高于盐析；乙醇等有机溶剂沸点低，易挥发除去，不会残留于成品中，产品更纯净；沉淀物与母液间的密度差较大，分离容易。但该法易使蛋白质等生物大分子变性。有机溶剂与水混合时，会放出大量的热量，使溶液的温度显著升高，因此，在使用有机溶剂沉淀生物高分子时，整个操作过程应在低温下进行，最好在 0℃ 以下。为避免温度骤然升高损失蛋白质活力，操作时还应不断搅拌，溶剂应少量多次加入。同时，为了减少有机溶剂对蛋白质的变性作用，得到的酶蛋白沉淀不要放置过久，要尽快加水溶解。

乙醇沉淀法早在 20 世纪 40 年代就应用于血浆蛋白质（如血清白蛋白）的制备，目前仍用于血浆制剂的生产。除此之外，乙醇还常用作许多食用级和药用级酶制剂的沉淀剂。实际操作中，乙醇的用量应根据试验来确定。

三、等电点沉淀法

两性电解质在溶液 pH 处于等电点时，分子表面电荷为零，导致赖以稳定的电荷层及水化膜的削弱或破坏，分子间引力增加，溶解度降低。调节溶液的 pH，使两性溶质溶解度下降，析出沉淀的操作称为等电点沉淀法。

不同的两性生化物质，等电点不同。以蛋白质为例，不同的蛋白质具有不同的等电点，根据这一特性，用依次改变溶液 pH 的办法，可将不同的蛋白质分别沉淀析出，从而达到分离纯化的目的。

通常情况下，两性电解质在等电点及等电点附近仍有相当的溶解度（有时甚至比较大），用等电点沉淀法往往沉淀不完全，加上许多生物分子的等电点比较接近，故很少单独使用等电点沉淀法，往往与盐析法、有机溶剂沉淀法或其他沉淀法一起使用。

等电点沉淀法可用于所需生化物质的提取，也可用于沉淀除去杂蛋白及其他杂质，在实际工作中普遍用等电点沉淀法作为去杂手段。如从猪胰脏中提取胰蛋白酶原（$pI = 8.9$）

时，在粗提取液中先调 pH3.0 左右进行等电点沉淀，除去共存的许多酸性蛋白质（pI ≈ 3.0）。

与盐析法相比，等电点沉淀的优点是无需后继的脱盐操作，但在采用该法时必须注意溶液 pH 不会影响到目的物的稳定性，且一般要在低温下操作。

第三节 色谱技术

色谱，也称为层析，是根据混合物中溶质在互不相溶的两相之间分配行为的差别，引起移动速度的不同而进行分离的方法。其中互不相溶的两相中一相为固定相，通常为表面积很大的固体或多孔性固体；另一相是流动相，是液体或气体。色谱法是近 50 年来研究开发的用以分离酶等生物活性蛋白质以及多肽、核酸、多糖等生物大分子物质的一种新技术，其分离效率高、设备简单、操作方便、条件温和、不易造成物质变性，所以普遍应用于物质成分的定量分析与检测以及生物物质的制备分离和纯化过程中；其不足之处是处理量较小，操作周期长，不能连续操作，所以主要应用于实验室中。

一、色谱技术分类

色谱技术根据流动相的物态不同可以分为气相色谱法、液相色谱法和超临界流体色谱法。气相色谱法分离效果很好，但仅用于能气化的物质。生物物质一般存在于水溶液中，其分离一般采用液相色谱法。根据固定相的形状不同，色谱法可以分为柱色谱法、纸色谱法、薄层色谱法。根据分离的机理，色谱法可以分为吸附色谱法、分配色谱法、离子交换色谱法、凝胶色谱法和亲和色谱法。

工业规模的色谱分离大多采用柱色谱分离法，而且吸附色谱、分配色谱、凝胶色谱、离子交换色谱和亲和色谱等都可在柱中进行，其操作方法和实验装置也较为相似，而纸色谱和薄层色谱主要用于分析，所以本章主要对柱色谱进行讨论。

二、柱色谱装置和操作

1. 柱色谱装置

柱色谱装置一般由进样器、色谱柱、检测器、记录仪及部分收集器等部分组成（见图 1-2），其中色谱柱是色谱分离的心脏。为了方便观察色带的移动情况，色谱柱通常选用玻璃柱。工业上的大型色谱柱可以用金属制造，有时在柱壁嵌一条玻璃或有机玻璃狭带，便于观察。柱的入口端有进料分布器使进入柱内的流动相分布均匀。柱的分离效率与柱高度成正比，与直径成反比，因此层析柱多是细长型，一般 L/D 值为 20～30，也有的小于 10，如离子交换色谱柱。检测器用于检测流经色谱柱的样品，其可同时检测多个波长，也可只检测一个波长。记录仪用于记录检测器所检测的信号变化，部分收集器用来收集色谱柱中流出的样品，可按体积、时间等不同方法分管收集。

2. 柱色谱操作

（1）装柱 根据欲分离物质的性质选择适宜的色谱介质，如欲进行吸附色谱，则所用介质为氧化铝、硅胶等；若欲进行离子交换色谱，则选用某一聚合物树脂作为色谱介质。装柱时，将洗脱剂与一部分缓冲液调成浆料后边搅拌边慢慢加入，一次加完。然后用几倍床体积的缓冲液平衡色谱柱。

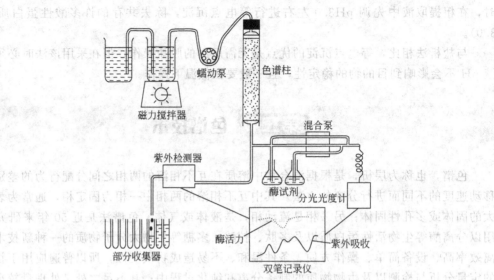

图 1-2 柱色谱分离法装置

（2）加样　将平衡后的色谱柱从柱顶部（顺上柱）或柱底部（逆上柱）进样，实验室中采用顺上柱法较普遍。

（3）洗涤　用与前组成相同的缓冲液流经色谱柱，将未与固定相结合的杂质洗涤下来。

（4）洗脱　根据目的物的性质，选用一定组成的洗脱液将目的物洗脱下来。色谱的洗脱方法有三种：恒定洗脱法（洗脱液的组成在洗脱过程中自始至终不变）；逐次洗脱法（洗脱液的组成至少改变一次）；梯度洗脱法（洗脱液的组成连续改变）。

（5）再生　目的物洗脱下来后，洗脱液成分及杂质被吸附在色谱柱中，要进行再生后才能继续使用。

三、吸附色谱

吸附色谱是利用吸附剂对不同物质的吸附力不同而使混合液中各组分相互分离的方法。常用的吸附剂包括硅藻土、氧化钙、磷酸钙、羟基磷灰石、纤维素磷酸钙凝胶、白土类纤维素、淀粉、活性炭等。在吸附色谱中，溶质在色谱柱中的移动情况常以阻滞因数 R_f 来表示，R_f 是在层析系统中溶质的移动速度和流动相的移动速度之比，R_f＝溶质的移动速度/流动相的移动速度＝溶质的移动距离/同一时间内溶剂前沿的移动距离。

R_f 越大，表明溶质与固定相间的吸附力越小，其越易分配于流动相中，当混合物从色谱柱顶端注入时，其最先流出色谱柱；R_f 越小，表明溶质与固定相间的吸附力越大，用流动相对其进行洗脱时，其最晚流出色谱柱。

四、凝胶过滤色谱

凝胶过滤色谱亦称凝胶过滤层析，它是以凝胶为固定相，根据各物质分子大小的不同而进行分离的色谱技术，因而又称为分子筛色谱、空间排阻色谱或尺寸排阻色谱。与其他分离方法相比，其具有以下优点：凝胶为不带电荷的惰性物质，不与溶质分子发生任何作用，所以分离条件温和、样品回收率高、实验的重复性好；应用范围广，分离分子量的覆盖面大；设备简单、易于操作、色谱柱不需再生即可反复使用。因此，在生物大分子的分离纯化过程中，凝胶过滤色谱被广泛应用。

1. 凝胶过滤色谱的分离机理

凝胶颗粒具三维网状结构，可对大小不同的分子流动产生不同的阻滞作用。如图 1-3 所示，当含有大小不同分子的混合液加入色谱柱顶端后，大分子溶质由于直径较大，不能进入凝胶颗粒的微孔中，完全被排阻在孔外，只能在凝胶颗粒外的空间随流动相向下流动，它们经历的流程短，流动速度快，所以首先流出；而较小的分子则可以完全渗透进入凝胶颗粒内部，经历的流程长，流动速度慢，所以最后流出；而分子大小介于二者之间的分子在流动中部分渗透，渗透的程度取决于它们分子的大小，所以它们流出的时间介于二者之间。

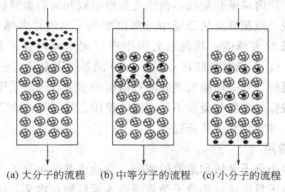

(a) 大分子的流程　(b) 中等分子的流程　(c) 小分子的流程

图 1-3　凝胶过滤色谱的分离机理

2. 表征凝胶特性的参数

表征凝胶特性的参数主要有以下各项。

（1）排阻极限和渗入限　排阻极限指不能扩散到凝胶网络内部的最小分子的分子量，不同型号的凝胶具有不同的排阻极限。渗入限是指能自由进出孔径的最大分子的分子量。

（2）分级分离范围　分级分离范围即能为凝胶阻滞并且相互之间可以得到分离的溶质的分子量范围。其表示一种凝胶适用的分离范围，对于分子量在这个范围内的分子，用这种凝胶可以得到较好的线性分离。例如 Sephadex G-75 对球形蛋白的分级分离范围为 3000～70000。

（3）溶胀率和床体积　干燥的凝胶颗粒在使用前要用水溶液进行溶胀处理，溶胀后每克干凝胶所吸收的水分的百分数称为溶胀率，而其溶胀后所占有的体积即为床体积。通过床体积可以估算装满一定体积的凝胶柱所需干燥凝胶的量。

（4）凝胶颗粒大小　球形颗粒的大小通常以目数表示。柱子的分辨率和流速都与凝胶颗粒大小有关。颗粒大，流速快，但分离效果差；颗粒小，分离效果较好，但流速慢。一般比较常用的是 100～200 目。

（5）空隙体积　指色谱柱中凝胶颗粒与颗粒之间的体积，即 V_0 值，可用分子量大于排阻极限的溶质测定，如分子量为 2000 的蓝色葡聚糖。

3. 凝胶的种类和性质

（1）葡聚糖凝胶　应用最广泛的一类凝胶，商品名为 Sephadex，由葡聚糖与环氧氯丙烷在碱性条件下交联而成。主要型号是 G-10～G-200，数字是凝胶的吸水量（每克干胶膨胀时吸水毫升数）的 10 倍。如 Sephadex G-10 表示每克干胶吸水量为 1mL。Sephadex 的亲水性很好，在水中极易膨胀。Sephadex 在高温下稳定，可以煮沸消毒，在 100℃下 40min 对凝胶的结构和性能都没有明显的影响。Sephadex 由于含有羟基基团，故呈弱酸性，这使得它有可能与分离物中的一些带电基团（尤其是碱性蛋白）发生吸附作用。但一般在离子强度大于 0.05 的条件下，几乎没有吸附作用。在盐溶液、碱溶液、弱酸溶液以及有机溶液中都比较稳定。

（2）聚丙烯酰胺凝胶 聚丙烯酰胺凝胶是丙烯酰胺与亚甲基（甲叉）双丙烯酰胺交联而成的，商品名为 Bio-Gel P。主要型号有 Bio-Gel P-2～Bio-Gel P-300 等 10 种，后面的数字基本代表它们的排阻极限的 10^{-3}，所以数字越大，可分离的分子量也就越大。聚丙烯酰胺凝胶的分离范围、吸水率等性能基本近似于 Sephadex。聚丙烯酰胺凝胶的化学稳定性较好，在 pH 为 1～10 之间的条件下比较稳定。聚丙烯酰胺凝胶非常亲水，基本不带电荷，所以吸附效应较小。另外，聚丙烯酰胺凝胶不会像葡聚糖凝胶和琼脂糖凝胶那样可能生长微生物。

（3）琼脂糖凝胶 琼脂糖是从琼脂中分离出来的天然线性多糖，是由 D-半乳糖和 3,6-脱水半乳糖交替构成的多糖链。其商品名因生产厂家不同而异，常见的主要有 Sepharose（2B-6B）和 Bio-gel A。琼脂糖凝胶在 pH 为 4～9 的条件下是稳定的，它在室温下比葡聚糖凝胶和聚丙烯酰胺凝胶稳定。琼脂糖凝胶的排阻极限很大，分离范围很广，适合于分离大分子物质，但分辨率较低。琼脂糖凝胶不耐高温，使用温度以 0～30℃为宜。

（4）其他 多孔玻璃珠和多孔硅胶等。

4. 凝胶色谱的应用

（1）脱盐及去除小分子杂质和溶液的浓缩 含盐或其他小分子杂质的蛋白质溶液在通过凝胶色谱柱时，低分子量的盐或小分子杂质因进入凝胶颗粒内部，所以移动速度减慢；而大分子量的蛋白质则随流动相较快地通过凝胶粒而获得分离。

（2）浓缩 利用凝胶颗粒的吸水性可以对大分子样品溶液进行浓缩。

（3）生物大分子的纯化及生化药物中热原物质的去除 通常情况下，物质的大小与其分子量成正比。当不同组分的混合物流经色谱柱时，分子量大的物质不能进入凝胶颗粒内部，只能在凝胶颗粒的间隙内移动，所以其行程短，先流出色谱柱；而小分子因能进入凝胶颗粒内部，所以后流出色谱柱。这样，分子的大小不同使其流出色谱柱的时间不同，从而使不同分子量的物质相互分开。热原物质是微生物产生的能够致热的某些多糖蛋白复合物等，它们是一类分子量很大的物质，注射液中含有热原可危及病人的生命，用凝胶过滤法可方便地去除热原。如用 Sephadex G-25 凝胶柱色谱可有效地去除氨基酸中的热原性物质。

（4）分子量测定 分子量不同的蛋白质流经色谱柱时，在一定的范围内，各个组分的洗脱体积 V_e 与其分子量的对数呈线性关系：

$$V_e = -b' \lg M_r + c'$$

因此，通过对已知分子量的标准物质进行洗脱，作出 V_e 对分子量对数的标准曲线，然后在相同的条件下测定未知物的 V_e，通过标准曲线即可求出其分子量。凝胶色谱测定分子量操作比较简单，所需样品量也较少，是一种初步测定蛋白分子量的有效方法。这种方法的缺点是测量结果的准确性受很多因素影响，且要求所测蛋白质基本上是球形的。

五、离子交换色谱

离子交换色谱是利用离子交换剂为固定相，根据荷电溶质与离子交换剂之间静电相互作用力的差别进行溶质分离的方法。离子交换剂最常用的形式是离子交换树脂，它是一种不溶于酸、碱和有机溶剂的网状结构的高分子聚合物，由不溶性的树脂骨架、与骨架相连的功能基团及与功能基团所带电荷相反的平衡离子三部分所组成。其中平衡离子也叫活性离子，其决定树脂的主要性能。如果活性离子是阳离子，此树脂就会和溶液中的阳离子发生交换，此树脂就称为阳离子交换树脂；如果活性离子是阴离子的就称为阴离子交换树脂。

1. 离子交换树脂的分类

常见的离子交换树脂分为大网格树脂、凝胶型树脂、均孔树脂、离子交换纤维素和葡聚糖凝胶离子交换剂等。各种交换树脂均可按照其可解离的交换基团分为阳离子交换树脂和阴离子交换树脂。

根据活性基团酸性的强弱或碱性的强弱不同，阳离子交换树脂又可分为强酸性阳离子交换树脂和弱酸性阳离子交换树脂，阴离子交换树脂又可分为强碱性阴离子交换树脂和弱碱性阴离子交换树脂。

2. 离子交换树脂的性能评价

不同的树脂其交换能力大小不同，表征树脂交换能力大小的主要参数是交换容量，即单位质量的干燥离子交换剂或单位体积的湿离子交换剂所能吸附的一价离子的毫摩尔数。对于阳离子交换树脂可以将其用盐酸处理成氢型后用 NaOH 溶液测定，而对于阴离子交换树脂则是将其转换成氯型后测其交换容量。除此之外，滴定曲线也是检验和测定离子交换剂性能的重要数据，如图 1-4 是几种典型离子交换剂的滴定曲线。

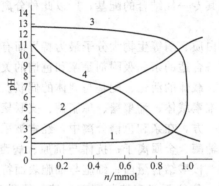

图 1-4　几种典型离子交换剂的滴定曲线

n 为单位质量离子交换剂所加入的 NaOH 或 HCl 的毫摩尔数；
1，2，3，4 分别为强酸型、弱酸型、强碱型、弱碱型离子交换剂滴定曲线

强酸或强碱型离子交换树脂的滴定曲线开始是水平的，到某一点即突然升高或降低，表明该点交换剂上的离子交换基团已被碱或酸完全饱和；而弱酸或弱碱型的交换剂的滴定曲线则无水平部分，其是逐渐上升或下降的。通常情况下利用滴定曲线的转折点可以估算出交换剂的交换容量，由转折点的数目可推算不同离子交换基团的数目。滴定曲线还表示交换容量随 pH 的变化。

除此之外，表征离子交换树脂性能的参数还有树脂的外观、稳定性、交联度、膨胀度等。

3. 离子交换色谱操作

进行离子交换色谱操作时，先将树脂用洗脱剂（即流动相）处理，使树脂转变为洗脱剂离子的形式，然后将溶解在少量溶剂中的试样加到色谱柱的上部，再用洗脱剂洗脱，流出液分部收集，测定其含量。

对于蛋白质等两性电解质，其在两相中的分配系数对离子强度的变化非常敏感，离子强度的微小变化就会引起分配系数的很大变化，且不同蛋白质其分配系数可能相差特别大，因此，离子交换树脂上被吸附物质的洗脱，很少采用恒定洗脱法，而多采用线性梯度洗脱法或逐次洗脱法。线性梯度洗脱中，需要梯度混合仪等调配浓度梯度的设备使流动相的离子强度线性增大，此时溶质的分配系数连续降低，移动速度逐渐增大。在逐次洗脱中，流动相的离

子强度阶跃增大，所以不需特殊的梯度设备，只需将不同盐浓度的流动相溶液进行切换即可，此时，溶质的分配系数的降低和移动速度的增大也是阶段式的。此法虽操作较简单，但若对预分离混合物的性质了解不够清除，易出现多组分洗脱峰重叠的现象。因此在实际操作中，若料液组成未知，一般应首先采用线性梯度洗脱，确定各组分的分配特性及色谱操作的条件。

六、亲和色谱

1. 原理

亲和色谱是利用固定相的配基与生物分子间特殊的生物亲和力的不同而进行分离的一种色谱技术。如抗原-抗体、酶-底物或抑制剂、激素-受体等之间的相互作用。此种作用为生物亲和作用，专一性很强，因此，亲和色谱具有高度的选择性，广泛用于酶、抗体、核酸、激素等生物大分子及细胞、细胞器、病毒等超分子物质的分离与纯化。尤其是对混合物中含量极少而又不稳定的物质的分离极为有效，经一步亲和色谱即可提纯几百至几千倍。但是，并不是任何生物高分子都有与其专一性结合的配基，所以此种分离方法也有一定的局限性。

2. 亲和吸附剂的制备

亲和色谱是分离纯化蛋白质、酶等生物大分子最为特异而有效的色谱技术，在生物分离中有广泛的应用。选择并制备合适的亲和吸附剂是亲和色谱的关键步骤之一。亲和吸附剂的制备包括载体和配基的选择、载体的活化、配基与载体的偶联。常用的亲和色谱载体主要有多孔玻璃、聚丙烯酰胺、纤维素载体、葡聚糖、琼脂糖、交联聚苯乙烯等。配基是具有特异亲和力的一对分子中的任何一方，在亲和色谱分离中，经常被采用的生物亲和关系如酶与底物、底物类似物、抑制剂、辅酶、金属离子；抗体与抗原、病毒、细胞；激素与受体蛋白；核酸与组蛋白、核酸聚合酶、核酸结合蛋白；细胞与细胞表面特异蛋白、外源凝集素等。但是，载体由于其相对的惰性，往往不能直接与配基连接，偶联前一般需要经过高碘酸氧化法、溴化氰活化法、甲苯磺酰氯法等活化后才能与所采用配基相偶联制成相应的亲和吸附剂。

3. 亲和色谱的操作

亲和色谱操作与一般的固定床吸附操作相同（见图1-5）。将特异性相互作用的分子对中的一种用化学方法固定到亲水性多孔固体介质上，装入色谱柱中，用一定pH和离子强度的缓冲液对柱子进行平衡，含有目标产物的料液连续通入色谱柱，之后用缓冲液淋洗色谱柱除去未被吸附的杂蛋白，最后用可使目标产物与配基解离的洗脱液洗脱目标产物，得到纯化的目标产物，亲和色谱洗脱曲线如图1-6所示。

4. 亲和色谱的应用

亲和色谱是利用物质间的特异亲和力的不同来对生物活性物质进行分离的，所以其特异性强。其对目的产物的洗脱是通过变换洗脱液的pH、离子强度或改换洗脱液的成分为与目的产物或配基有亲和作用的小分子化合物等措施来实现的，所以分离条件温和、分离速度快，分离效果好，且其对设备要求不高，因而多种生物分子的分离与纯化均用此法，如干扰素、组织纤溶酶原激活剂（t-PA）等的纯化。

干扰素是一类生理活性蛋白质，对癌症、肝炎等疾病具有很好的疗效，可通过动物细胞培养或重组DNA大肠杆菌发酵大量生产，但细胞在诱导后能产生许多种蛋白质，而干扰素仅占其中很小的一部分，所以其含量很低，提纯十分困难。1976年Davey利用植物凝集素伴刀豆球蛋白A与琼脂糖凝胶偶联而成的吸附剂为分离介质，利用亲和色谱对其进行分离

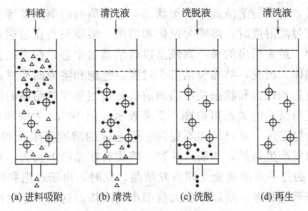

图 1-5　亲和色谱操作示意图（●—目标产物，△—杂蛋白）

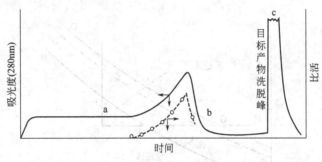

图 1-6　亲和色谱洗脱曲线

纯化，经过一次分离即把粗品提纯了 3000 倍，活力回收达 89%。固定化金属离子亲和色谱和免疫亲和色谱也可用于干扰素的纯化。如以破碎细胞抽提液的硫酸铵沉淀活性部分为出发原料，利用单抗免疫亲和色谱法纯化源于大肠杆菌的重组人白细胞干扰素，经一步单抗免疫亲和色谱，干扰素的比活提高了 1150 倍，收率高达 95%。

除此之外，由于酶与辅酶及其抑制剂、抗体与抗原、激素与受体蛋白等物质间的生物亲和作用，亲和色谱还较多应用在醇脱氢酶、磷酸果糖激酶、α-淀粉酶抑制剂、白细胞介素、集落刺激因子、胰岛素、绒毛生长激素等活性物质的纯化方面。

第四节　结　晶

溶质呈晶态从溶液中析出来的过程称作结晶。通过结晶形成的晶体外观形状一定，内部的分子（或原子、离子）在三维空间进行有规则的排列。结晶是一个重要的化工单元操作，在生物制药工业中也是一种应用广泛的产品精制技术。结晶是同类分子或离子的规则排列，具有高度的选择性，故通过结晶，溶液中的大部分杂质会留在母液中，使产品得到纯化。结晶不但是一种纯化手段，也是一种固化手段（产品从溶解状态变成了固体），结晶产品外观优美，其包装、运输、贮存和使用都很方便。

一、结晶的原理

结晶过程取决于溶质与其溶液之间的平衡关系。当溶液浓度等于溶质溶解度时，该溶液称为饱和溶液，此时，溶质与溶液处于平衡状态，即溶质的溶解速度等于结晶速度，不能析出晶体。溶质浓度超过溶解度时，溶液为过饱和溶液，溶质只有在过饱和溶液中才能结晶析出。在过饱和溶液中，最先析出的微小颗粒是以后结晶的中心，称为晶核。晶核形成后，靠扩散而继续成长为晶体。因此，结晶包括三个过程：过饱和溶液的形成；晶核的生成；晶体的生长。其中，溶液达到过饱和状态是结晶的前提，过饱和度是结晶的推动力。

溶液的过饱和度与结晶的关系可由图 1-7 来表示。图中 AB 为饱和曲线，CD 为过饱和曲线，它们将图分为稳定区、亚稳区和不稳区。稳定区的溶液尚未饱和，没有结晶的可能；亚稳区内，也不会自发产生结晶，如加入晶种，溶质会在晶种上长大，直至溶质的浓度下降到 AB 线；在不稳区的任一点溶液能立即自发结晶，此时，由于过饱和度过大，结晶生成很快，来不及长大即降至饱和态，所以形成大量细小的晶体，这在工业生产上是不利的。为了得到颗粒较大而又整齐的晶体，工业生产中通常把溶液浓度控制在亚稳区，并加入晶种诱导结晶的生成。

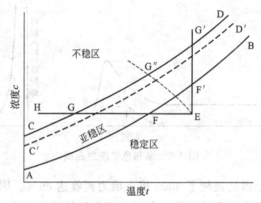

图 1-7　饱和曲线与过饱和曲线

二、结晶的过程

1. 过饱和溶液的形成

结晶的首要条件是溶液的过饱和度。工业生产上制备过饱和溶液的方法一般有如下四种。

（1）热饱和溶液冷却　冷却法适用于溶解度随温度降低而显著减小的情况。如图 1-7 中的 FH 是冷却结晶线，F 点是饱和点，不能结晶，降低稳定后溶液进入亚稳区或不稳区而可生成结晶。例如冷却 L-脯氨酸的浓缩液至 4℃ 左右，放置 4h，L-脯氨酸结晶将大量析出。

当然，对溶解度随温度升高而显著减少的场合，则应采用加温结晶。

（2）部分溶剂蒸发　蒸发法是使溶液在加压、常压或减压下加热，蒸发除去部分溶剂达到过饱和的结晶方法。其主要适用于溶解度随温度的降低而变化不大的情况。如图中 EF′G′ 为恒温蒸发过程，EG″ 为冷却蒸发过程。生产上灰黄霉素的结晶即是由丙酮萃取液真空浓缩除去部分丙酮而进行的。

（3）化学反应结晶法　此法是通过加入反应剂或调节 pH 生成一个新的溶解度更低的物质，当其浓度超过它的溶解度时，就有结晶析出。例如在苯甲异噁唑青霉素的乙酸丁酯提取液中，加甲醇-乙酸钠溶液，在 50℃ 放置 2h 即可得到其钠盐结晶；在头孢菌素 C 的浓缩液中加入乙酸钾即析出头孢菌素 C 钾盐。四环素、6-氨基青霉烷酸等水溶液，当其 pH 调至等电点附近时就会析出结晶或沉淀。

（4）盐析法　此法是向溶液中加入某些物质，使溶质的溶解度降低而析出。加入的物质被称为沉淀剂，其最大的特点就是极易溶解在原溶液的溶剂中。盐析法常用固体氯化钠作为沉淀剂使溶液中的溶质尽可能地结晶出来，例如普鲁卡因青霉素结晶时加入一定量的食盐，可以使晶体容易析出。盐析法还常采用向水溶液中加入一定量亲水性的有机溶剂如甲醇、乙醇、丙酮等，降低溶质的溶解度使其结晶析出。例如氨基酸水溶液中加入适量乙醇后氨基酸可结晶析出。另外，还可将氨气直接通入无机盐水溶液中降低其溶解度使无机盐结晶析出。

工业生产上，除了单独使用上述各法外，有时也将几种方法合并使用。例如，普鲁卡因青霉素结晶即并用第一、第三种方法。先将青霉素钾盐溶于缓冲液中，冷至 $3\sim5℃$，滴加盐酸普鲁卡因，就得到盐酸普鲁卡因青霉素结晶。维生素 B_{12} 的结晶是并用第一、第四种方法，即在维生素 B_{12} 的结晶原液中，加入 $5\sim8$ 倍用量的丙酮，使结晶原液呈浑浊为止，在冷库中放置 3d，就可得到紫红色的维生素 B_{12} 结晶。

2. 晶核的形成

溶质从溶液中结晶出来，要经过两步：首先是产生晶核，之后晶核在良好的环境中长大。所谓晶核是在过饱和溶液中最先析出的微小颗粒，是以后结晶的中心。单位时间内在单位体积溶液中生成的新晶核数目，称为成核速度。成核速度是决定晶体产品粒度分布的首要因素。工业结晶过程要求有一定的成核速度，如果成核速度过高，易导致产品的粒度及粒度分布不合格。成核速度的大小主要与溶液的过饱和度、温度以及溶质种类等因素有关。

工业结晶中，有三种不同的起晶方法。一种是自然起晶法，即一定温度下使溶液蒸发进入不稳区，形成符合要求的晶核后加入稀溶液使溶液状态进入亚稳区，溶质在晶核表面长大。此法耗能较多，且操作较难控制，现已很少采用。第二种是刺激起晶法，即将溶液蒸发至亚稳区后加以冷却，使之进入不稳区后产生一定晶核，晶核析出后会使溶液浓度降低再进入亚稳区，在亚稳区内使晶体生长。味精和柠檬酸的结晶即是用此法。第三种是晶种起晶法，即将溶液蒸发或冷却至亚稳区后投入一定数量和大小的晶种，使溶质在所加晶种表面长大，利用此法可获得均匀整齐的晶体，因而在工业生产上普遍使用。

3. 晶体的生长

在过饱和溶液中已有晶核形成或加入晶种后，以过饱和度为推动力，晶核或晶种将长大，这种现象称为晶体生长。晶体的生长过程由扩散和表面化学反应相继组成，其生长速度也是影响晶体质量的一个重要因素。

在实际生产中，一般希望得到粗大而均匀的晶体，即要求晶体生长速度超过晶核形成速度，影响晶体生长速度的因素主要有杂质、搅拌、温度和过饱和度等。

杂质对晶体生长的影响有多种不同情况，有的杂质能完全制止晶体的生长；有的则能促进生长；还有的能对同一种晶体的不同晶面产生选择性的影响，从而改变晶体外形。有的杂质能在极低的浓度下产生影响，有的却需要在相当高的浓度下才能起作用。其影响晶体生长速度的途径也各不相同，有的是通过杂质本身在晶面上的吸附，有的是长入晶体内而对晶体生长产生影响等。

搅拌能促进扩散，所以能加速晶体生长，但同时也能加速晶核形成，一般应以试验为基础，确定适宜的搅拌速度，获得需要的晶体，防止晶簇形成。

温度升高有利于扩散，因而使结晶速度增快，另外，温度升高能降低黏度，有利于得到均匀晶体。

过饱和度增高一般会使结晶速度增大，但同时引起黏度增加，结晶速度受阻。

三、晶体质量的控制

晶体的质量主要是指晶体的大小、形状和纯度三个方面。工业上通常希望得到粗大而均匀的晶体。一般情况下，粗大而均匀的晶体较细小不规则的晶体便于过滤与洗涤，在贮存过程中不易结块。过饱和度、温度、溶液冷却速度、搅拌速度和杂质等因素同时影响晶核形成速度和结晶速度而对晶体质量产生复杂的影响。适宜的操作会有效地提高晶体的质量，使形成的结晶一般纯度较高。但是，由于共结晶和表面吸附等现象，大部分晶体中或多或少总残留有杂质，为了获得纯度较高的产品，工业生产中往往采用重结晶的操作将结晶产品进行再处理。

重结晶是利用杂质和结晶物质在不同溶剂和不同温度下的溶解度的不同，将晶体用合适的溶剂溶解，再次结晶，而使其纯度提高的操作。

最简单的重结晶方法是把收获的晶体溶解于少量的热溶剂中，然后冷却使之再结成晶体，分离母液后或经洗涤，即可获得纯度更高的新晶体。若产品的纯度要求很高，则可重复结晶多次。

四、结晶的应用

工业结晶技术广泛应用于红霉素、麦迪霉素、四环素、制霉菌素等抗生素及谷氨酸、赖氨酸等氨基酸的纯化精制。如青霉素 G 的结晶纯化，青霉素 G 的澄清发酵液（pH3.0）经乙酸丁酯萃取、水溶液反萃取和乙酸丁酯二次萃取后，向萃取液中加入乙酸钾的乙醇溶液，即可生成青霉素 G 钾盐，青霉素 G 钾盐在乙酸丁酯中溶解度很小，故从乙酸丁酯溶液中结晶析出。控制适当的操作温度、搅拌速度及青霉素 G 的初始浓度，可得到粒度均匀、纯度达 90% 以上的青霉素 G 钾盐结晶。将此结晶溶于 KOH 溶液中，调节 pH 至中性，加无水乙醇，进行真空共沸蒸馏操作，可获得纯度更高的结晶产品。

第五节　电　泳

一、电泳的原理与分类

电泳是荷电溶质在电场作用下发生定向泳动的现象。许多重要的生化药物，如氨基酸、多肽、蛋白质、核苷酸、核酸等都具有可电离基团，它们在一定的 pH 下可以带正电荷或负电荷，在电场的作用下，这些带电分子会向着与其所带电荷极性相反的电极方向移动。电泳分离是利用电溶质在电场中泳动速度的差别进行分离的方法。

电泳分离的原理和操作形式多种多样，主要有区带电泳、等电点电泳和等速电泳等。电泳装置主要包括两个部分：电源和电泳槽。电源提供直流电，在电泳槽中产生电场，驱动带电分子的迁移。电泳槽可以分为水平式和垂直式两类。垂直板式电泳是较为常见的一种，常用于聚丙烯酰胺凝胶电泳中蛋白质的分离。电泳槽中间是夹在一起的两块玻璃板，玻璃板两边由塑料条隔开，在玻璃平板中间制备电泳凝胶，制胶时在凝胶溶液中放一个塑料梳子，在胶聚合后移去，形成上样品的凹槽。水平式电泳是将凝胶铺在水平的玻璃或塑料板上，然后将凝胶直接浸入缓冲液中。由于 pH 的改变会引起带电分子电荷的改变，进而影响其电泳迁移的速度，所以电泳过程应在适当的缓冲液中进行的，缓冲液可以保持待分离物的带电性质的稳定。

二、琼脂糖凝胶电泳

琼脂糖是从琼脂中精制分离出的胶状多糖，其分子结构大部分是由 1,3 连接的 β-D 吡喃半乳糖和 1,4 连接的 3,6 脱水 α-D 吡喃半乳糖交替形成的；琼脂糖凝胶的制作是将干的琼脂糖悬浮于缓冲液中，加热煮沸至溶液变为澄清，注入模板后室温下冷却凝聚即成琼脂糖凝胶。琼脂糖之间以分子内和分子间氢键形成较为稳定的交联结构，这种交联的结构使琼脂糖凝胶有较好的抗对流性质。凝胶的孔径可以通过琼脂糖的最初浓度来控制，其由预分离物质的分子量大小来决定，低浓度的琼脂糖形成较大的孔径，而高浓度的琼脂糖形成较小的孔径，表 1-6 是凝胶浓度与待分离的 DNA 碱基对间的关系。

表 1-6　凝胶浓度与待分离的 DNA 碱基对间的关系

凝胶浓度/%	0.5	0.7	1.0	1.2	1.5	2.0
DNA 长度/bp	1000～30000	800～12000	500～10000	400～7000	200～3000	50～2000

琼脂糖凝胶通常是形成水平式板状凝胶，用于等电聚焦、免疫电泳等蛋白质电泳，以及 DNA、RNA 的分析，尤其适合于核酸的提纯、分析。电泳操作时，把 DNA 样品加入到制备好的琼脂糖凝胶的样品孔中，并置于静电场上。由于 DNA 分子的双螺旋骨架两侧带有含负电荷的磷酸根残基，因此在电场中向正极移动。在一定的电场强度下，DNA 分子的迁移速度主要取决于分子筛效应。具有不同的相对分子质量的 DNA 片段泳动速度不一样，因而可依据 DNA 分子的大小来使其分离。凝胶电泳不仅可分离不同分子质量的 DNA，也可以分离相对分子质量相同、而构型不同的 DNA 分子。在电泳过程中可以通过示踪染料或相对分子质量标准参照物和样品一起进行电泳而得到检测。

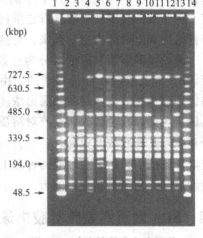

在凝胶中加入少量溴化乙锭（ethidium bromide，EB），其分子可插入 DNA 的碱基之间形成一种复合物，此复合物在 254～365nm 波长紫外光照射下呈橘红色荧光，因此可对分离的 DNA 进行检测。如图 1-8 为一典型的琼脂糖凝胶电泳图谱。

图 1-8　琼脂糖凝胶电泳图谱

琼脂糖凝胶电泳作为核酸的提纯、分析的主要手段，其优点如下。

① 琼脂糖凝胶电泳操作简单，电泳速度快，样品不需事先处理就可以进行电泳。

② 琼脂糖凝胶结构均匀，含水量大（约占 98%～99%），近似自由电泳，样品扩散较自由，对样品吸附极微，因此电泳图谱清晰，分辨率高，重复性好。

③ 琼脂糖透明，无紫外吸收，电泳过程和结果可直接用紫外光灯检测及定量测定。

④ 电泳后区带易染色，样品极易洗脱，便于定量测定。制成干膜可长期保存。

三、聚丙烯酰胺凝胶电泳

聚丙烯酰胺凝胶电泳（polyacrylamide gel electrophoresis，PAGE）是以聚丙烯酰胺凝胶作为支持介质。聚丙烯酰胺凝胶是由单体的丙烯酰胺和亚甲基（甲叉）双丙烯酰胺在催化剂过硫酸铵以及加速剂四甲基乙二胺（TEMED）的作用下聚合而成，PAGE 主要用于蛋白质等生物物质的制备分离。蛋白质混合样品经过聚丙烯酰胺凝胶电泳以后，被分离的各蛋白质组分因所带的净电荷以及分子大小和形状等互不相同，其电泳迁移率不同，从而达到相互分离。

聚丙烯酰胺凝胶是一种人工合成的物质，在聚合前可调节单体的浓度比，形成不同程度交链结构，其空隙度可在一个较广的范围内变化。可以根据待分离物质分子的大小，选择合适的凝胶成分，使之既有适宜的空隙度，又有比较好的机械性质。例如，7.5%的聚丙烯酰胺凝胶孔径较小，适用于分子量为 10～1000kD 的溶质的分级分离；3.5%的丙烯酰胺凝胶孔径较大，适用于分子量为 1000～5000kD 的溶质的分级分离；相对分子质量更大的溶质需采用孔径更大的凝胶，如丙烯酰胺与琼脂糖的混合凝胶，或纯琼脂糖凝胶。表 1-7 为凝胶浓度与待分离物质的分子量的关系。在一般情况下，大多数生物体内的蛋白质采用 7.5%浓度的凝胶，所得电泳结果往往是满意的，因此称由此浓度组成的凝胶为"标准凝胶"。

表 1-7 凝胶浓度与待分离物质的分子量的关系

聚丙烯酰胺凝胶浓度 ($c=2.6\%$)	分子量范围 /kD	聚丙烯酰胺凝胶浓度 ($c=5\%$)	分子量范围 /kD
5	30～200	5	60～700
10	15～100	10	22～280
15	10～50	15	10～200
20	2～15	20	5～150

聚丙烯酰胺凝胶电泳时带有电荷的分子在电场作用下发生移动，移动的速度依赖于电场的强度、分子的净电荷以及分子的大小和形状，同时也取决于介质的离子强度、黏度和温度。由于聚丙烯酰胺凝胶具有三维网状结构，能起分子筛效应，用它作为电泳支持物，把分子筛效应和电荷效应结合起来，可达到更高的灵敏度。

聚丙烯酰胺凝胶电泳可分为连续的和不连续的两类。前者指整个电泳系统中所用缓冲液、pH 和凝胶网孔都是相同的，由于缺少浓缩胶，蛋白质电泳条带会变宽，而且分辨率差。不连续凝胶电泳的凝胶层由浓度不同的两层凝胶组成，上层凝胶称为浓缩层或堆积层，其浓度较低，孔径较大，凝胶对溶质的泳动有阻滞作用，溶质在此层得到浓缩；下层凝胶为分离胶，其凝胶浓度较高，各组分根据荷电量、分子大小及形状的不同得到分离。不连续凝胶电泳系统中采用了两种或两种以上的缓冲液、pH 和孔径，其能使稀的样品在电泳过程中浓缩成层，从而提高分辨能力。

四、SDS-聚丙烯酰胺凝胶电泳

蛋白质在聚丙烯酰胺凝胶中电泳时，它的迁移率取决于它所带净电荷以及分子的大小和形状等因素。如果加入一种试剂使电荷因素消除，电泳迁移率就取决于分子的大小，就可以用电泳技术测定蛋白质的分子量。1967 年，Shapiro 等发现如果在聚丙烯酰胺凝胶电泳系统中加入一定量的十二烷基磺酸钠（SDS），则蛋白质分子的电泳迁移率主要取决于它的分子量大小，而其他因素对电泳迁移率的影响几乎可以忽略不计。

SDS 是一种阴离子去污剂，它在水溶液中以单体和分子团的混合形式存在。这种阴离子去污剂能破坏蛋白质分子之间以及与其他物质分子之间的非共价键，使蛋白质变性而改变原有的构象，特别是在有强还原剂（如巯基乙醇）存在的情况下，由于蛋白质分子内的二硫键被还原剂打开，这就保证了蛋白质分子与 SDS 充分结合，从而形成带负电荷的蛋白质亚基-SDS 复合物。由于十二烷基硫酸根带负电，使各种蛋白质亚基-SDS 复合物都带上相同密度的负电荷，它的量大大超过了蛋白质分子原有的电荷量，因而掩盖了不同种蛋白质间原有的电荷差别。SDS 与蛋白质结合后，还可引起构象改变，复合物形成近似"雪茄烟"形的长椭圆棒，其在凝胶中的迁移率不再受蛋白质原有的电荷和形状的影响，而仅取决于亚基分子量的大小（图 1-9）。

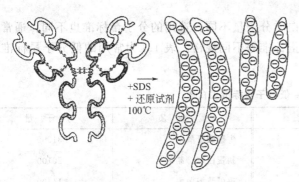

图 1-9　蛋白质样品在 100℃用 SDS 和还原试剂处理 3～5min 后解聚成亚基

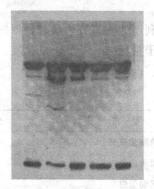

图 1-10　考马斯亮蓝染色电泳凝胶
图示来自牛脾不同纯化阶段的肌动蛋白（最上条带）及其抑制蛋白（下部条带）

　　SDS-聚丙烯酰胺凝胶电泳因易于操作和广泛的用途，使它成为蛋白质研究领域中的一种重要的分析技术。电泳操作的步骤跟前面的几种电泳一样，首先是根据欲分离蛋白质的分子量大小制得一定浓度的凝胶，当然，为了分离效果更好一些，一般制成不连续凝胶，即下层分离胶，上层浓缩胶，凝胶制好后将经过处理的样品加至加样孔中进行电泳，电泳至样品中加入的溴酚蓝的前沿迁移至凝胶底部即结束，最后是将凝胶进行染色和观察。通常是用考马斯亮蓝 R-250 进行染色；若蛋白质含量很低，可用灵敏度更高的银染色进行染色观察。图 1-10、图 1-11 分别是考马斯亮蓝染色电泳凝胶和银染色电泳凝胶。

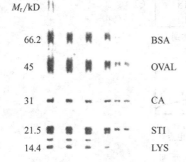

M_r/kD

66.2　　BSA
45　　OVAL
31　　CA
21.5　　STI
14.4　　LYS

图 1-11　银染色电泳凝胶
图示为 Bio-Rad 公司的低分子量标准蛋白试剂盒的
蛋白质样品，条带从左到右浓度依次降低，BSA 为
牛血清白蛋白，OVAL 为卵蛋白，CA 为碳酸酐酶，
STI 为大豆胰蛋白酶抑制剂，LYS 为溶菌酶

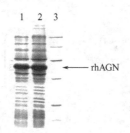

图 1-12　LB 培养基与合成培养基中
表达的 rhAGN 比较
1—LB 培养基中表达的 rhAGN；
2—合成培养基中表达的 rhAGN；
3—marker（从上到下分子量依次为
97400、66200、43000、31000、20100、14400）

　　采用 SDS-聚丙烯酰胺凝胶电泳不仅可对蛋白质进行分离和纯度鉴定，而且可以根据电泳迁移率大小测定蛋白质的分子量。蛋白质的迁移率和分子量的对数呈线性关系，若将已知分子量的标准蛋白质的迁移率对分子量对数作图，可得到一条标准曲线，然后对未知蛋白在相同条件下进行 SDS-PAGE 电泳，测定迁移率，从标准曲线得到相应的分子

量。图 1-12 是一典型的利用 SDS-聚丙烯酰胺凝胶电泳对蛋白质进行分离和分子量测定的电泳图谱，将分子量标准（marker）与样品放在同一块凝胶上进行电泳操作，使聚合、染色、脱色具有一致性，极大程度上减轻了操作条件等外部因素的影响，使结果更准确可靠。

利用此法测分子量时，根据所测蛋白质分子量不同，选用的分子量标准也不同，通常有小分子量标准、低分子量标准、高分子量标准等不同规格。表 1-8 为常用的低分子量标准蛋白质。

表 1-8 低分子量标准蛋白质

蛋 白 质	分 子 量	蛋 白 质	分 子 量
兔磷酸化酶 B	97400	牛碳酸酐酶	31000
牛血清白蛋白	66200	胰蛋白酶抑制剂	20100
兔肌动蛋白	43000	鸡蛋清溶菌酶	14400

五、等电聚焦

一般区带电泳利用溶质迁移率的差别来进行分离，而等电聚焦利用蛋白质和氨基酸等两性电解质具有等电点，其在等电点的 pH 下呈电中性，不发生泳动的特点进行电泳分离（图 1-13）。

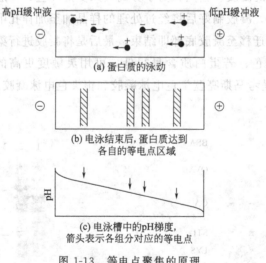

图 1-13 等电点聚焦的原理

等电聚焦操作的关键是调配稳定的连续 pH 梯度，一般采用氨基酸混合物或氨基聚合羧酸的缓冲液调配 pH 梯度，前者形成的 pH 梯度稳定性较差，而后者的聚合物（也称为载体两性电解质）含有许多正负电荷，缓冲能力强，形成的 pH 梯度较稳定，所以应用更广泛些。电泳操作时，在支持介质中加入载体两性电解质，通以直流电后在两极之间形成稳定、连续和线性的 pH 梯度，当带电的蛋白质分子或其他两性分子进入该体系时，便会产生移动，并聚集于相当于其等电点的位置。图 1-14 是载体两性电解质在电场中形成 pH 梯度的模式图。

在等电聚焦中，分离仅仅决定于蛋白质等的等电点，这是一个"稳态"过程。一旦蛋白质达到它的等电点位置，没有净电荷，就不能进一步迁移。如果蛋白带向阴极扩散，则将进

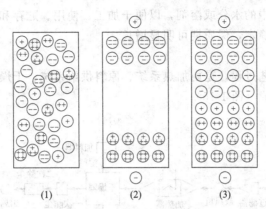

图 1-14　载体两性电解质在电场中形成 pH 梯度的模式图

入高 pH 范围而带负电，阳极就将吸引它回去，直到它回到净电荷是零的位置。如果它向阳极扩散，则将带正电，阴极将吸引它回去，直到它回到净电荷是零的位置。因此蛋白质只能在它的等电点位置被聚焦成一条窄而稳定的带。此"聚焦效应"可消除分子扩散引起的分离度下降。

等电聚焦电泳中，分辨率可达 0.01pH 单位，所以此法特别适合于分子量相近而等电点不同的蛋白质或氨基酸的分离。

第六节　蒸发与干燥

蒸发和干燥是生物工业中的基本单元操作，它们广泛地应用在化工、石油化工、医药、食品、纺织及农产品等行业中，在国民经济中占有很重要的地位。所谓蒸发即使含有不挥发溶质的溶液沸腾汽化并移出蒸汽，从而使溶液中溶质浓度提高的过程。其目的增加溶质浓度或通过蒸发得到较为纯净的溶剂。

一、蒸发

根据各种物料的特性和工艺要求，蒸发过程可以采用不同的操作条件和方法，如根据操作压力的不同可分为常压蒸发和减压蒸发；根据所用蒸发器的不同可分为膜式蒸发和非膜式蒸发；根据二次蒸汽是否用来作为另一蒸发器的加热蒸汽可分为单效蒸发和多效蒸发。其中，多效膜式蒸发技术在生物工业领域有着广泛的应用。如在抗生素生产中，薄膜蒸发目前广泛应用于链霉素、卡那霉素、庆大霉素、春雷霉素、新霉素、博来霉素、丝裂霉素、杆菌肽等抗生素料液的浓缩。此蒸发过程中，物料通过膜式蒸发器的加热面后溶液受热沸腾汽化。膜式蒸发器具有传热效果好、蒸发速度快的优点，同时，物料在蒸发器内的停留时间短，物料中的热敏性成分不易破坏，因此薄膜蒸发技术得到很大发展，在产品多为热敏性物质的生物、医药、食品等行业使用普遍。

二、干燥

干燥是利用热能除去目标产物的浓缩悬浮液或结晶产品中湿分的操作，通常是生物产品分离的最后一步。许多生物产品，如谷氨酸、丙氨酸、天冬氨酸、酶制剂、单细胞蛋白、抗生素等均为固体产品，因此干燥在工业产品的加工过程中非常重要。通过干燥，可以去除某些原料、半成品及成品中的水分或溶剂，以便于加工、使用、贮存和运输，并且许多生物制品在干燥的状态下较为稳定，保质期可明显增长。

1. 干燥的工艺过程

一个完整的干燥工艺过程，是由加热系统、原料供给系统、干燥系统、除尘系统、气流输送系统和控制系统组成（图 1-15）。

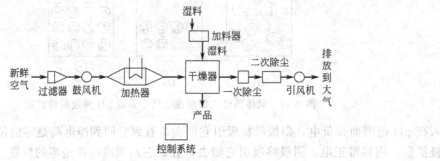

图 1-15　干燥操作的流程

湿物料的干燥包括两步，首先是对物料加热以使湿分汽化的传热过程，然后是汽化后的湿分蒸汽由于其蒸汽分压差较大而扩散进入气相的传质过程，传质和传热过程同时并存。其中第一步的对物料加热通常需要在较高的温度下进行，而在生物物质的干燥过程中，酶、蛋白质等活性物质在高温下易失活、变性，因此在对热敏性物质进行干燥操作时，应选择合适的干燥设备及干燥方法，以避免或较少目的产物的失活与变性。

2. 生物工业中常用的干燥方法

生产中较常用的干燥方法由常压干燥、减压干燥、气流干燥、喷雾干燥和冷冻干燥，干燥设备主要有厢式干燥器、气流干燥器、流化床干燥器、真空干燥器及冷冻干燥器等。下面介绍生物工业中常用的几种干燥方法。

（1）气流干燥　气流干燥是把呈泥状、粉粒状或块状的湿物料送入热气流中，湿物料在气流输送过程中水分蒸发，从而得到干燥产品的过程。气流干燥具有干燥强度大、干燥时间短、所用设备简单及处理量大等特点，因而被广泛应用于含非结合水的粉状或颗粒状物料的干燥，如阿司匹林、四环素、胃酶、胃黏膜素、扑热息痛等常用气流干燥的方法进行干燥。

（2）喷雾干燥　喷雾干燥是采用雾化器将溶液、乳浊液、悬浊液或浆液等料液分散成雾滴，在喷雾干燥器内用热干燥介质将雾滴干燥从而获得粉末状或颗粒状产品的过程。采用喷雾干燥由于雾滴群的表面积很大，物料干燥所需时间很短，生产过程简化，操作控制方便，适宜于连续化大规模生产，所得产品具有良好的分散性、流动性和溶解性，并且由于干燥过程中液滴温度不高，所以适用于抗生素、酵母粉和酶制剂等热敏性物料的干燥，其干燥质量基本上能接近于真空下干燥的标准。

（3）冷冻干燥　冷冻干燥是指被干燥液体冷冻成固体，在低温低压条件下利用水的升华性能，使冰直接升华变成蒸汽除去，从而使物料达到干燥目的的一种干燥方法。冷冻干燥要求高度真空及低温，因而适用于受热易分解破坏的药物。干燥后的成品呈海绵状，易于溶解，所以一些生物制品如血浆、抗生素、疫苗以及一些需呈固体而临用前溶解的注射剂多用此法制备。

大多数生化药物对热是比较敏感的，因此在干燥过程中控制干燥温度和干燥时间特别重要。物料停留时间短、温度较低的干燥技术更适用，如气流干燥和喷雾干燥目前在酶制剂工业、氨基酸工业、抗生素工业等生物技术领域应用广泛。而对于某些特殊的生物制品，如血浆及某些酶制剂，只有采用冷冻干燥才能更好地保证产品的质量。

本 章 小 结

提取与精制是生化药物制备过程中的重要环节，并且提纯过程的成本、效益往往与药物的竞争力息息相关，因此愈来愈受到人们的重视。生化药物的提纯可分为五步：预处理、固液分离、提取、精制和成品加工。生化药物生产材料的选择原则主要是：有效成分含量高，原料新鲜；原料来源丰富，易得，原料成本低；原料中杂质含量较少等。保存生物材料的主要方法有冷冻法，有机溶剂脱水法，防腐剂保鲜法等。根据目标提取物的性质应选择合适的提取溶剂，常用的提取溶剂有酸、碱、盐的水溶液，表面活性剂或有机溶剂。对于胞外产物，可直接进行提取；若产物存在于胞内，则要经过细胞破碎的操作。生化药物制备中对固液分离后的滤液或离心上清液常用吸附法、沉淀法、离子交换法、萃取法、超滤法等对其进行提取。经过提取过程初步纯化后的产物纯度还不够高，需要进一步精制，常用的技术包括①沉淀技术：据沉淀机理的不同，可分为盐析法、有机溶剂沉淀法和等电点沉淀法等。②色谱法：生化物质一般存在于水溶液中，其分离一般采用液相色谱法。工业规模的色谱分离大多采用柱色谱分离法。③结晶：结晶的首要条件是溶液的过饱和度。工业生产上制备过饱和溶液的方法一般有四种：热饱和溶液冷却、部分溶剂蒸发、化学反应结晶法、盐析法。晶核形成速度及晶体生长速度都将影响产品质量。④电泳：许多重要的生化物药物都具有可电离基团，它们在一定的 pH 下可以带正电荷或负电荷，在电场的作用下，这些带电分子向着与其所带电荷极性相反的电极方向移动。常采用的有琼脂糖凝胶电泳、聚丙烯酰胺凝胶电泳、SDS-聚丙烯酰胺凝胶电泳、等电聚焦等。精制后的产品还需经过蒸发、干燥处理。多效膜式蒸发技术在生物工业领域有着广泛的应用，可增加溶质浓度或通过蒸发得到较为纯净的溶剂。通过干燥，可以去除某些原料、半成品及成品中的水分或溶剂，以便于加工、使用、贮存和运输，并且许多生物制品在干燥的状态下较为稳定，保质期可明显增长。常用的干燥方法有气流干燥、喷雾干燥、冷冻干燥等。

习 题

1. 生物药物初步分离的方法有哪些？高度纯化的方法又有哪些？
2. 常用的沉淀方法有哪些，其沉淀机理各是什么？
3. 凝胶过滤色谱、离子交换色谱、亲和色谱的分离原理各是什么？
4. 柱色谱的操作步骤是怎样的？
5. 结晶和沉淀有什么不同？结晶的过程是怎样的？什么是重结晶？
6. 生物工业中常用的干燥方法有哪三种，各有什么特点？
7. 电泳分离的原理是什么？琼脂糖凝胶电泳、聚丙烯酰胺凝胶电泳、SDS-聚丙烯酰胺凝胶电泳在应用上各有什么特点？

第二章

氨基酸类药物

【学习目标】 熟悉氨基酸类药物的质量检测；了解氨基酸的药理作用；掌握氨基酸类药物的一般制备方法。

【学习重点】 1. 氨基酸药物的制备一般方法。
2. 典型氨基酸制备的工艺流程。

【学习难点】 各种氨基酸类药物的检测方法和制备的工艺流程。

氨基酸是蛋白质的基本组成单位。作为生物大分子的各种蛋白质，在生命活动中表现出各种各样的生理功能，主要取决于蛋白质分子中氨基酸的组成、排列顺序以及形成的特定三维空间结构。蛋白质和氨基酸之间的不断分解与合成，在机体内形成一个动态平衡体系，任何一种氨基酸的缺乏或代谢失调，都会破坏这种平衡，导致机体代谢紊乱乃至疾病。因此，氨基酸类药物越来越受到重视。

氨基酸类药物是治疗因蛋白质代谢紊乱和缺乏引起的一系列疾病的生化药物，也是具有高度营养价值的蛋白质补充剂，有着广泛的生化作用和良好的临床疗效。氨基酸缺乏可导致机体生长迟缓、自身蛋白消耗、生理功能衰退、抵抗力降低以及一系列临床症状。直接输入复方氨基酸制剂可改善患者营养状况，增加血浆蛋白和组织蛋白，纠正负氮平衡，促进酶、抗体和激素合成。还可按需要配制成专用复方氨基酸输液，供婴儿、尿毒症和肝、肾疾病等不同患者选择使用。

第一节 氨基酸类药物制备的方法

一、氨基酸粗品的制备

生产氨基酸的常用方法有蛋白质水解提取法、微生物发酵法、酶合成法和化学合成法。通常将直接发酵法和微生物转化法统称为发酵法；现在除少数几种氨基酸用蛋白质水解提取法生产外，多数氨基酸都采用发酵法生产，也有几种氨基酸采用酶法和化学合成法生产。

1. 蛋白水解提取法

该方法以毛发、血粉、废蚕丝等为原料，通过酸、碱或蛋白水解酶水解成氨基酸混合物，经分离纯化获得各种氨基酸。水解法生产氨基酸主要分为分离、精制、结晶三个步骤。

本法的优点是原料来源丰富，投产比较容易。缺点是产量低，成本较高。目前仍有一定数量的品种如胱氨酸、亮氨酸、酪氨酸等用水解提取法生产。

（1）酸水解法　一般是在蛋白质原料中加入约 4 倍质量的 6mol/L 盐酸或 8mol/L 硫酸，于 110℃加热回流 16～24h，或加压下于 120℃水解 12h，使氨基酸充分析出，除酸即得氨基酸混合物。本法的优点是水解完全，水解过程不引起氨基酸发生旋光异构作用，所得氨基酸均为 L-型氨基酸。缺点是营养价值较高的色氨酸几乎全部被破坏，含羟基的丝氨酸和酪氨酸部分被破坏，水解产物可与醛基化合物作用生成一类黑色物质而使水解液呈黑色，需进行脱色处理。

（2）碱水解法　通常是在蛋白质原料中加入 6mol/L 氢氧化钠或 4mol/L 氢氧化钡，于 100℃水解 6h，得氨基酸混合物。本法的优点是水解时间较短，色氨酸不被破坏，水解液清亮。缺点是含羟基和巯基的氨基酸大部分被破坏，引起氨基酸的消旋作用，产物有 D-型氨基酸，故本法较少采用。

（3）酶水解法　通常是利用胰酶、胰浆或微生物蛋白酶等，在常温下水解蛋白质制备氨基酸。本法的优点是反应条件温和，氨基酸不被破坏也不发生消旋作用，所需设备简单，无环境污染。缺点是蛋白质水解不彻底，中间产物较多，水解时间长，故主要用于生产水解蛋白和蛋白胨，在氨基酸生产上比较少用。

2. 微生物发酵法

发酵法是指以糖为碳源，以氨或尿素为氮源，通过微生物的发酵繁殖，直接生产氨基酸，或是利用菌体的酶系，加入前体物质合成特定氨基酸的方法。其基本过程包括菌种的培养、接种发酵、产品提取及分离纯化等。所用菌种主要为细菌、酵母菌。随着生物工程技术的不断发展，采用细胞融合技术及基因重组技术改造微生物细胞，已获得多种高产氨基酸杂种菌株及基因工程菌，其中苏氨酸和色氨酸基因工程菌已投入工业生产。有目的地培养产率高的新菌种，是发酵法生产氨基酸的关键。目前大部分氨基酸可通过发酵法生产，如谷氨酸、谷氨酰胺、丝氨酸、酪氨酸等，产量和品种逐年增加。

本法的优点是直接生产 L-型氨基酸，原料丰富，以廉价碳源如甜菜或化工原料（乙酸、甲醇、石蜡）代替葡萄糖，成本大为降低。缺点是产物浓度低，生产周期长，设备投资大，有副反应，单晶体氨基酸的分离比较复杂。

3. 化学合成法

化学合成法是利用有机合成和化学工程相结合的技术生产氨基酸的方法。通常是以 α-卤代羧酸、醛类、甘氨酸衍生物、异氰酸盐、乙酰氨基丙二酸二乙酯、卤代烃、α-酮酸及某些氨基酸为原料，经氨解、水解、缩合、取代、加氢等化学反应合成 α-氨基酸。化学合成法是制备氨基酸的重要途径之一，但氨基酸种类较多，结构各异，故不同氨基酸的合成方法也不同。

本法的优点是可采用多种原料和多种工艺路线，特别是以石油化工产品为原料时，成本较低，生产规模大，适合工业化生产，产品易分离纯化。缺点是生产工艺复杂，生产的氨基酸皆为 DL-型消旋体，需经拆分才能得到 L-型氨基酸。目前多用固定化酶拆分 DL-型氨基酸，具有收率高、成本低、周期短的优点，促进了化学合成法的发展。蛋氨酸、甘氨酸、色氨酸、苏氨酸、苯丙氨酸、丙氨酸、脯氨酸等多用化学合成法生产。

4. 酶合成法

酶合成法也称酶工程技术、酶转化法，是指在特定酶的作用下使某些化合物转化成相应氨基酸的技术。它是在化学合成法和发酵法的基础上发展建立的一种新的生产工艺，其基本过程是以化学合成的、生物合成的或天然存在的氨基酸前体为原料，将含特定酶的微生物、植物或动物细胞进行固定化处理，通过酶促反应制备氨基酸。固定化酶和固定化细胞等技术的迅速发展，促进了酶合成法在实际生产中的应用。

本法的优点是产物浓度高，副产物少，成本低，周期短，收率高，固定化酶或细胞可连续反复使用，节省能源。生产的品种有天冬氨酸、丙氨酸、苏氨酸、赖氨酸、色氨酸、异亮氨酸等。

二、氨基酸的分离

氨基酸的分离是指从氨基酸混合液中获得某种单一氨基酸产品的工艺过程，是氨基酸生产技术中重要的环节。氨基酸的分离方法较多，下面介绍几种常用的方法。

1. 溶解度或等电点法

溶解度法是根据不同氨基酸在水和乙醇等溶剂中的溶解度不同，而将氨基酸彼此分离。如胱氨酸和酪氨酸均难溶于水，但在热水中酪氨酸溶解度较大，而胱氨酸则无多大差别，故可将混合物中的胱氨酸、酪氨酸与其他氨基酸分开。

各种氨基酸在等电点时溶解度最小，易沉淀析出，故利用溶解度法分离制备氨基酸时，常与氨基酸等电点沉淀法结合并用。

氨基酸在不同溶剂中溶解度不同这一特性，不仅用于氨基酸的一般分离纯化，还可用于氨基酸的结晶。在水中溶解度大的氨基酸，如精氨酸、赖氨酸，其结晶不能用水洗涤，但可用乙醇洗涤去杂质；而在水中溶解度较小的氨基酸，其结晶可水洗去杂质。

2. 特殊沉淀剂法

氨基酸可以和一些有机化合物或无机化合物生成具有特殊性质的结晶性衍生物，利用这一性质可分离纯化某些氨基酸。如精氨酸与苯甲醛生成不溶于水的苯亚甲基精氨酸沉淀，经盐酸水解除去苯甲醛，即可得纯净的精氨酸盐酸盐；亮氨酸与邻二甲苯-4-磺酸反应，生成亮氨酸磺酸盐沉淀，后者与氨水反应，得游离亮氨酸；组氨酸与氯化汞作用生成组氨酸汞盐沉淀，经处理得组氨酸。

本法操作简便，针对性强，至今仍是分离制备某些氨基酸的方法。缺点是沉淀剂比较难以去除。

3. 离子交换法

离子交换法是利用离子交换剂对不同氨基酸吸附能力不同而分离纯化氨基酸的方法。氨基酸为两性电解质，在一定条件下，不同氨基酸的带电性质及解离状态不同，对同一种离子交换剂的吸附力也不同，故可对氨基酸混合物进行分组或单一成分的分离。例如，在pH5～6的溶液中，碱性氨基酸带正电，酸性氨基酸带负电，中性氨基酸呈电中性，选择适宜的离子交换树脂，可选择性吸附不同解离状态的氨基酸，然后用不同pH缓冲液洗脱，可把各种氨基酸分别洗脱下来。

三、氨基酸的结晶与干燥

结晶是溶质以晶体状态从溶液中析出的过程。通过上述方法分离纯化后的氨基酸仍混有少量其他氨基酸和杂质，需通过结晶或重结晶提高其纯度，即利用氨基酸在不同溶剂、不同pH介质中溶解度不同，达到进一步纯化。氨基酸结晶通常要求样品达到一定的纯度、较高的浓度，pH选择在pI附近，在低温条件下使其结晶析出。氨基酸结晶通过干燥进一步除去水分或溶剂获得干燥制品，便于使用和保存。常用的干燥方法有常压干燥、减压干燥、喷雾干燥、冷冻干燥等。

四、氨基酸类药物的检测

各种氨基酸理化性质不同，检测方法也不同，但一般是以甲酸：冰醋酸按比例混合，采用电位滴定法、高氯酸溶液滴定等。

第二节 蛋氨酸

蛋氨酸（methionine，Met）又称甲硫氨酸，是人体必需氨基酸，体内不能合成，必须由食物供给。蛋氨酸在体内转变成 S-腺苷蛋氨酸，作为活性甲基供体，参与磷脂酰胆碱等的合成代谢，有利于脂类转运，防止脂肪在肝中堆积。

一、结构与性质

蛋氨酸属含硫氨基酸，分子中含 S-甲基，其化学名称为 α-氨基-γ-甲硫基丁酸，结构式为：

$$CH_3SCH_2CH_2-CHCOOH$$
$$|$$
$$NH_2$$

蛋氨酸纯品为白色薄片状结晶或结晶性粉末，略有异臭，微甜 pI 为 5.74，熔点为 280～282℃。溶于水、稀酸和碱液，不溶于无水乙醇、石油醚、苯和丙酮，极难溶于乙醇、乙醚。

二、生产工艺

1. 工艺路线

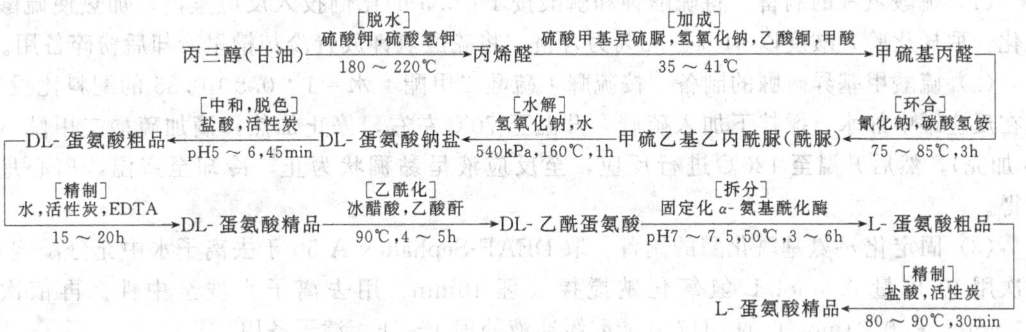

2. 工艺过程

（1）脱水 按甘油：硫酸氢钾：硫酸钾＝1：0.5：0.026（V/m/m）配料比投料。先将 1/7 量的甘油及全部硫酸氢钾、硫酸钾投入反应罐内，升温至 190℃时滴入其余的甘油，温度控制在 180～220℃，生成的丙烯醛气体经冷凝收集，得丙烯醛粗品。用 10%碳酸氢钠溶液调至 pH6，分馏，收集 50～75℃馏分，得丙烯醛精品。

（2）加成 按丙烯醛：硫酸甲基异硫脲：氢氧化钠溶液（5mol/L）：乙酸铜：甲酸＝1：2.45：3.8：0.01：0.024(m/m/V/m/m)配料投料。先把丙烯醛和甲酸投入加成罐内，搅拌下加入乙酸铜。另将硫酸甲基异硫脲投入甲硫醇发生罐中，滴加氢氧化钠溶液，加热

（不超过 95℃），产生的甲硫醇先进缓冲罐中，再经盛有 50% 硫酸液的洗涤瓶中，最后加入加成罐中，控制反应温度在 35～41℃，当反应接近终点时，反应呈淡黄色并混有絮状物，测定相对密度，当相对密度达 1.066～1.074（20℃）时停止反应，得甲硫基丙醛。

（3）环合　按甲硫基丙醛：氰化钠：碳酸氢铵＝1：0.52：1.75 配料比投料。将碳酸氢铵投入反应罐中，加 4 倍量水搅拌溶解，再将 3 倍水溶解后的氰化钠投入罐内，搅拌均匀，搅拌下缓慢滴加甲硫基丙醛，升温至 75～85℃反应 3h，得酰脲。

（4）水解、中和、脱色　按酰脲（以甲硫基丙醛计）：28% 氢氧化钠液：活性炭＝1：2.75：0.1（m/V/m）配料比投料。将酰脲和氢氧化钠液投入高压釜中，升温水解排氨 1h，关闭阀门，升温加压至 160℃、540kPa，反应 1h，得 DL-蛋氨酸钠盐。移入中和罐中，加水稀释至不析出结晶为止，用盐酸调 pH5～6，加适量活性炭煮沸脱色 45min，过滤，滤液冷却结晶，过滤得 DL-蛋氨酸粗品。

（5）精制　按粗品：蒸馏水：活性炭：EDTA＝1：7：0.04：0.0007（m/V/m/m）配料比投料。将配料投入精制罐中，搅拌，煮沸脱色 1.5h，热滤，滤液冷却结晶 15～20h，过滤得沉淀，干燥，得 DL-蛋氨酸精品。

（6）DL-乙酰蛋氨酸的制备　将 DL-蛋氨酸、冰醋酸、乙酸酐按 1：7：1（m/V/V）的配料比投入反应罐中，90℃反应 4～5h，回收乙酸，浓缩液加一定量去离子水，再浓缩，冷却结晶，过滤，60℃真空干燥得 DL-乙酰蛋氨酸。

（7）DL-乙酰蛋氨酸拆分和 L-蛋氨酸精制　取 DL-乙酰蛋氨酸加水溶解，用氢氧化钠调至 pH7～7.5，配成 0.1～0.3mol/L 基质液，加适量固定化 α-氨基酰化酶，50℃静态拆分 3～6h。过滤，滤液用盐酸调至 pH5～6，浓缩，加入适量乙醇（浓度达 50%～60%），冷却结晶，过滤得 L-蛋氨酸粗品。粗品溶于 80～90℃热水中，用盐酸调至 pH5.5～6，加入 0.1%～0.4% 活性炭处理 30min，热滤，滤液加入 1 倍量的 95% 的乙醇，冷库结晶，过滤得精制 L-蛋氨酸，收率为 60%。

3. 工艺讨论

（1）硫酸氢钾的制备　将硫酸钾和硫酸按 1：0.5 的比例投入反应釜内，加热使硫酸钾融化，取样化验，酸度以 31%～33% 为合格。将硫酸氢钾放置冷却槽里冷却后粉碎备用。

（2）硫酸甲基异硫脲的制备　按硫脲：硫酸二甲酯：水＝1：0.8：0.35 的配料比投料。先在反应罐中加水，搅拌下加入硫脲，升温至 70℃左右，停止加热，滴加硫酸二甲酯（约 1h 加完），然后升温至 120℃进行反应，至反应液呈黏稠状为止，冷却至室温，离心甩干即得。

（3）固定化 α-氨基酰化酶的制备　取 DEAE-Sephadex A-50 于去离子水中充分浸泡后，依次用 10 倍量 0.5mol/L 氢氧化钠搅拌处理 10min，用去离子水洗至中性，再依次用 0.1mol/L 和 0.01mol/L 的 pH7.0 磷酸缓冲液处理 1～2h，滤干备用。

另取培养 40～50h 的米曲 3042 扩大曲，用 6 倍量去离子水分两次抽提酶，滤去残渣，滤液用 2mol/L 氢氧化钠调至 pH6.7～7.0，按酶液 100L 加已处理的湿 DEAE-Sephadex A-50 1kg 的比例混合，于 0～4℃搅拌吸附 4～5h，滤取 DEAE-Sephadex A-50，依次用去离子水、0.1mol/L 乙酸钠、0.01mol/L 的 pH7.0 磷酸缓冲液洗 3～4 次，滤干得固定化 α-氨基酰化酶，加 1% 甲苯置冷库备用。

（4）D-乙酰蛋氨酸的消旋　拆分余下的 D-乙酰蛋氨酸液浓缩后，搅拌加入 0.3 倍量乙酸酐，于 100～110℃反应 30min，冷却，用盐酸调至 pH2.0，冷却结晶，得 DL-乙酰蛋氨酸，收率 72%，供拆分使用。

（5）新工艺　1983年12月在巴黎举行的国际化工过程和设备博览会上展出了生产蛋氨酸的新流程，把中间体甲硫基丙醛的生产简化，丙烯醛不经分离纯化，直接变成甲硫基丙醛，副产品用特殊溶剂洗脱，气体用碳酸钠溶液洗涤、蒸馏。纯净的丙烯醛气体可再与甲硫醇反应，节约了能源，反应器为管道反应器，收率达95%。

三、检测方法

1. 质量标准

本品为无色结晶或结晶粉末，干重含量应为99.0%～100.5%，比旋度为+23.0°～+24.5°，其2.5%水溶液在430nm波长处透光率大于98.0%，1%水溶液pH为5.6～6.1，干燥失重小于0.20%，炽灼残渣小于0.10%，氯化物小于0.02%，硫酸盐小于0.02%，磷酸盐小于0.02%，铁盐小于0.001%，铵盐小于0.02%，砷盐小于0.0001%，重金属小于0.001%。

2. 含量测定

精确称取干燥样品约为0.3g，置碘瓶中，加水70mL，加硅钨酸试液2mL，摇匀，再加入磷酸氢二钾5g、磷酸二氢钾2g、碘化钾2g，溶解后准确加入0.1mol/L碘试液50mL，密塞混匀，暗处静置30min，用0.1mol/L硫代硫酸钠液滴定剩余碘，近终点时，加淀粉指示剂2mL，继续滴定至蓝色消失。每1mL碘试液（0.1mol/L）相当于7.461mg $C_3H_{11}NO_2S$。

四、药理作用与临床应用

蛋氨酸是人体生长不可缺少的八种必需氨基酸之一，具有营养、抗脂肪肝、抗贫血作用。临床用于治疗慢性肝炎及由砷剂、巴比妥类药物引起的中毒性肝炎。乙酰蛋氨酸作用与蛋氨酸相同，优点是溶解度较大，有利于大量给药。维生素U又名氯化甲基蛋氨酸，分子中含活泼甲基，可使组胺甲基化失去活性，减少胃液分泌，促进胃肠黏膜再生，适用于治疗胃及十二指肠溃疡、急慢性胃炎、胃酸过多症等。

第三节　苏 氨 酸

苏氨酸（threonine，Thr）为人体必需氨基酸，在酪蛋白、蛋类中含量较高，为4%～5%，在谷类等植物蛋白中含量甚少（仅次于赖氨酸），且人体对食物蛋白中苏氨酸的利用率很低，故苏氨酸是与赖氨酸同样重要的营养剂。苏氨酸的生产主要采用化学合成法，以甘氨酸铜为原料制备L-苏氨酸。有报道，日本等以石油产品为原料，用发酵法生产苏氨酸。

一、结构与性质

苏氨酸分子中有两个不对称碳原子，故有L-苏氨酸、D-苏氨酸和L-别苏氨酸、D-别苏氨酸四种异构体，其中只有L-苏氨酸具有生理活性。L-苏氨酸的化学名称为L-α-氨基-β-羟基丁酸，结构式为

$$\underset{\underset{\text{OH}}{|}}{CH_2}-\underset{}{CH}-\underset{\underset{\text{NH}_2}{|}}{CH}-COOH$$

苏氨酸纯品为白色结晶或结晶性粉末，无臭，微甜，pI为6.16，熔点为255～257℃。

溶于水，不溶于乙醇、乙醚及氯仿，在碱液中不稳定，受热易分解为甘氨酸和乙醛。

二、生产工艺

1. 工艺路线

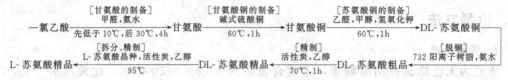

2. 工艺过程

（1）甘氨酸的制备　一氯乙酸 95kg、甲醛 150L 混合后冷却至 10℃ 以下，滴加浓氨水 320L（控制滴速使温度不超过 10℃），30℃ 保温 4h，减压浓缩至有结晶析出（约剩 100～150L），稍冷，加入 3 倍量甲醇，冰箱过夜，滤取结晶，干燥得甘氨酸粗品。加 1.5～2 倍量水，加热溶解，活性炭脱色，过滤，滤液中加入 2.0～2.5 倍量甲醇，置冰箱过夜，滤取结晶，干燥得甘氨酸精品，收率约为 60%～68%。

（2）甘氨酸铜的制备　甘氨酸 50kg、水 350L 投入反应罐中，60℃ 搅拌溶解，缓慢加入碱式硫酸铜 40kg，60℃ 搅拌保温 1h，热滤，滤液冷却结晶过夜，滤取结晶，60℃ 烘干得蓝色甘氨酸铜，收率约为 95%～98%。

（3）苏氨酸铜的制备　甘氨酸铜 75kg、甲醇 600L 投入反应罐中，搅拌溶解，加入乙醛 120L，待温度稳定，再加入 5% 氢氧化钾甲醇溶液 90L，60℃ 保温反应 1h，热滤，滤液中加入冰醋酸 5.5L，减压回收甲醇至干，加水 75L，搅拌分散后于 5℃ 过夜，滤取结晶，冷水洗涤，滤干得苏氨酸铜，收率约为 68%～74%。

（4）脱铜、精制　苏氨酸铜 40kg、10% 氨水 1000L 投入反应罐中，搅拌溶解，过滤，滤液上 732 阳离子交换柱吸附，用 2mol/L 氨水和水洗脱，合并洗脱液，薄膜浓缩至 150L，加 2 倍量乙醇，搅拌，5℃ 过夜，滤取结晶，80℃ 烘干得 DL-苏氨酸粗品，收率约为 62%～74%。

取 DL-苏氨酸粗品 40kg，加去离子水 120L，加热溶解，加 5% 活性炭，于 70℃ 搅拌脱色 1h，过滤，滤液中加入乙醇 250L，5℃ 过夜，滤取结晶，80℃ 烘干得苏氨酸精品，收率约为 87%～91%。

（5）拆分、精制　DL-苏氨酸精品 20kg、L-苏氨酸 2.25kg、去离子水 72L 投入反应罐中，搅拌下迅速升温到 95℃ 至全部溶解，再迅速降温至 40℃，投入 L-苏氨酸 225g 作晶种，缓慢降温至 29～30℃，滤取结晶，80℃ 烘干得 L-苏氨酸粗品。滤液可加入与已拆分出的 L-苏氨酸等量的 DL-苏氨酸（总体积不变）及 D-苏氨酸晶种 225g，拆分得 D-苏氨酸粗品。母液可如此反复套用拆分。

L-苏氨酸粗品 15kg，加 4 倍量去离子水，90℃ 搅拌溶解，加 1% 活性炭，70℃ 脱色 1h，热滤，滤液降温至 10℃ 后倒入 2 倍量乙醇中，搅匀，冷却过夜，滤取结晶，用乙醇 10L 洗涤，抽干，80℃ 烘干得 L-苏氨酸精品，收率约为 87%～92%。

3. 工艺讨论

（1）甘氨酸的制备，在国内均采用一氯乙酸氨化法，所用氨化剂有氨水-碳酸氢铵、氨水-乌洛托品等。本工艺用氨水-甲醛作氨化剂，收率高，可达 80%，且原料价廉。

（2）苏氨酸的制备，曾用碳酸钾-吡啶做催化剂，水做溶剂，收率仅为50％，而且反应后需调pH，再用水、稀醇液洗涤苏氨酸铜，操作繁杂。本工艺用氢氧化钾作催化剂，甲醇作溶剂，收率约提高15％，后处理简单，副产物少。

（3）有报道，苏氨酸脱铜可用硫化氢法或阳离子交换树脂法，本法采用国产732阳离子交换树脂脱铜，但收率波动较大，主要影响因素是洗脱液浓缩时的温度，在碱性溶液中苏氨酸受热易分解破坏，温度超过60℃浓缩，收率明显降低，故应注意控制温度。

（4）拆分所得的D-苏氨酸制成铜盐，碱性条件下与乙醛在甲醇或水中反应，经中和、浓缩后，与乙醛缩合得N-亚乙基-DL-苏氨酸铜，经树脂处理可得消旋物。

三、检测方法

1. 质量标准

本品为白色结晶，干重含量应为98.5％～101.5％，比旋度为 $-26.7°$ ～ $-29.1°$ ，其10％水溶液在430nm波长处透光率大于98.0％，1％水溶液pH为5.2～6.2，干燥失重小于0.2％，炽灼残渣小于0.4％，氯化物小于0.02％，铵盐小于0.02％，硫酸盐小于0.02％，砷盐小于0.0001％，铁盐小于0.001％，重金属小于0.001％。

2. 含量测定

精确称取干燥样品110g，移置125mL的小三角烧瓶中，以甲酸3mL、冰醋酸50mL的混合液溶解，采用电位滴定法，用0.1mol/L的高氯酸溶液滴定至终点，滴定结果以空白试验校正，每1mL高氯酸溶液（0.1mol/L）相当于11.91mg $C_4H_9NO_3$ 。

四、药理作用与临床应用

L-苏氨酸是维持机体生长发育所必需的、体内不能合成的氨基酸，可促进磷脂合成和脂肪酸氧化，具有抗脂肪肝作用。每天需自食物中摄取苏氨酸的最低限量为0.5g，安全摄取量为1g，苏氨酸缺乏会引起食欲缺乏、体重减轻、脂肪肝、睾丸萎缩、脑垂体前叶细胞染色体变化及影响骨骼生长。本品可作为复方氨基酸输液和多种滋补剂成分。苏氨酸和铁的螯合物（DL-threonine-Fe complex）具有良好的抗贫血作用。

第四节 赖氨酸

赖氨酸（lysine，Lys）是人体必需氨基酸之一。由于其在大米、玉米等食物中含量较低，容易造成人体缺乏，被称为"第一缺乏氨基酸"。赖氨酸广泛存在于各种蛋白质中，肉、蛋、乳等蛋白中含量较高，约为7％～9％；鸡卵蛋白中高达13％。目前，赖氨酸的生产多采用微生物直接发酵法，工艺比较成熟，已形成一定的生产规模。

一、结构与性质

赖氨酸属碱性氨基酸，分子中含两个氨基，其化学名称为2,6-二氨基己酸，结构式为：

$$NH_2-CH_2-CH_2-CH_2-CH_2-CH-COOH$$
$$|$$
$$NH_2$$

赖氨酸纯品极易吸潮，一般制成赖氨酸盐酸盐。赖氨酸盐酸盐纯品为白色单斜晶形粉末，无臭，味甜，pI 为 9.74，熔点为 263～264℃。易溶于水，不溶于乙醇和乙醚。

二、生产工艺

1. 工艺路线

AS1.563 菌种 $\xrightarrow[32℃,17h]{\substack{[菌种培养]\\种子培养基}}$ 种子 $\xrightarrow[32℃,38h]{\substack{[发酵]\\发酵培养基}}$ 发酵液 $\xrightarrow{732 树脂(NH_4^+)型}$ 吸附物 $\xrightarrow[pH8～14]{\substack{[洗脱]\\氨水}}$ 洗脱液 $\xrightarrow{[浓缩]}$ 浓缩液

浓缩液 $\xrightarrow[pH4.9,3d]{[结晶]\\盐酸}$ L-赖氨酸盐酸盐粗品 $\xrightarrow{\substack{[脱色、浓缩]\\活性炭}}$ 浓缩液 $\xrightarrow{[结晶、干燥]}$ L-赖氨酸盐酸盐精品

2. 工艺过程

(1) 菌种的培养 高丝氨酸缺陷型菌株 AS1.563 于 30～32℃ 活化 24h 后，先于 32℃ 进行斜面培养，培养基成分（%）为：葡萄糖 0.5，牛肉膏 1.0，蛋白胨 0.5，琼脂 2.0，pH7.0。再进行种子培养，培养基成分（%）为：葡萄糖 2.0，玉米浆 2.0，硫酸镁 0.05，硫酸铵 0.4，磷酸氢二钾 0.1，碳酸钙 0.5，豆饼水解液 1.0，pH6.8～7.0。接种量 5%，32℃ 培养 17h。

(2) 发酵 发酵培养液成分（%）为：葡萄糖 15，尿素 0.4，硫酸镁 0.04，硫酸铵 2.0，磷酸氢二钾 0.1，豆饼水解液 2.0。接种量 5%，通气量 1:0.3（V/V/min），32℃ 培养 38h。

(3) 吸附、洗脱、浓缩、结晶 发酵液加热至 80℃，搅拌 10min，冷却至 40℃ 加硫酸调 pH4～5（发酵液含酸量 2.5% 左右），静置 2h 后上 732 树脂（NH$_4^+$ 型）柱（树脂用量与发酵液量的体积比为 1:3），流速 1000mL/min，当流出液 pH 逐渐升高至 pH5.5～6 时，表明树脂饱和，一般吸附 2～3 次。饱和树脂用无盐水反复洗涤，除去菌体和杂质，直至流出液澄清。用 2～2.5mol/L 氨水洗脱，流速为 400～800mL/min，从 pH8 开始收集，至 pH13～14 时洗脱结束。洗脱液除氨，真空浓缩，冷却，用浓盐酸调至 pH4.9，静置 3d，析出结晶，离心甩干得 L-赖氨酸盐酸盐粗品。

(4) 脱色、浓缩、结晶、干燥 粗品用蒸馏水溶解，加 10%～12% 活性炭脱色，过滤，滤液澄清略带微黄色，于 40～45℃、93kPa 下真空浓缩，至饱和为止，自然冷却结晶。滤取结晶，60℃ 干燥得 L-赖氨酸盐酸盐精品，收率 50% 以上。

3. 工艺讨论

(1) 影响产酸率的因素 通过筛选优良菌种并延长菌龄，使种子长得丰满，或用亚硝基胍诱变处理菌种，调整培养基成分和配比（如加入蛋白胨），适当提高通气量，均可提高产酸量。

(2) 新 732 树脂的处理 先用无盐水反复洗去碎粒和杂质，用 1mol/L 盐酸流洗（盐酸用量为树脂体积的 5～6 倍，流速每分钟为树脂体积的 1/50），并浸泡 10～12h，用无盐水洗至流出液 pH6.5 以上。再用 1mol/L 氢氧化钠溶液洗涤（用量、流速同上），无盐水洗至流出液 pH8。最后用 1mol/L 盐酸、1mol/L 氢氧化铵洗涤（用量、流速同上），无盐水洗至流出液 pH8 备用。

树脂的再生：先用 1mol/L 盐酸、无盐水洗至流出液 pH5 以上，再用 1mol/L 氢氧化铵、无盐水洗至流出液 pH8 备用（用量、流速同上）。

(3) 采用电渗析法纯化浓缩赖氨酸溶液，可明显提高回收率。增加树脂用量和减少滴漏，能提高吸附率和总收率。

(4) 1973 年日本福村等发表了酶法制备赖氨酸的新工艺，即利用 L-α-氨基己内酰胺水解酶和 D-α-氨基己内酰胺消旋酶，在同一反应罐内对 DL-α-氨基己内酰胺进行水解和消旋，

最后全部转化成 L-赖氨酸。

三、检测方法

1. 质量标准

赖氨酸盐酸盐为白色或类白色结晶粉末，干重含量应大于 98.5%，比旋度为 +20.2°～ +21.5°，其中 5% 水溶液在 430nm 波长处透光率大于 98.0%，0.1% 水溶液 pH 为 5.0～ 6.0，干燥失重小于 1.0%，炽灼残渣小于 0.1%，含氯量为 19.0%～19.6%，硫酸盐小于 0.03%，砷盐小于 0.0002%，铁盐小于 0.003%，铵盐小于 0.02%，重金属小于 0.001%，热原应符合注射用规定。

2. 含量测定

取本品约 80mg，精确称定，加乙酸汞试液 5mL，冰醋酸 25mL，加热至 60～70℃ 使溶解，依照电位滴定法，用 0.1mol/L 高氯酸溶液滴定，滴定结果以空白试验校正。每 1mL 的高氯酸滴定液 （0.1mol/L）相当于 9.133mg $C_6H_{14}N_2O_2 \cdot HCl$。

四、药理作用与临床应用

赖氨酸在维持人体氮平衡的八种必需氨基酸中特别重要，是衡量食物营养价值的重要指标之一，特别是在儿童发育期、病后恢复期、妊娠授乳期，对赖氨酸的需要量更高。赖氨酸缺乏会引起发育不良、食欲缺乏、体重减轻、负氮平衡、低蛋白血、牙齿发育不良、贫血、酶活性下降及其他生理功能障碍。本品主要用作儿童和恢复期病人营养剂，可单独使用，一般与维生素、无机盐及其他必需氨基酸混合使用。赖氨酸能提高血脑屏障通透性，有助于药物进入脑细胞内，是治疗脑病的辅助药物。赖氨酸抗坏血酸盐可促进食欲。赖氨酸氯化钙合剂适用于各种缺钙症。赖氨酸铝盐可治疗胃溃疡。赖氨酸乳清酸盐即赖乳清酸为护肝药物，适用于各种肝炎、肝硬化、高血氨症等。赖氨酸阿司匹林具镇痛作用，无成瘾性，临床应用很广。苯甲酰苯基丙酸赖氨酸具有较好的解热镇痛作用。三甲赖氨酸（THL）对细胞增殖有促进作用，可作为免疫增强药物。

第五节　精氨酸

精氨酸 （arginine，Arg） 属碱性氨基酸，猪毛、蹄甲、血粉、明胶、鱼精蛋白等都含有丰富的精氨酸，均可选作原料，经酸水解，分离制备精氨酸。也可用发酵法制备。

一、结构与性质

精氨酸分子中含有一个强碱性的胍基，其化学名称为 α-氨基-δ-胍基戊酸，结构式为：

$$\underset{\underset{NH_2}{|}}{NH_2CNHCH_2CH_2CH_2-CHCOOH}$$
$$\overset{NH}{\|}$$

精氨酸纯品极易吸潮，一般制成精氨酸盐酸盐。精氨酸盐酸盐纯品为白色结晶性粉末，溶液呈酸性反应，无臭，味苦涩，pI 为 10.76，熔点为 224℃。易溶于水，微溶于乙醇，不溶于乙醚。

二、生产工艺

1. 工艺路线

明胶 $\xrightarrow[116\sim122℃,16h]{[水解]盐酸}$ 水解液 $\xrightarrow[减压]{[浓缩]蒸馏水}$ 浓缩液 $\xrightarrow[pH10.5\sim11]{[中和]氢氧化钠}$ 中和液 $\xrightarrow[pH8]{[缩合]苯甲醛}$ 苯亚甲基精氨酸粗品

L-精氨酸盐酸盐 $\xleftarrow{[浓缩、结晶]}$ 酸化液 $\xleftarrow[pH3\sim3.5]{[酸化]盐酸}$ 滤液 $\xleftarrow[pH7\sim8]{[吸附]303\times2树脂}$ 脱色液 $\xleftarrow{[脱色]活性炭}$ 水解液 $\xleftarrow[煮沸]{[水解]盐酸}$

2. 工艺过程

（1）水解、浓缩　将明胶和2倍量工业盐酸（质量比）投入水解罐内，116～122℃回流16h，得水解液，减压浓缩至1/2体积，加蒸馏水稀释至原体积，再浓缩，得浓缩液。

（2）中和、缩合　将上述浓缩液冷却至0～5℃，搅拌下缓慢加入30%氢氧化钠溶液，温度控制在10℃以下，调pH至10.5～11。缓慢滴加苯甲醛，pH降至8时，停加苯甲醛，继续搅拌30min，使反应完全。苯亚甲基精氨酸结晶析出，静置6h，过滤，结晶用蒸馏水洗涤，滤干，60℃烘干得苯亚甲基精氨酸粗品。

（3）水解、脱色、吸附　按苯甲基精氨酸粗品量加入0.8倍（m/V）6mol/L盐酸，加热煮沸50min进行水解（水解至40～45min时，加入少量活性炭），过滤，滤渣用热水洗涤，过滤，合并滤液，静置分层，取下层水溶液（上层苯甲醛溶液回收）。加入少量活性炭脱色，过滤，滤液搅拌下加入弱碱性苯乙烯系阴离子树脂303×2进行吸附，至pH为7～8（约3h），滤去树脂，得滤液。

（4）酸化、浓缩、结晶　滤液用6mol/L盐酸酸化至pH3～3.5，加入适量活性炭，处理10min，过滤，得澄清滤液。在80～90℃水浴中减压浓缩，待有白色结晶析出时，冷却，并间歇搅拌，过滤，得结晶。结晶分别用75%和95%乙醇洗涤，滤干，80℃烘干，得精氨酸盐酸盐，总收率为4.5%。

3. 工艺讨论

（1）精氨酸与苯甲醛或萘酚磺酸结合生成缩合物，经弱碱性苯乙烯系阴离子树脂分离除去其他氨基酸后，再将苯亚甲基精氨酸进行水解，也可制得精氨酸盐酸盐。

（2）有报道，应用强酸性阳离子交换树脂同时分离制备精氨酸、赖氨酸、组氨酸的方法，操作简便，原料利用率高，精氨酸回收率高。

（3）精氨酸复盐的制备

① 精氨酸琥珀酸盐：将琥珀酸30g溶于水500mL中，加L-精氨酸87g，混匀（pH为6），真空浓缩后加入乙醇250mL，搅拌均匀，静置，过滤得中性水合L-精氨酸琥珀酸盐结晶约120g。或取L-精氨酸87g、琥珀酸59g溶于500mL水中（pH调至5），过滤，滤液在50～55℃蒸发浓缩，过滤得结晶状残渣，加95%乙醇250mL，冷却过夜，过滤，结晶先后用乙醇、乙醚洗涤，得酸性复合L-精氨酸琥珀酸盐约147g。

② 精氨酸葡萄糖醛酸盐：分别将精氨酸1.94g溶于乙醇500mL中，葡萄糖醛酸1.94g溶于乙醇280mL中，过滤，合并滤液，静置，复盐析出，过滤，结晶先后用冷乙醇、乙醚洗涤，真空干燥即得。

三、检测方法

1. 质量标准

本品为无色或白色结晶，干重含量应大于98.5%，比旋度为+21.5°～+23.5°，其

10％盐酸（1mol/L）溶液在 430nm 波长处透光率大于 98.0％，0.5％水溶液 pH 为 2.5～3.5，干燥失重小于 0.2％，炽灼残渣小于 0.3％，含氯量为 16.5％～17.1％，硫酸盐小于 0.03％，磷酸盐小于 0.02％，铁盐小于 0.001％，铵盐小于 0.02％，砷盐小于 0.0002％，重金属小于 0.002％。鉴别试验、热原应符合注射用规定。

2. 含量测定

取本品约 0.1g，精确称定，加冰醋酸 10mL 与乙酸汞试液 5mL，缓慢加热使溶解，放冷后，依照电位滴定法，用高氯酸滴定液（0.1mol/L）滴定，以空白试验校正。每 1mL 高氯酸滴定液（0.1mol/L）相当于 10.53mg 的 $C_6H_{14}N_4O_2 \cdot HCl$。

四、药理作用与临床应用

精氨酸是鸟氨酸循环的中间产物，它有助于鸟氨酸循环的进行，促进氨转变成尿素排出体外，从而降低血氨含量。临床上用于挤压伤、烧伤、肝功能不全所致之高血氨症、肝性脑病忌钠病人，可提高机体对大量氨基酸输液的耐受性，预防由输注氨基酸引起的急性氨中毒。精氨酸是精子蛋白的主要成分，有促进精子生成、提供精子运动能量的作用，可用于精液分泌不足和精子数量减少引起的男性不育症。对肾脏也有保护作用。精氨酸琥珀酸盐具有保肝作用，并能增强滋补壮药的作用。精氨酸葡萄糖醛酸盐具有抗疲劳、解毒和提供能量的作用，精氨酸马来酸盐具有降低血氨和组织氨、增加胆汁分泌、促进肝脏代谢的作用，对亚急性四氯化碳中毒有疗效。精谷氨酸具解氨毒作用，临床用于防治由肝性脑病、肝功能不全所致的高血氨症。精天冬氨酸可改善疲劳、神经衰弱、失眠、记忆力衰退等症状。磷葡精氨酸是一种护肝药，可促进肝细胞生长，对肝中毒及高血氨症有一定疗效。

第六节 亮氨酸

亮氨酸（leucine，Leu）为人体必需氨基酸，广泛存在于蛋白质中，以玉米麸质及血粉中含量最丰富，其次在角甲、棉籽饼和鸡毛中含量也较多。亮氨酸可用蛋白质水解法或合成法制备。

一、结构与性质

亮氨酸化学名称为 2-氨基-4-甲基戊酸或 2-氨基异己酸，结构式为：

$$CH_3—CH—CH_2—CH—COOH$$

（下方 CH_3 与 NH_2）

亮氨酸纯品为白色结晶或结晶性粉末，无臭，味微苦，pI 为 5.98，熔点为 293℃。微溶于水，在 25℃水中的溶解度为 2.91，在 75℃水中为 3.82，在乙醇中为 0.017，在乙酸中为 10.9，不溶于石油醚、苯、丙酮。

二、生产工艺

1. 工艺路线

血粉 →[水解]110℃,24h 盐酸→ 水解液 →[除酸]减压浓缩→ 除酸液 →[吸附、脱色]活性炭→ 流出液 →[浓缩]减压→ 浓缩液 →[沉淀]邻-二甲苯-4-磺酸→ 沉淀 → 亮氨酸粗品 →[解析]氨水→ 过滤→ 亮氨酸粗品 →[脱色]活性炭 70℃,1h→ 滤液 →[浓缩、结晶]减压→ L-亮氨酸结晶 →[洗涤、干燥]水→ L-亮氨酸粗品

2. 工艺过程

(1) 水解、除酸　取 6mol/L 盐酸 500L 于水解罐中，投入动物血粉 100kg，于 110～120℃回流水解 24h，再于 70～80℃减压浓缩至糊状，加水 50L 稀释后再浓缩至糊状，如此赶除盐酸 3 次，冷却至室温，滤除残渣。

(2) 吸附、脱色　滤液稀释 1 倍，以 0.5L/min 流速过颗粒活性炭柱（30cm×180cm），至流出液出现丙氨酸为止，用去离子水以同样流速洗至流出液 pH4.0 为止，合并流出液和洗涤液。

(3) 浓缩、沉淀、解析　流出液减压浓缩至进柱液体积的 1/3，搅拌下加入 1/10 体积量的邻二甲苯-4-磺酸，生成亮氨酸磺酸盐沉淀。沉淀用 2 倍量（m/V）去离子水搅拌洗涤 2 次，抽滤压干得亮氨酸磺酸盐。加 2 倍量去离子水搅匀，用 6mol/L 氨水中和至 pH6～8，70～80℃保温搅拌 1h，冷却过滤，沉淀用 2 倍量（m/V）去离子水搅拌洗涤 2 次，过滤得亮氨酸粗品。

(4) 精制　粗品用 40 倍量（m/V）去离子水加热溶解，加 0.5％活性炭于 70℃搅拌脱色 1h，过滤，滤液浓缩至原体积的 1/4，冷却析出白色片状亮氨酸结晶，过滤，结晶用少量去离子水洗涤，抽干，70～80℃烘干得亮氨酸精品。

3. 工艺讨论

(1) 亮氨酸浓缩液中混有难以除去的蛋氨酸和异亮氨酸等杂质，用邻二甲苯-4-磺酸沉淀亮氨酸的方法进行分离，效果较好。

(2) 化学合成亮氨酸的常用方法有两种：一是 Strecker 法，以异戊醛与 HCN 的加成物与氨反应，生成 α-氨基腈，后者经水解即得；二是 Fischer 法，以异己酸为原料制成 α-卤代酸，再经氨解即得。

三、检测方法

1. 质量标准

本品为白色片状结晶或结晶粉末，干重含量应大于 98.5％，比旋度为 +14.5°～+16.2°，其 1％水溶液在 430nm 波长处透光率大于 98.0％，pH 为 5.5～6.5，干燥失重小于 0.3％，炽灼残渣小于 0.1％，氯化物小于 0.02％，硫酸盐小于 0.03％，铵盐小于 0.02％，铁盐小于 0.003％，砷盐小于 0.00021％，重金属小于 0.001％，其他氨基酸小于 0.5％，热原应符合注射用规定。

2. 含量测定

取本品约 0.1g，精确称定，加无水甲酸 1mL 溶解后，加冰醋酸 25mL，依照电位滴定法，用 0.1mol/L 高氯酸滴定液滴定，滴定结果用空白试验校正。每 1mL 高氯酸滴定液（0.1mol/L）相当于 $13.12mg C_6H_{13}NO_2$。

四、药理作用与临床应用

亮氨酸对维持体内糖和脂肪的正常代谢均有重要作用。幼儿体内缺乏亮氨酸会引起特发性高血糖症，补充亮氨酸即可使血糖迅速下降。本品可用于幼儿特发性高血糖症的诊断和治疗，并适用于糖代谢失调、伴有胆汁分泌减少的肝病、贫血等，也是氨基酸输液和多种滋补剂的成分。其衍生物重氮氧代正亮氨酸是谷氨酰胺抗代谢物，可用于治疗白血病。

第七节　异亮氨酸

异亮氨酸（isoleucine，Ile）为人体必需氨基酸，成人每日需要量为 10mg/kg 体重，婴幼儿为 87mg/kg 体重。异亮氨酸广泛存在于所有蛋白质中，其生产方法主要是发酵法和化学合成法。

一、结构与性质

异亮氨酸的化学名称为 2-氨基 3-甲基戊酸，结构式为：

$$CH_3-CH_2-\underset{\underset{CH_3}{|}}{CH}-\underset{\underset{NH_2}{|}}{CH}-COOH$$

异亮氨酸在乙醇中形成菱形叶片状或片状晶体，无臭，味微苦，pI 为 6.02，熔点为 285～286℃，溶于热乙酸，微溶于水，25℃水中溶解度为 4.17，75℃水中为 6.08，几乎不溶于乙醇或乙醚，20℃乙醇中溶解度为 0.072。

二、生产工艺

1. 工艺路线

培养液 $\xrightarrow[118\sim120℃, 30min]{[灭菌]}$ 灭菌培养液 $\xrightarrow[30\sim32℃, 60h]{接种↑菌种\ [发酵]}$ 发酵液 $\xrightarrow[加热]{[过滤]}$ 滤液 $\xrightarrow[草酸、硫酸]{[酸化、过滤]pH3.5}$ 滤液 $\xrightarrow[交换树脂（H^+型）]{[分离]732离子}$ 洗脱液

L-异亮氨酸精品 $\xleftarrow[105℃]{[干燥]}$ 结晶 $\xleftarrow[沉淀]{[精制]盐酸，水}$ $\xleftarrow[pH6.0]{[中和]氨水}$ 浓缩液 $\xleftarrow[减压]{[浓缩]}$ 滤液 $\xleftarrow[活性炭]{[脱色]}$ 浓缩液 $\xleftarrow[减压蒸馏]{[浓缩除氨]}$

2. 工艺过程

（1）菌种培养　培养基成分（%）为：葡萄糖 2，尿素 0.3，玉米浆 2.5，豆饼水解液 0.1（以干豆饼计），pH6.5。1000mL 三角瓶中培养基装量为 200mL，接种一环牛肉膏斜面 AS1.998 菌种，30℃摇床培养 16h（频率 105 次/min）。经逐级放大培养（接种量 3.5%，培养 8h）获得足够量菌种。

（2）发酵　发酵培养液成分（%）为：硫酸铵 4.5，豆饼水解液 0.4，玉米浆 2.0，碳酸钙 4.5，pH7.2。淀粉水解还原糖初糖浓度 11.5。发酵培养液 118～121℃，110kPa 下灭菌 30min，立即冷却至 25℃，接入菌种（1∶100），30～32℃、0.2L/min 通气量发酵 60h，在 25～50h 之间不断补加尿素至 0.6%，氨水至 0.27%。

（3）除菌体、酸化　发酵液于 100℃加热 10min，冷却过滤，滤液加硫酸和草酸调 pH 至 3.5，过滤除沉淀。

（4）分离、浓缩　滤液以每分钟 1.5%树脂量的流速过 732 离子交换树脂（H⁺型）柱（40cm×100cm），用去离子水 100L 洗涤，再用 60℃、0.5mol/L 氨水以 3L/min 的流速洗脱，分步收集。合并 pH3～12 的洗脱液，70～80℃减压蒸馏浓缩至黏稠状，加去离子水再浓缩，重复 3 次。

（5）脱色、浓缩、中和　浓缩液加去离子水至原体积的 1/4，搅拌均匀，用 2mol/L 盐酸调至 pH3.5，加 1%活性炭，于 70℃搅拌脱色 1h，过滤，滤液减压浓缩，用 2mol/L 氨水调 pH6.0，5℃过夜，滤取沉淀，105℃烘干得异亮氨酸粗品。

（6）精制 粗品10kg加浓盐酸8L和去离子水20L，加热至80℃，搅拌溶解，加氯化钠10kg至饱和，用氢氧化钠调至pH10.5，过滤，滤液用盐酸调至pH1.5，5℃过夜，滤取沉淀，加去离子水80L，加热至80℃溶解，加适量氯化钠和1%活性炭，于70℃搅拌脱色1h，过滤，滤液减压浓缩，用氨水调至pH6.0，5℃结晶过夜，滤取结晶，抽干，105℃烘干得L-异亮氨酸精品。

3. 工艺讨论

（1）发酵法所得为氨基酸的混合物，分离较困难，选用AS 1.299菌株发酵，再经732树脂分离，L-异亮氨酸收率较高。

（2）目前也常用Strecker合成法制备异亮氨酸，即以异戊醛、HCN为原料，经氨化、水解制得。由于异亮氨酸分子中含有2个不对称碳原子，合成产物得到4个异构体，根据溶解度不同，首先将DL-异亮氨酸和DL-别异亮氨酸加以分离，利用酰基转化酶将DL-异亮氨酸变成酰化DL-异亮氨酸，再根据其水解速度不同，将水解产物分步结晶而分离。

三、检测方法

1. 质量标准

本品为白色结晶或结晶性粉末，干重含量应大于98.5%，比旋度为+38.9°～+41.8°，其2.5%水溶液在430nm波长处透光率大于98.0%，2%水溶液pH为5.5～6.5，干燥失重小于0.3%，炽灼残渣小于0.3%，氯化物小于0.02%，硫酸盐小于0.03%，铵盐小于0.02%，重金属小于0.0020%，砷盐小于0.0002%，其他氨基酸小于0.5%，热原应符合注射用规定。

2. 含量测定

取本品约0.10g，精确称定，加无水甲酸1mL溶解后，加冰醋酸25mL，依照电位滴定法，用0.1mol/L高氯酸滴定液滴定，滴定结果用空白试验校正。每1mL高氯酸滴定液（0.1mol/L）相当于13.12mg $C_6H_{13}NO_2$。

四、药理作用与临床应用

L-异亮氨酸为营养剂，对维持成人、婴儿、儿童生长都不可缺少。L-异亮氨酸缺乏，可引起骨骼肌萎缩和变性。L-异亮氨酸通常制成复方氨基酸输液，与其他碳水化合物、无机盐和维生素混合后应用。在补充氨基酸时，异亮氨酸和其他必需氨基酸应保持适当比例，如果异亮氨酸用量过大，反而会产生营养对抗作用，引起其他氨基酸消耗，出现负氮平衡。

第八节 胱氨酸

胱氨酸（cystine）属含硫氨基酸，在人发和猪毛中含量最高。人发蛋白质中胱氨酸含量约为18%，如以人发总量计，含胱氨酸约为8%～10%；猪毛蛋白质中胱氨酸含量约为14%，以猪毛总量计约为6%～8%。胱氨酸难溶于水，根据这一特性，可从人发、猪毛等蛋白质的酸水解液中，通过分离、结晶等步骤制备胱氨酸。

一、结构与性质

胱氨酸是由2分子半胱氨酸脱氢氧化而成，含2个氨基、2个羧基和1个二硫键，结构式如下：

$$HOOC\text{—}\underset{\underset{\displaystyle NH_2}{|}}{CH}\text{—}CH_2\text{—}S\text{—}S\text{—}CH_2\text{—}\underset{\underset{\displaystyle NH_2}{|}}{CH}\text{—}COOH$$

胱氨酸纯品为六角形板状白色结晶或结晶性粉末，无味，pI 为 4.6，熔点为 260～261℃。难溶于水，不溶于乙醇、乙醚及其他有机溶剂，易溶于酸、碱溶液中，在热碱液中易分解。

二、生产工艺

1. 工艺路线

人发或猪毛 $\xrightarrow[110.5℃,6.5\sim7h]{[水解]盐酸}$ 水解液 $\xrightarrow[pH4.8,36h]{[中和]氢氧化钠}$ L-胱氨酸粗品Ⅰ $\xrightarrow[85\sim90℃,30min]{[粗制]盐酸,活性炭}$ 滤液 ⌐

L-胱氨酸 $\xleftarrow[pH3.5\sim4.0]{[中和]氨水}$ 滤液 $\xleftarrow[85℃,30min]{[精制]盐酸,活性炭}$ L-胱氨酸粗品Ⅱ $\xleftarrow[pH4.8]{[中和]氢氧化钠}$ └

2. 工艺过程

（1）水解　取洗净的人发或猪毛投入装有 2 倍量（m/V）10mol/L 盐酸、预热至 70～80℃ 的水解罐内，间隙搅拌使温度均匀，并在 1.0～1.5h 内升温至 110.5℃，水解 6.5～7.0h 出料（100℃时开始计时），过滤，得滤液。

（2）中和　滤液置中和缸内，搅拌下加入 30%～40% 氢氧化钠，当 pH 达 3.0 时，缓慢加入，至 pH 为 4.8 时停止，继续搅拌 15min，复测 pH 值，放置 36h，过滤得沉淀，离心甩干，得胱氨酸粗品Ⅰ。滤液可用于分离精氨酸、亮氨酸、谷氨酸等。

（3）粗制　称取胱氨酸粗品Ⅰ 150kg，加入 10mol/L 盐酸约 90kg，水 360kg，加热至 65～70℃，搅拌溶解 30min，再加 2% 活性炭，升温至 85～90℃，保温 30min，过滤，滤液加热至 80～85℃，搅拌下加入 30% 氢氧化钠至 pH 为 4.8 时停止，静置使结晶析出，过滤得沉淀，离心甩干，得胱氨酸粗品Ⅱ。滤液可回收胱氨酸。

（4）精制　称取胱氨酸粗品Ⅱ 40kg，加入 1mol/L 盐酸（化学纯）200L，加热至 70℃ 溶解，再加入活性炭 0.5～1kg，升温至 85℃，搅拌 30min 脱色，过滤，得无色透明澄清滤液。按滤液体积加入 1.5 倍蒸馏水，加热至 75～80℃，搅拌下加入 12% 氨水（化学纯）中和至 pH3.5～4，此时胱氨酸结晶析出，过滤得胱氨酸结晶。用蒸馏水洗至无氯离子，真空干燥即得精制胱氨酸。滤液可回收胱氨酸。

3. 工艺讨论

（1）影响毛发蛋白水解的因素　毛发角蛋白由胱氨酸、精氨酸等十几种氨基酸构成，产品收率的高低主要取决于蛋白质的水解程度及胱氨酸的破坏程度。酸的用量少，则水解溶出胱氨酸不完全，水解速度慢；酸的用量多，则中和时增加碱量，总体积增大。水解时间短会导致水解不彻底；水解时间过长，则氨基酸易破坏。温度过低会使水解时间延长；温度升高有利于水解，但对胱氨酸的破坏随之加剧。因此，控制酸的用量，水解温度和时间是十分重要的。

（2）提高收率　毛发蛋白经酸水解后利用等电点沉淀法制备胱氨酸，收率基本稳定在 3%～4%。我国最高收率约为 6%，国外可达 8% 以上。主要原因是水解终点控制不同，设备上的缺陷造成一定量的损失。据报道，水解中的损失高达 2%～3%，中和过程中的损失为 1.5%～2%，过滤造成的损失也有 0.5%～1.5%，因此必须控制好水解、中和、过滤三个重要环节。

（3）综合利用　在毛发蛋白质水解的过程中除含有胱氨酸外，还有一定量的精氨酸、亮氨酸、谷氨酸、天冬氨酸等，可分离多种氨基酸。这种混合氨基酸，在我国也用于农业和调料等。

三、检测方法

1. 质量标准

本品为无色或白色板状结晶，干重含量应为 98.5%～101.5%，比旋度 −215°～−225°，其 5% 盐酸（1mol/L）溶液在 430nm 波长处透光率大于 98.0%，1% 水溶液 pH 为 5.0～6.0，干燥失重小于 0.20%，炽灼残渣小于 0.10%，氯化物小于 0.02%，硫酸盐小于 0.02%，铵盐小于 0.02%，铁盐小于 0.002%，砷盐小于 0.0001%，重金属盐（铅）小于 0.001%。

2. 含量测定

胱氨酸含量测定的原理是溴能定量地将胱氨酸氧化成 α-氨基-β-磺基-丙酸，所加过量的溴又能定量地将碘化钾氧化生成游离碘，即可用碘量法通过测定碘的量而进行胱氨酸的间接测定。准确称取样品大约 0.25g，加入 1% 氢氧化钠溶液 20mL 使之溶解，然后稀释至100mL，过滤，取滤液 25mL 置碘量瓶中，准确加入 0.1mol/L 溴液 40mL 及 0.1mol/L 盐酸 10mL，放置 10min 以上，然后置冰浴中冷却 3min，加 1∶2 碘化钾溶液 5mL，摇匀，用0.1mol/L 亚硫酸钠滴定至淡黄色，加淀粉指示剂 2mL，继续滴定至蓝色消失，以空白试验校正。每 1mL 溴液（0.1mol/L）相当于 2.403mg 的 $C_6H_{12}O_4N_2S_2$。

四、药理作用与临床应用

胱氨酸比半胱氨酸稳定，它在体内转变成半胱氨酸后参与蛋白质合成和各种代谢过程。本品的作用与半胱氨酸相似，具有促进毛发生长和防止皮肤老化等作用。本品适用于先天性同型半胱氨酸尿症、病后产后及继发性脱发症、慢性肝炎、放射线损伤等的防治。对由各种原因引起的巨噬细胞减少症和药物中毒也有改善作用。此外，也用于急性传染病、支气管哮喘、湿疹、烧伤等的辅助治疗。胱氨酸与肌苷配伍制成复方片剂，用于洋地黄中毒、白细胞减少症等。

第九节　半胱氨酸

半胱氨酸（cysteine，Cys）是由胱氨酸经还原反应而制得，最早的生产方法是 1930 年由 Vigneaud 等人建立的，在液氨中以金属钠还原胱氨酸，后改用巯基乙酸在中性或碱性介质中还原胱氨酸，1962 年开始用电解法还原胱氨酸，开创了半胱氨酸电化学合成的历史。

$$\begin{array}{c} NH_2 \\ | \\ S-CH_2-CH-COOH \\ | \\ S-CH_2-CH-COOH \\ | \\ NH_2 \end{array} \xrightarrow[\text{盐酸}]{[\text{电解还原}]+2H} 2(\underset{NH_3^-Cl}{HS-CH_2-CH-COOH})$$

一、结构与性质

半胱氨酸是含巯基（—SH）的氨基酸，其化学名称为 β-巯基-α-氨基丙酸，结构式为：

$$HS-CH_2-CH-COOH$$
$$\underset{NH_2}{|}$$

　　游离的半胱氨酸不稳定，易氧化，而其盐酸盐比较稳定，所以一般是将它制成盐酸盐。半胱氨酸盐酸盐纯品为白色结晶或结晶性粉末，微臭，味酸，pI 为 5.07，熔点为 175℃。易溶于水、乙酸、氨水，微溶于乙醇，不溶于乙醚、丙酮、乙酸乙酯、苯、二硫化碳、四氯化碳等。在中性或微碱性溶液中易被空气氧化成胱氨酸，微量铁以及重金属离子可促进其氧化。

二、生产工艺

1. 工艺路线

L-胱氨酸 →[电解还原] 盐酸, 电流3A→ L-半胱氨酸盐酸盐液 →[脱色] 活性炭 70℃,30min→ 滤液 →[浓缩] 减压→ 浓缩液 →[结晶、干燥] 乙醇 60℃以下→ L-半胱氨酸盐酸盐

2. 工艺过程

　　(1) 电极液的配制　阳极液：1mol/L 盐酸（化学纯）300mL。阴极液：胱氨酸 100g，溶于浓盐酸 100mL 和水 400mL 组成的溶液中。

　　(2) 电解装置　阳极：取瓷缸 1 个，内盛阳极液，将石墨棒插入其中，接电源正极。阴极：在 1L 烧杯内装阴极液，将具孔的铅板圆筒放入其中，接电源负极。

　　(3) 电解　接通电源预热整流器，调节电流到 3A，直到电解液滴入吡啶不出现浑浊时，即可停止，一般需要 6～7h。

　　(4) 脱色　切断电源，取出电解液，按投料量加入 1% 活性炭，加热至 70℃ 保温 30min，过滤，得澄清滤液。

　　(5) 精制　滤液减压浓缩至结晶析出，搅拌使结晶完全，过滤得半胱氨酸盐酸盐结晶，用 95% 乙醇洗 1 次，60℃ 以下真空干燥，即得无结晶水半胱氨酸盐酸盐。

3. 工艺讨论

　　(1) 半胱氨酸易脱氢氧化成胱氨酸，所以电解应连续进行而不中断，以防止生成的半胱氨酸被氧化。德国专利报道，加入氯化锡或金属锡作催化剂，能使阳极电流效率达到 100%，提高产品收率。

　　(2) 电解终点的判断也可根据电化学理论推测，理论上电解胱氨酸 1mol（240.3g），需要通过 $2 \times 26.86 = 53.72$（A/h）的电量；电解胱氨酸 100g，则需要 $53.72 \times 0.42 = 22.56$（A/h）的电量。若平均电流为 5A，则需电解还原 $22.5 \div 5 = 4.5$（h），但因电流效率达不到理论值，耗电量一般约为理论值的 1.5 倍，故需要 $4.5 \times 1.5 = 6.75$（h）才能电解完全。

　　(3) 1977 年奥村等人发表了酶法制备半胱氨酸的专利，以 DL-2-氨基-4-羧基噻唑啉（DL-ATC）为基质，用 *Sartrina Lutea* ATCC 272 菌或 *Psuedmonous ovalis* IFO 3738 菌所生产的 2-氨基-4-羧基噻唑啉水解酶水解制备 L-半胱氨酸或 L-胱氨酸。1982 年日本建立了一个年生产 200t 的工厂，由乙醛开始经 8 步化学反应合成半胱氨酸。德国则采用氯乙醛为原料的工艺路线，开拓了全化学合成半胱氨酸的新方法。

三、检测方法

1. 质量标准

半胱氨酸盐酸盐为无色或白色片状结晶，干重含量应为 98.0%～101.0%，比旋度为 +8.3°～+9.5°，其中 10% 盐酸（2mol/L）溶液在 430nm 波长处透光率大于 95.0%，2%

水溶液 pH 为 4.5～5.5，干燥失重小于 0.5％，炽灼残渣小于 0.1％，含氮 7.95％，含硫 18.3％，盐酸 20.2％，磷酸盐小于 0.005％，硫酸盐小于 0.03％，铵盐小于 0.02％，铁盐小于 0.001％，重金属（铅）小于 0.001％，溶解度、胱氨酸检查应符合规定。

2. 含量测定

取本品 0.3g，精确称量，加 95％乙醇 30mL 溶解后，在 30℃用碘滴定液（0.1mol/L）迅速滴定至溶液显微黄色，并在 30s 内不褪色。每 1mL 的碘滴定液（0.1mol/L）相当于 15.76mg 的 $C_3H_7NO_2S \cdot HCl$。

四、药理作用与临床应用

半胱氨酸是组成谷胱甘肽的天然成分之一，分子中含有活性巯基（—SH），对巯基蛋白酶、受毒害的肝实质细胞及因汞等重金属对机体产生的毒害具有保护作用。半胱氨酸具有一定的抗辐射能力，能减少放疗和化疗造成的骨髓损伤，刺激造血功能，升高白细胞，促进皮肤损伤的修复。本品适用于放射性药物中毒、重金属中毒、肝炎等症，对苯等某些芳香烃类工业毒物有一定解毒作用。对由氮芥引起的白细胞减少有保护作用。滴眼液可治疗严重的强碱损伤。与某些抑菌制剂合用，可治疗皮肤损伤和溃疡。有报道，其衍生物半胱氨酸甲酯、半胱氨酸乙酯、羧甲基半胱氨酸具有化痰、促进黏膜修复的作用。

第十节　天冬氨酸

天冬氨酸（aspartic acid，Asp）又称天门冬氨酸，属酸性氨基酸，广泛存在于所有蛋白质中。在医药工业中，多用酶合成法生产天冬氨酸，即以延胡索酸和铵盐为原料经天冬氨酸酶催化生产 L-天冬氨酸。

一、结构与性质

天冬氨酸分子中含 2 个羧基和 1 个氨基，化学名称为 α-氨基丁二酸或氨基琥珀酸，结构式为：

$$\text{HOOC—CH}_2\text{—CH—COOH}$$
$$|$$
$$\text{NH}_2$$

天冬氨酸纯品为白色菱形叶片状结晶，pI 为 2.77，熔点为 269～271℃。溶于水及盐酸，不溶于乙醇及乙醚，在 25℃水中溶解度为 0.8，在 75℃水中为 2.88，在乙醇中为 0.00016。在碱性溶液中为左旋性，在酸性溶液中为右旋性。

二、生产工艺

1. 工艺路线

延胡索酸＋NH_3 $\xrightarrow[\text{固定化天冬氨酸酶}]{\text{[转化]}}$ 转化液 $\xrightarrow{\text{[分离]}}$ L-天冬氨酸粗品 $\xrightarrow{\text{[纯化]}}$ L-天冬氨酸精品

2. 工艺过程

（1）菌种培养　先在斜面培养基上培养大肠杆菌（*Escherichia coli*）AS1.881，培养基为普通肉汁培养基。再接种于摇瓶培养基中，培养基成分（％）为：玉米浆 7.5，延胡索酸 2.0，硫酸镁 0.02，氨水调 pH6.0。煮沸，过滤分装，每瓶装量 50～100mL，37℃振摇培养

24h。逐级扩大培养至 1000～2000L。用 1mol/L 盐酸调至 pH5.0，45℃保温 1h，冷却至室温，收集菌体（含天冬氨酸酶）。

（2）细胞固定　取湿 E.coli 菌体 20kg 悬浮于生理盐水 80L 中，40℃保温，加入 40℃、12％明胶溶液 10L 及 1.0％戊二醛溶液 90L，充分搅拌均匀，5℃过夜，切成 3～5mm³ 的小块，浸于 0.25％戊二醛溶液中过夜，蒸馏水充分洗涤，滤干得含天冬氨酸酶的固定化 E.coli。

（3）生物反应堆的制备　将含天冬氨酸酶的固定化 E.coli 装于填充床式反应器（40cm×200cm）中，制成生物反应堆，备用。

（4）转化反应　将保温至 37℃的 1mol/L 延胡索酸铵（含 1mmol/L 氯化镁，pH8.5）底物液按一定速度连续流过生物反应堆，流速以达最大转化率（＞95％）为限度，收集转化液。

（5）纯化与精制　转化液过滤，滤液用 1mol/L 盐酸调至 pH2.8，5℃过夜，滤取结晶，用少量冷水洗涤，抽干，105℃干燥得 L-天冬氨酸粗品。粗品用稀氨水（pH5）溶解成 15％溶液，加 1％活性炭，70℃搅拌脱色 1h，过滤，滤液于 5℃过夜，滤取结晶，85℃真空干燥得 L-天冬氨酸精品。

三、检测方法

1. 质量标准

本品为白色菱形叶片状结晶，干重含量应为 98.5％～101.5％，比旋度为 +24.8°～+25.8°，其 10％盐酸（1mol/L）溶液在 430nm 波长处透光率大于 98.0％，0.5％水溶液 pH 为 2.5～3.5，干燥失重小于 0.20％，炽灼残渣小于 0.10％，氯化物小于 0.02％，铵盐小于 0.02％，硫酸盐小于 0.02％，铁盐小于 0.001％，砷盐小于 0.0001％，重金属小于 0.001％。

2. 含量测定

精确称取干燥样品 130mg，置 125mL 小三角烧瓶中，用甲酸 6mL，冰醋酸 50mL 的混合液溶解，采用电位滴定法，以 0.1mol/L 高氯酸溶液滴定至终点，以空白试验校正。每 1mL 高氯酸溶液（0.1mol/L）相当于 13.31mg$C_4H_7NO_4$。

四、药理作用与临床应用

天冬氨酸在三羧酸循环、鸟氨酸循环及核苷酸合成中都起重要作用。它对细胞亲和力很强，可作为钾、镁离子的载体，向心肌输送电解质，促进细胞去极化，维持心肌收缩能力，同时可降低心肌耗氧量，在冠状动脉循环障碍引起缺氧时，对心肌有保护作用。天冬氨酸参与鸟氨酸循环，促进尿素生成，降低血液中氨和二氧化碳含量，增强肝脏功能。本品适用于各种心脏病，可改善洋地黄中毒引起的心律失常、恶心、呕吐等中毒症状。还用于急慢性肝炎、肝硬化、胆汁分泌不足、高血氨症、低血钾症等。

第十一节　水解蛋白

水解蛋白是以血纤维蛋白、酪蛋白、血浆、全血、蚕蛹、大豆或豆饼为原料，经酸和酶水解制成的含多种氨基酸混合物的一种静脉营养剂，一般含有 17～18 种氨基酸，其中 8 种人体必需氨基酸基本俱全。严重外伤或其他重危病人不能经胃肠道吸收蛋白质营养时，可输注本品，以维持机体的氮平衡。

近年来，在氨基酸工业发达的国家，水解蛋白注射液似有被取代的趋势，但世界其他国家仍在生产，美国药典上所收载的水解蛋白注射液就有 8 种规格之多，我国医疗上常用的静脉营养剂仍以水解蛋白注射液为主。

一、性质

水解蛋白干粉呈白色或黄白色粉末，有特殊气味，易潮解，水溶性高。其注射液为无色或几乎无色的澄清液体，pH 为 5.0～7.0。

二、生产工艺

（一）以酪蛋白为原料的酸水解法

1. 工艺路线

酪蛋白 →[水解] 盐酸，蒸馏水 125～130℃，15h → 水解液 →[脱色、除酸] 活性炭，701 树脂 pH8.0～6.4 → 脱色滤液 →[除热原] 活性炭 100℃ → 滤液 →[浓缩] → 浓缩液 ─┐

水解蛋白干粉 ←[浓缩、干燥] 90℃ 以下 ← 滤液 ←[除组胺] 活性炭，白陶土 100℃ ← 滤液 ←[除酪氨酸] 10℃ ←┘

2. 工艺过程

（1）水解　蒸馏水 300kg，盐酸 56kg 投入反应罐中，搅拌下加入酪蛋白 90kg，密封反应罐，125～130℃水解 15h，水解液移置储液槽中，加蒸馏水 400～500L 稀释。

（2）脱色、除酸　水解稀释液中加入活性炭 500g，搅匀，抽滤，滤液冷至 30℃ 以下，上 701 型树脂柱除酸（流速为 10L/1.5h），最初流出液 pH 为 8 以上，以后 pH 逐渐下降，收集 pH6.4～8.0 的流出液。用蒸馏水洗涤柱床，洗涤液可供下批稀释用。每批水解液约需 8 根交换柱，每柱装树脂 40kg。

（3）除热原、酪蛋白、组胺　收集液加入 0.3% 活性炭，搅拌煮沸 5min 除热原，过滤，滤液 60℃ 以下减压浓缩至胶状，加 3～4 倍蒸馏水，搅匀，冷却至 10℃ 后静置 6h，过滤除去析出的酪氨酸，滤液加 0.5% 活性炭，煮沸，自然降温至 90℃，加 2% 白陶土，搅拌 30min，过滤除组胺。

（4）浓缩、干燥　滤液于 50℃ 浓缩至胶状，90℃ 以下真空干燥，得水解蛋白干粉，收率约为 60%～65%。

（二）以血纤维蛋白为原料的酶水解法

1. 工艺路线

新鲜猪血 →[原料处理] 氢氧化钠 绞碎，pH9.0，100℃ → 变性血纤维蛋白 →[酶水解] 胰浆，甲苯，氢氧化钠 pH7.2～7.5，48～50℃ → 水解液 →[中和] 磷酸 pH5.7～5.8，100℃，1h → 中和液 ─┐

水解蛋白干粉 ←[浓缩、干燥] ← 滤液 ←[除酸] 701 型树脂 pH5.5 ← 精制液 ←[精制] 盐酸，活性炭，白陶土 pH4.5 ← 滤液 ←[除酪氨酸] 100℃，30min ← 浓缩液 ←[浓缩] 氢氧化钠 pH6.4 ←┘

2. 工艺过程

（1）原料处理　取新鲜猪血，剧烈搅拌，滤取凝聚血纤维蛋白，反复用水洗至无血色，绞碎，用无热原去离子水洗涤，抽干。按每 25kg 血纤维蛋白加蒸馏水 120L 投料，煮沸 30min，滤去水，加用 2mol/L 氢氧化钠调至 pH 为 9.0 的蒸馏水 120L，煮沸 30min，滤去水，同法再处理 1 次，封罐降温。

（2）酶水解　待罐内温度降至 55℃ 时，加适量甲苯，搅拌下加入 0.4 倍量绞碎的胰浆，用氢氧化钙调 pH7.2～7.5，48～50℃ 搅拌下水解 6h，再用氢氧化钙调至 pH7.3～7.5，并补加适量甲苯，密封水解罐，保温水解 20h，间歇搅拌。测定水解率，氨基氮应占总氮量 47% 以上，24h 即可出料；否则，应适当延长时间。

（3）中和、浓缩　水解液用磷酸调 pH5.7～5.8，加热煮沸 1h，降温至 70～80℃，过滤，滤液用 10mol/L 氢氧化钠调 pH6.4～6.6，减压浓缩至原滤液体积的 1/4，再加热煮沸 30min，冷库放置 24h 以上，使酪氨酸与钙的磷酸盐充分析出。

（4）精制　浓缩液在 10℃ 以下过滤，用少量蒸馏水洗滤渣，合并滤液，用新鲜蒸馏水补足到原料量的 2.4 倍，用盐酸调 pH4.5，按原料量加入 2% 活性炭，80℃ 搅拌脱色 30min，再按原料量加入 20% 白陶土，80～90℃ 搅拌 30min，热滤，滤液按上法再处理 1 次。待滤液温度降至 35℃ 以下，加 701 型弱碱性阴离子树脂，使 pH 上升至 5.5，滤去树脂，滤液减压浓缩至糖浆状，80℃ 真空干燥，即得水解蛋白干粉，收率约为 15%～20%。

（三）以豆饼为原料的酸水解法

1. 工艺路线

冷轧豆饼粉　$\xrightarrow[\mathrm{pH4\sim5,100℃,1h}]{\underset{去离子水}{[提取]}}$　湿蛋白　$\xrightarrow[\mathrm{121\sim128℃}]{\underset{盐酸}{[水解]}}$　水解液　$\xrightarrow[\mathrm{pH7}]{\underset{701型树脂}{[除酸]}}$　流出液　$\xrightarrow[\mathrm{70\sim80℃}]{\underset{活性炭,白陶土}{[精制]}}$　水解蛋白精制液或制成干粉

2. 工艺过程

（1）提取　冷轧豆饼粉加 14 倍量去离子水，充分搅拌，用 4mol/L 氢化钠调 pH6.5～7，过滤，滤液用浓盐酸调 pH4～5，煮沸 1h，静置沉淀，滤去上层泡沫和溶液，沉淀加 2 倍量蒸馏水，搅匀，冷至 40～50℃，甩干得湿大豆蛋白。

（2）水解、除酸　取湿大豆蛋白搅拌下投入已有水的夹层罐内，加入 0.6～0.65 倍量浓盐酸，加热，当罐内温度达到 121～128℃、夹层蒸气达到 100kPa 时开始计时，水解 15h，此时水解液颜色变深，固体物减少，停止搅拌，冷至 40℃ 以下出料，水解液减压过滤，除去少量大豆油，滤液上 701 型树脂柱（pH7.0）除酸，当流出液呈微黄色、pH 为 13 时开始收集，流出液 pH 降至 6.4 时停止收集，流出液含氮量应为 1.7% 左右。

（3）精制　按收集液体积，加 4% 白陶土和 2% 活性炭，于 70～80℃ 脱色，过滤得滤液。重复 1 次，得水解蛋白精制液，或浓缩干燥制成干粉。

（四）工艺讨论

（1）由于异性蛋白可导致变态反应，不能将蛋白质直接静脉输注，必须水解成氨基酸，使其失去抗原性才能使用，制备过程中也应严格控制热原、细菌的污染等。酸水解法水解较彻底，致敏源和热原易控制，便于扩大生产，但色氨酸被破坏，需另外补加。酶水解法条件温和，可保留全部氨基酸，但水解时间长，且水解不彻底，致敏原和热原不易控制。以猪全血为原料，用盐酸水解后，除去部分酸性氨基酸及铵盐，补充个别氨基酸，可制备出水解蛋白注射液，此法原料来源广泛，致敏物和热原易解决，氨基酸分析及氮平衡实验证明，营养价值高。

（2）蛋白质水解时，除产生小肽、氨基酸外，尚有水解不完全的大分子物质及其他产物，如组胺、酪胺等，这些胺类化合物具有降低血压作用，对人体有害，另外水解液中也常有热原质，上述物质必须除去。实践证明，活性炭脱色及除热原效果较好，白陶土吸附大分子物质及组胺样物质较好，配合使用效果更佳。

活性炭和白陶土的质量和用量对产品质量和收率影响很大。用量过多易损失有效成分，用

量不足则产品不合格，应根据生产实际情况选择最适合用量。活性炭和白陶土的处理如下。

① 活性炭的处理：将药用活性炭用蒸馏水反复煮沸、洗涤，抽干至流出液无氯离子，160℃烘 2h 去热原，备用。

② 白陶土的处理：工业用白陶土 1kg 加水 1.4kg、浓盐酸 80mL，煮沸 2h，静置，过滤得沉淀，用水反复洗至 pH5，再用蒸馏水洗 3 次，烘箱烘干，研碎，180℃烘 2h，以破坏热原。

（3）胰浆的制备 取新鲜胰脏，去脂肪及结缔组织，绞碎，加入等量蒸馏水，搅匀即可，用量为 2.5（血纤维蛋白）∶1（胰脏）。有人用霉菌蛋白酶代替胰浆进行水解，但霉菌蛋白酶制品纯度较低，且含有大量硫酸铵，必须除去。

（4）酶解工艺采用氢氧化钙调节 pH，是因为其在水解时 pH 比较稳定，钙离子对胰蛋白酶有激活和保护作用，在同样条件下与氢氧化钠对照，氢氧化钙调节 pH 水解率高，此外，还不增加钠离子，便于制备低钠水解蛋白。酶水解后期采用静置的方法，剧烈搅拌会影响酶活力，为避免固体物沉于底层及保温均匀，可间歇搅拌。制剂中如酪氨酸含量高会影响澄明度，需除去。酪氨酸在热水中易溶，在 10℃以下溶解甚微，故可适当浓缩及低温放置，以析出酪氨酸。浓缩时加适量十八醇作去沫剂。

（5）701 型弱碱性离子交换树脂的处理 新树脂（环氧型环氧氯丙烷-多乙烯多胺）为金黄或琥珀色球状颗粒（交换当量大于 9.9，交换速度 15min，粒度 10～15 目），先用 50～70℃蒸馏水漂洗 2～3 次，再用丙酮或乙醇浸泡数次，每次 4～6h，至丙酮或乙醇无色为止。用 2mol/L 盐酸调 pH2～3，稳定后浸泡 4～6h，使成 Cl⁻ 型；用蒸馏水至 pH4～5，加 2mol/L 氢氧化钠调至 pH9～10，稳定后浸泡 4～6h，碱化成 OH⁻ 型，再用蒸馏水洗至 pH7。分别用酸碱重复处理 1 次。为使树脂无热原，使有前再用无热原蒸馏水洗涤，立即使用。树脂再生可免去丙酮浸泡这一步，其他操作同上。

三、检测方法

1. 质量标准

（1）水解蛋白干粉质量标准 按干燥品计算，总氮量（不包括无机氮）应为 12.0%～16.0%，氨基氮含量应为总氮量的 50% 以上，无机氮含量应在 1.3% 以下。营养试验应符合规定。

（2）水解蛋白注射液质量标准 本品为水解蛋白与葡萄糖的灭菌水溶液，为黄色到琥珀色澄清液体，总氮量应为 0.6%～0.8%，氨基氮含量应为总氮量 50% 以上，pH 为 5.0～7.0，每 100mL 溶液含钠量应小于 200mg，含钾量应小于 50mg，炽灼残渣小于 0.4%，其他如热原、过敏试验、安全试验、降压物质检查、无菌试验等均应符合规定。

2. 含量测定

（1）总氮量 精确量取本品 2mL，按氮测定法［《中华人民共和国药典》（以下简称《中国药典》）（2015 年版）四部通则 0704］测定。

（2）氨基氮 精确量取本品 2mL，加水 25mL，混匀，以 0.1mol/L 氢氧化钠液或 0.1mol/L 盐酸调至 pH7.0，加 pH9.0 甲醛溶液 10mL，再以 0.1mol/L 氢氧化钠液滴定至溶液 pH 为 9.0，按此次所消耗的 0.1mol/L 氢氧化钠液的毫升数计算氨基氮的含量（每 1mL 的 0.1mol/L 氢氧化钠液相当于 1.401mg 的氨基氮）。

四、药理作用与临床应用

本品是一种优良营养剂，含有 8 种必需氨基酸及其他氨基酸，能帮助蛋白质严重缺乏病人维持氮平衡。制剂浓度有 3％～10％不同规格。在注射液中加入糖类作为非蛋白质热量补充，可防止氨基酸作为能源被消耗，提高其利用率。还可加入维生素、无机盐提高营养价值。临床用于内外科病人低蛋白血症。口服粉剂应用于婴儿牛奶过敏等需要食用高蛋白质的特殊情况。

第十二节　氨基酸输液

氨基酸输液是多种 L-氨基酸按一定比例配制而成的静脉营养输注液。1940 年 Shohl 首先研制并试用，此后，其种类及用途不断扩大，现已有多种配方、多种规格的氨基酸输液，一般还加入山梨醇、木糖醇、维生素、无机盐等，以提高氨基酸利用率及营养价值。此外尚有依治疗要求配制的专用输液，如肝病、肾衰竭用氨基酸输液，癌症、泌尿生殖系统疾病用氨基酸输液，新生儿及婴儿用氨基酸输液等，其氨基酸组成合理且比较恒定，没有副作用，比水解蛋白具有更多的优点。

我国从 1960 年开始研制氨基酸输液，发展迅速，品种和产量不断增加，技术和质量不断提高。目前，我国氨基酸输液的生产大致有两种方法：一是建立一整套氨基酸工业生产体系，采用水解法、发酵法、合成法获得 L-氨基酸结晶，再配制成各种各样氨基酸输液；二是以蛋白质为原料，经水解、分离、纯化得氨基酸输液。

一、氨基酸的组成、构型、比例

氨基酸输液中氨基酸的种类、数量及比例应符合机体需要，否则利用率低，还会引起代谢失调、拮抗及中毒等并发症。在制备氨基酸输液时，全部用 L-型氨基酸（蛋氨酸例外，D-蛋氨酸和 L-蛋氨酸均能被人体利用，D-苯丙氨酸部分被利用）。必需氨基酸不能由人体自身合成，但却是构成蛋白质所必需的，其供给是必要的。非必需氨基酸虽可由必需氨基酸或碳水化合物转化而来，但输入它可满足体内合成蛋白质对这些氨基酸的需求，减少必需氨基酸的消耗，从而提高氨基酸输液的疗效。研究表明，必需氨基酸（E）和非必需氨基酸（N）的比值（E/N）一般在 1∶1～1∶3 之间，必需氨基酸应占总氨基酸量 50％～75％；精氨酸和组氨酸作为半必需氨基酸也是不可缺少的。氨基酸输液的等渗浓度为 3％。当病人需要大剂量补充氨基酸时，也可使用高浓度制品。人体对 8 种必需氨基酸的需要量及配比关系见表 2-1。

表 2-1　人体必需氨基酸的需要量及最适平衡模式

名　称	日最低量 /g	安全量 /g	比例	Rose /%	FAO /%	FAO-WHO /%	鸡蛋蛋白 /%	人乳 /%	全蛋蛋白 /%
异亮氨酸	0.7	1.4	3	11.0	13.4	10.75	10.8	11.1	12.9
亮氨酸	1.1	2.2	4	17.3	15.2	20.67	17.4	21.1	17.2
赖氨酸	0.8	1.6	3	12.6	13.4	17.79	14.5	14.5	12.5
蛋氨酸	1.1	2.2	4	17.3	7.1	7.84	14.5	14.5	6.1
苯丙氨酸	1.1	2.2	4	17.3	8.9	17.79	18.4	20.1	11.4
苏氨酸	0.5	1.0	2	7.9	8.9	9.22	9.5	9.5	9.9
色氨酸	0.25	0.5	1	3.9	4.5	3.41	3.3	3.5	3.1
缬氨酸	0.8	1.6	3	12.6	13.4	12.56	13.5	12.8	14.1

二、氨基酸输液的能量添加剂、血浆增量剂

通常在氨基酸输液中添加某些糖类以增加热能供给，提高利用率，常用的能量添加剂是

山梨醇、木糖醇、乳化脂肪等。

　　某些患者不仅需要补充营养，同时需要输入代血浆来维持正常血压，此时若使用含有血浆增量剂的氨基酸输液——营养代血浆，则有双重效果。血浆增量剂是一种渗透压和密度均与血浆相似，能在体内停留适当时间后排出体外而不至于在体内积蓄的制剂，常用的有右旋糖酐和聚乙烯吡咯烷酮（PVP）。配以适量的血浆增量剂、能量添加剂和无机盐构成的复方氨基酸输液，可以节约部分血源，成为外科治疗的重要辅助措施。

三、氨基酸输液的配方

　　氨基酸输液的配方标准可参考推荐的氨基酸平衡模式、人血浆白蛋白、全蛋蛋白质或人乳的氨基酸组成模式等制定，因此氨基酸输液的配方多种多样，下面介绍氨基酸输液配方的参考标准（表 2-2）及几种常用复方氨基酸输液的配方表（表 2-3）。

表 2-2　氨基酸输液配方参考标准

氨基酸	全蛋蛋白质含量/(mg/100mL)	比例/%	FAO-WHO含量/(mg/mL)	比例/%	人体需要量比例（以色氨酸为1）
异亮氨酸	590	4.5	591	3.2	3
亮氨酸	770	4.9	1138	6.0	4
赖氨酸	770	5.9	980	5.2	3
蛋氨酸	450	3.5	433	2.3	4
苯丙氨酸	480	3.7	974	5.2	4
苏氨酸	340	2.6	504	2.7	2
色氨酸	130	1.0	187	1.0	1
缬氨酸	560	4.3	690	3.7	3
必需氨基酸总计	4090	—	5497	—	
精氨酸	310	2.5	1488	7.9	
组氨酸	240	1.9	7.6	3.7	
甘氨酸	1790	13.5	1568	8.3	
丙氨酸	600	4.6	821	4.3	
天冬氨酸			202	1.1	
谷氨酸			102	0.5	
半胱氨酸	20	0.15	23	0.1	
酪氨酸			57	0.3	
丝氨酸	500	3.8	472	2.5	
脯氨酸	950	7.3	1.63	5.6	
非必需氨基酸量	4410		6502		
E%	49		46		

表 2-3　几种常用复方氨基酸输液配方　　　　　　　　单位：mg/100mL

品名	Espol-ytamin	Mori-armin	She-amin	Amino-fusin	Spol	Vamin	Prote-amin	Milk-amin	Aminplasma
赖氨酸	1440	740	2300	200	258	390	980	879	560
苏氨酸	640	180	700	100	150	300	504	468	410
蛋氨酸	960	240	680	240	141	190	433	450	380
色氨酸	320	60	300	50	55	100	187	468	180
亮氨酸	1090	240	1000	240	290	580	1133	882	890
异亮氨酸	960	180	660	140	210	390	597	630	510
苯丙氨酸	640	290	960	220	320	550	974	765	510
缬氨酸	960	200	610	160	215	430	690	540	480
盐酸精氨酸	1000	270	1069	650	300	330	1488	708	920
盐酸组氨酸	500	130	470	150	150	240	706	660	520
甘氨酸	1490	340	2600	1250	456	210	1568	738	790

续表

品名	Espol-ytamin	Mori-armin	She-amin	Amino-fusin	Spol	Vamin	Prote-amin	Milk-amin	Aminplasma
丙氨酸				1300	46	300	821	433	1370
脯氨酸				300	60	810	1063	270	890
谷氨酸					45	900	102	1080	460
天冬氨酸					150	410	202	360	130
胱氨酸						14	23	18	50
丝氨酸					60	750	467	360	240
酪氨酸					15	50	57	45	130
鸟氨酸									250
天冬酰胺									330
山梨醇		50000	5000						
木糖醇					5000		10000		1000
氨基酸浓度/%	10	3	7	5	3	7	12	9	10
氨基酸种类	11	11	11	13	17	18	18	18	20
E/N比值	1:0.4	1:0.4	1:1.7	1:2.7	1:0.9	1:1.5	1:2	1:1.1	1:2

四、氨基酸输液的制备

(一) 以 L-氨基酸结晶为原料配制

1. 生产工艺

(1) 取适量无热原蒸馏水于容器中, 加热至 90℃, 依次加入较难溶解且稳定的氨基酸如异亮氨酸、亮氨酸、蛋氨酸、苯丙氨酸、缬氨酸等, 充分搅拌溶解, 停止加热, 加入色氨酸继续搅拌溶解。

(2) 加入其他易溶氨基酸、山梨醇及适量稳定剂(一般是加 0.05% 亚硫酸氢钠和 0.05% 半胱氨酸), 搅拌溶解, 迅速降至室温, 以无热原蒸馏水定容, 用 10% 氢氧化钾调 pH4.0~6.0。

(3) 加入 0.1%~0.2% 活性炭, 搅拌 30min, 过滤得澄清滤液, 按常规操作压盖, 于 105℃ 流动蒸气灭菌 30min。

2. 工艺讨论

(1) pH 一般在 4.0~6.0 为适宜, pH5.5 最佳, 酸度过大或接近中性都影响色泽和产品质量。

(2) 活性炭对芳香族氨基酸吸附力强, 使其含量降低, 故芳香族氨基酸配料用量应比推荐量增加 20% 或将活性炭用 1% 苯丙氨酸吸附饱和后再用。

(二) 蛋白质水解法制备氨基酸输液

1. 工艺路线

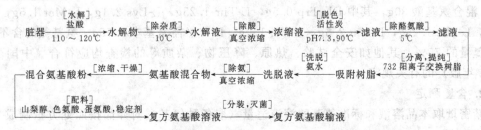

2. 工艺过程

(1) 水解液的制备 蛋白质原料加 4 倍量（m/V）6mol/L 盐酸，110～120℃水解 24h，冷却放置 12h，滤去沉渣，水解液真空浓缩（反复 3 次）除去盐酸，加 4 倍量水稀释，调 pH7.3，加 1% 活性炭，90℃脱色 2h，过滤，滤液稀释 10 倍，置冷室过夜，过滤除去酪氨酸，得澄清水解液。

(2) 混合氨基酸粉的制备 水解液上 732 阳离子交换树脂色谱柱，吸附，用水洗至无氯离子，分别用 0.3mol/L 和 2mol/L 氨水洗脱，洗脱液真空浓缩至干，加适量水溶解后蒸干，如此反复 3 次除氨，真空干燥，即得纯净氨基酸混合干粉。

(3) 氨基酸组成的调整 经氨基酸分析仪进行定量分析，补充色氨酸及调整各种氨基酸含量比例，即得复方氨基酸粉。

(4) 配液分装 加蒸馏水配成 7% 复方氨基酸溶液，98kPa 处理 1h，10℃以下静置一周。滤去不溶物，加水稀释 1 倍，加山梨醇，搅拌溶解，加适量活性白陶土加热处理 30min，热滤，滤液加适量活性炭吸附 30min，过滤除炭，用无热原蒸馏水定容至需要量，加入 0.05% 亚硫酸氢钠，调 pH5～7，过滤，装瓶密封，49kPa 灭菌 30min，得复方氨基酸输液。

3. 工艺讨论

(1) 用氨基酸分析仪对制品进行氨基酸含量分析，结果表明其氨基酸组成介于全蛋蛋白质、FAO、FAO-WHO 三个氨基酸平衡典型标准之间，更接近全蛋蛋白，说明制品的氨基酸组成接近人体蛋白质的氨基酸构成。检测不同批号样品，各种氨基酸含量的波动范围不超过±20%，表明工艺稳定性较好。

(2) 通过柱色谱法、红外吸收光谱分析法、紫外光谱分析法、核糖和磷酸根定性试验等检测制品的纯度，结果表明制品符合氨基酸输液的要求，营养试验也证明可较好地维持试验动物的正氮平衡。

五、检测方法

1. 质量标准

复方氨基酸输液种类很多，无统一的质量标准，现介绍两种。

(1) "11 氨基酸注射液"的质量标准 本品为无色或淡黄色澄清液体，pH5.0～7.0。各种氨基酸含量均不得少于标示量的 80%，每升溶液中各种氨基酸含量分别为（g）：L-Leu 10.0，L-Ile 6.6，L-Phe 9.6，L-Thr 7.0，L-Val 6.4，L-Met 6.8，L-Trp 3.0，L-Lys 15.4，L-Arg 9.0，L-His 3.5，Gly 6.0，稳定剂适量。其他如安全试验、热原、杂质及降压物质等均应符合《中国药典》（2015 年版）的有关规定。

(2) "氨基酸-山梨醇注射液"的质量标准 本品为混合氨基酸（3%）和山梨醇（5%）的灭菌水溶液，为无色或淡黄色的澄清液体，pH5.0～7.0。本品中 8 种必需氨基酸含量应为标示量的 75%～125%，山梨醇含量应为标示量的 90%～110%。每升溶液中含山梨醇 50g，混合氨基酸 30g，其中 DL-Trp 0.5g，L-Thr 1.25g，L-Lys 2.1g，L-Met 1.5g，L-Ile 1.5g，L-Phe 1.25g，L-Leu 2.5g，L-Val 1.9g，L-非必需氨基本 1.75g。氨基氮的含不应少于总氮量的 75%，其他如安全试验、热原、降压物、杂质等的检查均应符合《中国药典》（2015 年版）的有关规定。

2. 含量测定

精密量取本品溶液和标准氨基酸溶液适量（取各种氨基酸对照品按照处方量制成），用氨基酸分析仪或高效液相色谱仪进行测定，并计算每种氨基酸的含量。

六、药理作用与临床应用

氨基酸输液可直接注入患者血液中，促进蛋白质、酶及肽类激素的合成，提高血浆蛋白浓度与组织蛋白含量，维持氮平衡，调节机体正常代谢。用于营养不良、严重胃肠病患者，也用于手术前后、高烧及大面积烧伤等所致的蛋白质摄取量不足或消耗过多者。

本 章 小 结

生产氨基酸的常用方法有蛋白质水解提取法、微生物发酵法、酶合成法和化学合成法。以毛发、血粉、废蚕丝等为原料，通过酸、碱或蛋白水解酶水解成氨基酸混合物，经分离纯化获得各种氨基酸。水解法生产氨基酸主要分为：分离、精制、结晶三个步骤。发酵法是指以糖为碳源、以氨或尿素为氮源，通过微生物的发酵繁殖，直接生产氨基酸；或是利用菌体的酶系，加入前体物质合成特定氨基酸的方法。化学合成法是利用有机合成和化学工程相结合的技术生产氨基酸的方法。通常是以 α-卤代羧酸、醛类、甘氨酸衍生物、异氰酸盐、乙酰氨基丙二酸二乙酯、卤代烃、α-酮酸及某些氨基酸为原料，经氨解、水解、缩合、取代、加氢等化学反应合成 α-氨基酸。酶合成法也称酶工程技术，是指在特定酶的作用下使某些化合物转化成相应氨基酸的技术。

氨基酸分离的方法有溶解度法或等电法、特殊沉淀剂法和离子交换法。氨基酸还需经结晶、干燥与检测。9 种典型氨基酸类药物均有各自的结构与性质、生产工艺、检测方法、药理作用与临床应用。

水解蛋白是含多种氨基酸的混合物，一般含有 17～18 种氨基酸，其中 8 种人体必需氨基酸基本俱全。以酪蛋白为原料的酸水解法、以血纤维蛋白为原料的酶水解法、均可生产水解蛋白。本章还详述了氨基酸输液中氨基酸的组成、构型及比例，氨基酸输液的能量添加剂、血浆增量剂，氨基酸输液的配方与临床应用。

习 题

1. 氨基酸类药物常用的提取分离方法有哪些？
2. 蛋氨酸生产的工艺过程如何？
3. 赖氨酸有何药理作用和临床意义？
4. 亮氨酸质量标准如何制定？其工艺路线如何？
5. 氨基酸输液如何制备？其配方如何？

第三章

肽类和蛋白质类药物

【学习目标】 掌握多肽和蛋白质的分离纯化一般方法；熟悉多肽类药物的质量检测；了解主要多肽和蛋白质类药物的临床应用；具备提取多肽类药物的基本技能。

【学习重点】 1. 掌握蛋白质的理化性质。
2. 掌握肽类和蛋白质类药物的一般制备方法。

【学习难点】 肽类和蛋白质类药中各代表性药物的生产工艺流程。

第一节 概　述

一、多肽与蛋白质的概念

　　多肽和蛋白质是由 20 种基本的 L-氨基酸通过肽键连接而成的高分子化合物。一个 L-氨基酸的羧基与另一个 L-氨基酸的氨基脱水生成肽键（酰胺键）相连接，生成的两个氨基酸的聚合物称为二肽，再通过肽键连接成三肽、四肽等。由多个氨基酸通过肽键聚集而成的链状化合物称为多肽。三肽和四肽等寡肽是小分子物质，其理化性质与蛋白质不同，更接近于氨基酸；但随着组成多肽的氨基酸残基数量的增加，其性质逐渐接近蛋白质。一般而言，50个以下的氨基酸残基组成的多肽，其性质不同于蛋白质的性质，称为多肽；50 个以上的氨基酸残基组成的多肽称为蛋白质。

　　由于组成多肽或蛋白质的氨基酸的种类、数量和排列顺序不同，多肽或蛋白质具有不同的结构。多肽或蛋白质的一级结构即为肽链，是指构成肽链的氨基酸的种类、数量和排列顺序。在一级结构的基础上，肽链进一步盘旋和折叠形成特定有序的空间结构，包括二级结构、三级结构和四级结构。

　　蛋白质结构与其生物学活性之间的关系非常密切。表现为一级结构不同，生物学活性不同；一级结构的"关键"部分相同，功能相同；反之，一级结构的"关键"部分改变，生物学活性也相应改变或丧失；蛋白质的空间构象的改变或破坏，也会改变或破坏蛋白质的生物学活性。利用蛋白质结构与功能的这种关系，可以通过某些手段改造蛋白质的生物活性或降低蛋白质对人的免疫源性。当蛋白质受环境因素的影响，从原来有规则的空间结构变为无序松散状态时，其生物活性将会散失，称为蛋白质变性。多数蛋白质的变性是不可逆的。有些蛋白质除了具备完整的蛋白质部分外，还必须含有非蛋白质部分才有生物活性，这类蛋白质称为结合蛋白，其非蛋白质部分称为辅基。因此，对于结合蛋白的提取、分离应同时考虑辅基对蛋白质活性的影响。

二、多肽与蛋白质的理化性质

多肽的显色反应与氨基酸相似，双缩脲反应是多肽链的特征反应，凡具有两个直接连接的肽键结构或通过一个中间碳原子相连的肽键结构的化合物，均有此反应。

多肽由 2～50 个氨基酸残基组成，含 20 个以上氨基酸的多肽与蛋白质没有明显界限，无严格定义，有的以分子量为界，有的以热稳定性为界，有的以有无空间结构为依据来区分。通常综合多种性质而以胰岛素作为最小的蛋白质，下面着重介绍蛋白质性质。

1. 酸碱性

组成蛋白质的肽链两端有游离的氨基（—NH_2）和羧基（—COOH），它们可以分别解离成—NH_3^+ 和—COO^-，此外，有些侧链基团也是可以解离的基团，因此，蛋白质分子具有两性解离的性质。在不同的 pH 溶液中，可解离为正离子或负离子。但在某一 pH 溶液中，蛋白质分子解离为阳离子和阴离子的数目相等，整个分子成电中性，此时溶液的 pH 成为该蛋白质的等电点 pI。在等电点的蛋白质溶解度最小、不稳定、容易从溶液中沉淀析出。

各种蛋白质分子都有各自的等电点。等电点的高低主要与组成蛋白质的氨基酸残基的种类与数量有关。含酸性氨基酸较多的蛋白质，其 pI 偏于酸性；而含碱性氨基酸较多的蛋白质，其 pI 偏于碱性。在体液及生理状态下，哺乳动物及人的许多蛋白质 pI 在 5 左右。

2. 胶体性质

蛋白质的分子量很大，容易在水中形成胶体颗粒，具有胶体性质。在水溶液中，蛋白质形成亲水胶体，就是在胶体颗粒之外包含有一层水膜。水膜可以把各个颗粒相互隔开，所以颗粒不会凝聚成块而下沉。

稳定蛋白质胶体的因素有：一是胶粒上的电荷；二是水化层，去掉这两个稳定因素，蛋白质胶粒就会因凝聚而沉淀。

3. 离子结合

蛋白质能与阴离子和阳离子结合。不同蛋白质的混合物在一定的 pH 下，如果这些蛋白质的 pI 正好都处于此 pH 值得两侧，就会存在阴、阳离子，因而形成蛋白质与蛋白质相互结合的盐。在组织中就是这种情况，因为组织中一般含有碱性蛋白质和酸性蛋白质。小离子与蛋白质的特异性结合在组织和体液中也起重要的作用。

蛋白质分子与很多离子形成不溶性的盐，聚集而从溶液中析出的现象，称为蛋白质的沉淀反应。蛋白质沉淀反应是蛋白质提取、分离不可缺少的手段。根据实际需要，通过控制沉淀条件可以得到变性或不变性的蛋白质。

（1）盐析　向溶液中加入大量的中性盐（硫酸铵、硫酸钠或氯化钠）而使蛋白质脱去水化层聚集沉淀的现象，称为盐析。盐析沉淀一般不引起蛋白质的变性，当除去盐后，蛋白质又可溶解。

（2）有机溶剂沉淀反应　向蛋白质溶液中加入一定量的与水溶混的有机溶剂如乙醇、丙酮，因而引起蛋白质脱去水化层以及降低介电常数而增加带电质点间的相互作用，致使蛋白质颗粒容易凝聚而沉淀。用有机溶剂沉淀蛋白质时往往引起蛋白质的变性，但如果控制在低温下操作并且尽量缩短处理时间可使变性速度变慢。

（3）加热沉淀反应　加热可以使大多数蛋白质变性沉淀。当蛋白质处于等电点时，加热凝固最完全和最迅速。加热引起蛋白质变性的原因可能是由于热变性使蛋白质天然结构解体，疏水基外露，因而破坏了水化层，同时疏水基团相互作用而聚集。对于热稳定的多肽与蛋白质，可以利用在杂蛋白等电点条件下加热的方法除去杂蛋白。

（4）金属盐沉淀法　蛋白质在比其等电点高的 pH 溶液中带负电荷，可与一些带正电荷的金属离子（如 Cu^{2+}、Zn^{2+}、Mn^{2+}、Ca^{2+}、Pb^{2+}、Hg^{2+}、Ag^+ 等）形成不溶性蛋白盐复合物沉淀析出。

（5）生物碱试剂和某些酸类沉淀反应　蛋白质在比其等电点低的 pH 溶液中带正电荷，可以与苦味酸、磷钨酸、三氯乙酸、磺基水杨酸等试剂结合成不溶性复合物而沉淀析出。但蛋白质与生物碱试剂形成的复合物多为不可逆结合，很少用于制备活性蛋白质。多肽因其相对分子质量较小，与生物碱试剂反应不易沉淀析出。所以生物碱试剂常用于鉴定多肽制剂中是否含有蛋白质杂质。向多肽溶液中加入一定量的磺基水杨酸，不应出现浑浊，否则多肽纯度不合格。

4. 变性作用

蛋白质分子的结构复杂，容易受外界环境条件的影响而改变它的结构和理化性质。影响变性的因素很多，如加热、X 光照射、强酸、强碱、重金属盐的作用，都可以引起蛋白质的变性。变性以后，分子结构中的某些键裂开，结构紊乱，丧失其生物活性。例如，加热或用乙醇处理，可以使细菌由于蛋白质变性而死亡，从而达到灭菌的目的。相反地，对于生物制品（如疫苗、抗血清等），为了防止变性，保存其成品的活性，必须将生物制品保存在适宜的环境条件中。变性的蛋白质溶液，当将其 pH 调节到等电点时，则立即结成絮状物。如果再加热，絮状物则变成坚固的凝块；这种凝块不易再溶解，这种现象叫做蛋白质的凝固作用。

5. 紫外吸收

含有酪氨酸、苯丙氨酸、色氨酸的多肽与蛋白质由于含有苯环，在波长 280nm 有一显著吸收峰。这一性质可以用于蛋白质的含量测定。某些有活性的多肽或蛋白质由于空间构象中各个基团间发生相互作用，使得其紫外的最大吸收波长偏离 280nm 而成为鉴定它们的特征吸收峰。

6. 颜色反应

蛋白质由氨基酸组成，因而氨基酸的显色反应在蛋白质上也有所反映。

（1）茚三酮反应　蛋白质与茚三酮混合加热，反应呈现蓝紫色。

（2）双缩脲反应　蛋白质在碱性溶液中可与 Cu^{2+} 产生紫红色反应。这是蛋白质的肽键反应，可以用于检验蛋白质的水解程度。蛋白质水解得越完全则反应颜色越浅。

（3）酚试剂反应　在碱性条件下，蛋白质分子中的酪氨酸、色氨酸可与酚试剂反应呈现蓝色，蓝色的深浅与蛋白质的含量成正比。该反应灵敏，常用于微克水平的蛋白质含量测定。

三、多肽与蛋白质类药物

多肽与蛋白质是人和其他生物体内最重要的生物活性分子，机体内绝大部分的代谢与调控以及生命形式的表现都是通过蛋白质来实现的。各种多肽与蛋白质的水平必须处在一个平衡的状态，这种平衡被打破——一种或多种多肽或蛋白质的产生不足或过多，就会引起疾病。如胰岛素的缺乏会引起糖尿病，而其产生过多又会引起低血糖症。给以缺乏的多肽或蛋白质，或抑制过量产生的多肽或蛋白质的活性或其产生，就能使疾病得到治疗，因此，多肽与蛋白质类药物是临床上应用的一大类药物。多肽与蛋白质类药物的特点是针对性强、毒副作用低。随着基因组学、蛋白质组学等的深入研究，会发现越来越多的与疾病有关的多肽与蛋白质，将它们开发成为药物必将为目前许多难治性疾病如癌症、自身免疫性疾病等的根治带来希望。

目前应用的多肽与蛋白质类药物已经很多，依据其作用机制及存在部位分为以下几类。

1. 多肽类药物

（1）多肽类激素

① 下丘脑-垂体多肽激素：主要有促甲状腺素释放素、促生长抑制素、促性腺素释放素、促肾上腺皮质素、促黑素、促黑素抑制素、缩宫素、加压素等。

② 甲状腺激素：甲状旁腺素、降钙素等。

③ 胰岛激素：胰高血糖素、胰解痉多肽等。

④ 消化道激素：肠抑胃肽、胃泌素、肠泌素、缓激肽等。

⑤ 胸腺激素：胸腺肽等。

⑥ 心脏激素：心房肽等。

（2）多肽类细胞生长调节因子　如表皮生长因子、胰岛素样生产因子-Ⅰ、成纤维细胞生长因子等。

（3）其他多肽类药物　如谷胱甘肽、胎盘素、杆菌肽等。

2. 蛋白质类药物

（1）蛋白质激素　如胰岛素、生长激素、促甲状腺素、促乳素等。

（2）蛋白质类细胞生长调节因子　如干扰素、白细胞介素-2、神经生长因子、促红细胞生成素、集落刺激因子等。

（3）血浆蛋白　如纤维蛋白原、白蛋白、丙种球蛋白等。

（4）黏蛋白　如胃膜素、硫酸糖肽等。

（5）胶原蛋白　如阿胶、明胶等。

（6）其他蛋白质药物　如抑肽酶等。

第二节　多肽和蛋白质类药物的一般制备方法

活性多肽与蛋白质是生化药物中非常活跃的一个领域，其生产方法主要有：生化提取法、微生物发酵法和基因工程。20 世纪 70 年代以后，随着基因工程技术的兴起和发展，人们首先利用基因工程技术生产重要多肽与蛋白质，已实现工业化生产的产品有胰岛素、生长激素、干扰素、白细胞介素等，现在逐步从微生物和动物细胞中提取转变为采用转基因动、植物细胞发酵法生产。本章主要讲解多肽和蛋白质类药物的生化提取法。

一、材料选择

不同的蛋白质类药物可以分别或同时来源于动物、植物及微生物，在选择提取分离蛋白质药物的原料时应优先考虑来源丰富、目标物含量高、成本低的材料。但有时材料来源丰富而含量不高；或材料来源丰富、含量高，但材料中杂质太多，分离、纯化手续繁琐，以致影响质量和收率，反而不如采用低含量易于操作的原料。在选择原料时还应考虑其种属、发育阶段、生物状态、解剖部位等因素的影响。

种属影响到原料中待提取蛋白质的含量、结构、生物学活性与其抗原性。例如牛胰脏中胰岛素含量虽比猪胰脏高，但与人胰岛素相比，猪胰岛素有 1 个氨基酸差异，而牛胰岛素有 3 个氨基酸不同，因而牛胰岛素的抗原性高于猪胰岛素。又如，来源于猪垂体的生长素对人体无效，不能用于人体。

此外，被提取蛋白质在原料中的含量还受原料解剖学部位的影响。如猪胰脏尾部含激素较多，猪胰脏头部含消化酶较多，单独收集胰头提取消化酶，收集胰尾提取激素，有利于提高产品的收率。

二、材料的预处理

对于某种待提取的多肽或蛋白质，如果是体液中的成分或细胞外成分，则可以直接进行提取分离。如果是细胞内成分，就需要首先将细胞破碎，使其胞内成分释放到溶液中，才能有效地将其提纯。不同生物体的不同组织，其细胞破碎的难易程度不同，应采用不同的破碎方法。此外，还应考虑目标多肽或蛋白质的稳定性，尽量采用温和方法，防止蛋白质变性失活。例如破碎肝细胞，可以采用反复冻融法，但对于反复冻融易失活的蛋白质，则应改用其他细胞破碎方法。

目前较常用的细胞破碎方法有以下几种。

1. 机械法

机械法是主要通过机械力的作用使细胞组织破碎的方法。通常采用的器械有机械捣碎机、匀浆器及研钵等。机械捣碎机适用于动物组织、植物肉质种子、柔嫩的叶和芽等材料的破碎，但不适用于制备大分子的提取产物。匀浆器破碎细胞的程度比机械捣碎机高，主要用于少量样品的制备。研钵研磨多用于细菌或其他坚硬植物材料，研磨时加入少量石英砂等研磨剂，有利于提高研磨效果。

2. 物理法

物理法是主要通过各种物理手段使组织破碎的方法。通常的方法有反复冻融法、急热骤冷法、超声波处理、加压破碎法等。

反复冻融法是先将样品深冷至 $-20 \sim -15℃$ 使之凝固，再缓慢地融化，反复多次可使大部分细胞及细胞内颗粒破坏，常用于处理动物性材料，脂蛋白用反复冻融法会变性失活。

急热骤冷法是将样品投入沸水中，于 $90℃$ 左右加热数分钟，立即置冰水浴中其迅速冷却，则绝大多数细胞被破坏。

超声波处理是利用超声波产生的机械振动使细胞破碎，适用于微生物材料。其缺点是可导致对超声波敏感蛋白质失活，另外超声波产生的热量也可能使热敏蛋白质失活。

加压破碎法是利用气压或水压破碎细胞，每小时可以处理十升至数千升的样品，适用于微生物发酵工业的生产。

3. 化学法和酶法

主要包括有机溶剂法、自溶法、酶解法、表面活性剂处理法等。

有机溶剂法是于 $0℃$ 以下在粉碎后的新鲜材料中加入 $5 \sim 10$ 倍量的丙酮，迅速搅拌，可破碎细胞，也使蛋白质与脂质分开，有利于进一步纯化。

自溶法是利用细胞自身的蛋白质将细胞破坏，使细胞内含物释放出来。自溶法所需时间长，不易控制，难以在工业生产上使用。

酶解法适用于细菌、植物等含细胞壁的材料，如利用溶菌酶、纤维素酶、半纤维素酶、蜗牛酶、脂酶等专一性的酶水解细胞壁，得到细胞的内含物。

表面活性剂处理法是利用细胞膜对表面活性剂不稳定的原理来破碎细胞。常用的表面活性剂有十二烷基磺酸钠、氯化十二烷吡啶、脱氧胆酸钠等。

组织细胞破碎过程中，大量胞内蛋白释放出来，需立即选择适当条件进行下一步的提取分离，避免长久放置造成待提取的蛋白质分解失活。

三、多肽与蛋白质药物的提取与合成

（一）提取法

多肽与蛋白质在不同溶剂中的溶解度，主要取决于蛋白质分子中非极性疏水基团和极性亲水基团的比例，以及这些基团在多肽、蛋白质中相对的空间位置。此外，溶液的温度、PH、离子强度等外界因素影响多肽、蛋白质在不同溶液中的溶解度。

1. 水溶液提取法

水溶液是多肽与蛋白质提取中常用的溶剂。大多数多肽与蛋白质其极性亲水性基团位于分子表面，非极性疏水基团位于分子内部，因此多肽与蛋白质在水溶液中一般具有比较好的溶解性。用水为溶剂提取多肽与蛋白质时，还应考虑盐的浓度、pH、温度等因素的影响。

（1）盐浓度　适当的稀盐溶液和缓冲液可以提高多肽与蛋白质在溶液中的稳定性及增大多肽与蛋白质在水溶液中的溶解度。一般使用等渗盐溶液，如 $0.02 \sim 0.05 mol/L$ 磷酸盐缓冲溶液或 $0.15 mol/L$ 氯化钠。如果目的多肽与蛋白质存在于细胞外，等渗溶液还可减少胞内蛋白质的释放，从而减少杂蛋白的混入，有利于后序的多肽与蛋白质纯化。但有些蛋白质在低盐溶液中溶解度低，可以适当提高盐溶液的浓度，如脱氧核糖核蛋白，需要用 $1 mol/L$ 以上的氯化钠溶液进行提取。反之，有些蛋白质在盐溶液中溶解度低，则可以直接用水进行提取。

（2）pH　溶液 pH 不但影响多肽与蛋白质的溶解度，还可对其稳定性造成很大的影响。因此多肽与蛋白质提取溶液的 pH 首先应保证在其稳定的范围内，选择偏离等电点两侧的某一点，如含碱性氨基酸残基较多的多肽与蛋白质选在偏酸的一侧，含酸性氨基酸残基较的多肽与蛋白质则选择偏碱一侧，以增大其溶解度，提高提取效率。

（3）温度　为了防止多肽与蛋白质变性和失活，提取时一般在低温（4℃以下）下操作。但对少数温度耐受力较高的多肽与蛋白质，可适当提高温度，使其中的杂蛋白变性沉淀，有利于提取和简化以后的纯化工作。如超氧化物歧化酶对热稳定，在提取时加热至 60℃ 可除去大部分的杂蛋白。

2. 有机溶剂提取法

一些与脂质结合比较牢固或分子中非极性侧链较多的多肽与蛋白质，不溶或难溶于水、稀盐、稀酸或稀碱中，常用不同比例的有机溶剂提取。存在于细胞或线粒体膜中与脂质结合牢固的多肽与蛋白质常以正丁醇为提取溶剂。正丁醇亲脂性强兼具亲水性，可取代膜脂质的位置与多肽或蛋白质结合，并阻止脂质重新与多肽或蛋白质结合，使多肽与蛋白质在水中的溶解能力大大增加。乙醇也是较常用的有机溶剂。例如以 $60\% \sim 70\%$ 酸性乙醇提取胰岛素，既可抑制蛋白水解酶的活性，又可大量除去其中的杂蛋白。表面活性剂如胆酸盐、十二烷基磺酸钠及一些非离子型表面活性剂如吐温-60、吐温-80 等也常用于某些与脂质结合的多肽与蛋白质的提取。特别是非离子型表面活性剂，其作用温和，不易使蛋白质变性失活而被广泛采用。

（二）化学合成法

多肽与蛋白质的化学合成是从 1882 年 Curticus 报道的马脲酰甘氨酸，经过半个多世纪对各种保护基和缩合方法的精心设计和实际应用，使得合成方法日趋完善，在 20 世纪 60 年代我国率先实现了人工合成蛋白质——胰岛素的合成，随后，又出现了简单快速的固相合成、酶促合成或酶促半合成等方法。

多肽的合成方法中，应用较普遍的是用 N,N'-二环己基碳二亚胺（DCCI）作缩合剂的方法，简称 DCCI 法，它与氨基及羧基已分别被保护的两个氨基酸或小肽作用，脱水缩合生成肽，副产物 N,N-二环己基脲沉淀出来，再分离出合成肽。

在多肽的合成中，主要步骤一般包括氨基保护和羧基活化、羧基保护和氨基活化、接肽和除去保护基团。氨基保护剂应用最多的是苄氧羰酰氯，它与氨基酸或肽上的游离氨基作用，形成苄氧羰酰氨基酸或苄氧羰酰肽，除去保护基时可用催化氢化法或钠氨法；也可以用叔丁氧氯作为保护剂，用稀盐酸或乙醇在室温除去保护基。羧基保护通常用无水乙醇或甲醇等在盐酸存在下进行酯化，除去保护基可在常温下用氢氧化钠皂化法。如果氨基酸还含有功能基团，在合成肽时，都要用适当的保护基团加以保护。

四、多肽与蛋白质类药物的纯化

多肽与蛋白质的纯化包括两部分内容。一是将蛋白质与非蛋白质分开，二是将不同的蛋白质分开。对非蛋白部分可以根据其性质采用不同的方法去除。如脂类可用有机溶剂提取去除；核酸类可用核酸沉淀剂除去，或用核酸水解酶水解除去；小分子杂质用透析或超滤除去等。而对于不同蛋白质的分离则可以利用它们之间性质上的差异进行。常有的方法有以下几种。

1. 依据溶解度的不同

利用溶解度不同纯化多肽与蛋白质的方法主要有盐析法、等电点沉淀法、有机溶剂沉淀法、加热沉淀法、结晶法、双水相萃取法等。盐析是最经典的方法，被广泛应用。一般提取物常用盐析法进行粗分离，也有用反复盐析制得相当纯的产品。有机溶剂分级沉淀一般都在低温在进行。结晶法是使溶液处于过饱和状态，静置后逐渐出现晶核，晶核长大，出现结晶。若要形成过饱和状态，可把盐加到蛋白质溶液中出现浑浊时停止加盐，放置，待出现结晶。调节 pH 向等电点靠近、加入有机溶剂也能出现过饱和状态。

2. 利用分子结构和大小的不同

蛋白质分子形态各异，有细长如纤维状，有些则密实如球形，相对分子质量则从 6000 左右到几百万不等。利用蛋白质的这些差别，可以采用凝胶色谱、超滤、SDS-聚丙烯酰胺凝胶电泳法来分离。

3. 利用电离性质的不同

组成蛋白质分子的一些氨基酸残基侧链基团含有各种可解离的基团，如羧基、氨基、咪唑基、胍基、酚基等。由于电离基团的组成及它们在分子中暴露情况不同，蛋白质之间的带电情况也不同，可以依据这种性质上的差异来分离纯化蛋白质。较常用的利用蛋白质的电荷性质不同分离蛋白质的方法有离子交换法、电泳法等。

4. 利用生物功能专一性的不同

蛋白质是有专一生物功能的物质，通过与其他生物大分子或小分子物质相互结合而发挥其功能，这种结合方法经常是专一且可逆的，如抗原与抗体、激素与受体的结合等。蛋白质与其对应的分子间的这种特异性作用称为亲和作用，利用这一特性进行蛋白质等生物大分子纯化的技术称为亲和纯化。亲和纯化技术中亲和色谱技术是常用的纯化蛋白质的技术，该技术首先将具有高度特异性的亲和配基与不溶性载体（如琼脂糖凝胶）牢固结合，装入色谱柱，在一定的流动相中将含有待分离蛋白质的样品通过该柱，由于专一亲和的作用，待分离的蛋白质与柱上的配基结合而留在柱内，其他杂蛋白则流出柱外，经用与上样液相同性质的缓冲液冲洗后，改变洗脱液性质，降低待分离蛋白质与其配基的亲和力，则可洗脱得到待分离的蛋白质。

近年来发展的利用生物功能专一性不同的分离纯化方法还有亲和膜分离技术、亲和过滤技术等。

5. 利用疏水性的不同

利用多肽与蛋白质疏水性不同的纯化方法有疏水相互作用色谱法、反相色谱法。

各种常用多肽与蛋白质纯化方法的特点见表 3-1。

表 3-1　各种常用多肽与蛋白质纯化方法的特点

方　法	原理	处理量	纯化效率	产量	样品要求	产物情况
等电点沉淀	电荷	大	很差	中	≥1mg/mL	体积小,浓度高
硫酸铵盐析	疏水性	大	很差	高	≥1mg/mL	离子强度高,浓度高,体积小
双水相萃取	多因素	大	很差	高	可含固体	聚合物浓度高
	生物亲和性	大	好	可变		
离子交换色谱	电荷	中	中	中	低离子强度,适合 pH	高离子强度,不同 pH
疏水相互作用色谱	疏水性	中	中	中	高离子强度	低离子强度,不同 pH
色谱聚焦	电荷/pI	小	好	中	低离子强度	含两性电解质
染料亲和色谱	多因素	中	好	中	低离子强度,pH 中性	高离子强度,不同 pH
配基亲和色谱	生物亲和性	中-小	很好	低	取决于配基	潜在变性环境
凝胶过滤色谱	分子大小	很小	差	高	小体积	浓度较低
超滤	分子大小	大	很差	高	无特殊要求	浓度较高

第三节　胸腺肽

胸腺肽（又名胸腺素）是胸腺组织分泌的具有生理活性的一组多肽。它可利用不同动物来源的胸腺，如牛、猪、羊等，提取出高活力的胸腺肽。国内主要以小牛胸腺和猪胸腺为原料，本节重点介绍小牛胸腺生产方法。

一、结构与性质

胸腺肽是从冷冻的小牛胸腺中，经提取、部分热变性、超滤等工艺过程制备出的一种具有高活力的混合肽类药物制剂。根据十二烷基磺酸钠（SDS)-聚丙烯酰胺凝胶电泳分析表明，胸腺肽中主要是相对分子质量 9600 和 7000 左右的两类蛋白质，氨基酸组成的种类达 15 种，必需氨基酸含量高，还含有 RNA 0.2～0.3mg/mg，DNA 0.12～0.18mg/mg。对热较稳定，加温 80℃生物活性不降低，被水解成氨基酸后，生物活性消失。

二、生产工艺

以小牛胸腺为原料的提取工艺如下。

制备以小牛胸腺为原料，相对分子质量小于 10000 的多肽，也称为小牛胸腺肽。据资料记载，1kg 胸腺可制备胸腺肽 3g 左右。国内产品为注射用胸腺肽，为一类白色或微黄色的无菌冻干制剂，以蛋白质表示含量，标示量为 95%～120%，有每支含 3mg、4mg 或 8mg 等规格。

（1）技术路线

小牛胸腺 —原料处理／绞碎→ 绞碎胸腺 —（制匀浆、提取）冷重蒸水／1000r/min,1min,−20℃,48h→ 胸腺匀浆 —部分热变性,离心,过滤／80℃,5min,离心5000r/min,40mim→ 超滤液

超滤液 —（超滤,提纯）超滤膜／Mr<10000→ 精制液 —（分装,冻干）／3%甘露醇→ 注射用胸腺肽

（2）工艺过程

① 原料处理　取 −20℃ 冷藏小牛胸腺，用无菌的剪刀剪去脂肪、筋膜等非胸腺组织，再用冷无菌蒸馏水冲洗，置于灭菌绞肉机中绞碎。

② 制匀浆、提取　将绞碎胸腺与冷重蒸水按 1∶1 的质量比例混合，置于 1000r/min 的高速组织捣碎机中捣碎 1min，制成匀浆，浸渍提取，温度应在 10℃ 以下，并放置 −20℃ 冰冻储藏 48h。

③ 部分热变性、离心、过滤　将冻结的胸腺匀浆融化后，置水浴上在搅拌下加温至 80℃，保持 5min，迅速降温，放置 −20℃ 以下冷藏 2～3d。然后取出融化，以 5000r/min 离心 40min，温度 2℃，收集上清液，除去沉渣，用滤纸浆或微孔滤膜（0.22μm）减压抽滤，得澄清滤液。

④ 超滤、提取、分装、冻干　将滤液用相对分子质量截流值为 1 万以下的超滤膜（美国 Millipore 超滤器）进行超滤，收集相对分子质量在 1 万以下的活性多肽，得精制液，置于 −20℃ 冷藏。经检验合格，加入 3% 甘露醇作赋性剂，用微孔过滤膜除菌过滤，分装，冷冻干燥，即得注射用胸腺肽。

（3）技术要点

① 原料处理　采自健康的小牛，每头可得胸腺 100g。采摘的胸腺用无菌操作方法放入无菌容器内，立即于 −20℃ 以下冷藏。操作过程和所用器具应洗净、无菌、无热原。

② 提取溶液选择　国外报道，提取可用生理盐水或 pH 为 2 的蒸馏水。国内采用重蒸水低渗提取，冷融处理胸腺匀浆，能使活性多肽充分溶于水中，可提取产品收率。

③ 超滤设备　应用 Millipore 超滤设备进行纯化，操作简便，分离完全，可 1 次性除去相对分子质量为 1 万以上的大分子蛋白质，是较理想的提纯方法。

三、质量检测

1. 含量测定

目前胸腺肽制剂中蛋白含量测定方法国内没有统一标准，根据各省药品标准，常用测定方法有三种，即半微量凯氏定氮法、Folin 法和紫外法。

（1）Folin 法　蛋白质（或多肽）分子中含有酪氨酸或色氨酸，能与 Folin-酚试剂起氧化还原反应，生成蓝色化合物，蓝色的深浅与蛋白浓度成正比，可作比色法测定。

① 试剂　试剂有碱性铜试剂和酚试剂。

A 液：Na_2CO_3 20g，NaOH 4g，酒石酸钾（钠）0.2g，水加至 1000mL。

B 液：$CuSO_4 \cdot 5H_2O$ 5g，加水至 1000mL。

用时取 A 液 50mL，B 液 1mL 混合使用。

酚试剂：100g $Na_2WO_4 \cdot 2H_2O$，25g $Na_2MnO_4 \cdot 2H_2O$，700mL 水，加 50mL 85%磷酸、100mL 浓盐酸，加热回流 10h，再加 150g 硫酸锂，溶解后，加水（有数滴溴水）50mL，煮沸 15min，冷却后加水至 1000mL，即得。

② 标准牛血清白蛋白溶液 精密称取结晶牛血清白蛋白 25mg，定容于 250mL 容量瓶中，临用时取出 10mL 作 10 倍稀释，制成标准蛋白溶解（100μg/mL）。

③ 标准曲线图制作 取 10 支试管分成两组编号，按标准曲线制备（表 3-2）依次加入标准液于各管中，再按照空白标准操作法操作。在 600nm 的波长处测定吸光度，取两组的平均值，以蛋白含量为横坐标，光吸收度为纵坐标，绘制标准曲线作为定量的依据。

表 3-2 标准曲线的制备

管号 名称	0	1	2	3	4
标准浓度/mL	0	0.5	1	1.5	2
蒸馏水/mL	2	1.5	1	0.5	0
含量/μg	0	50	100	150	200
吸光度 A					

④ 样品测定 取供试品，用蒸馏水溶解至按标示计量计算为 100μg/mL，精密量取供试液 1mL，加蒸馏水 1mL，再加入碱性铜试剂 5mL，摇混匀；放置 10min，迅速精密加酚试剂 0.5mL，立即混匀，45min 后在 660nm 的波长处测定吸光度。空白与标准均同样操作。根据标准液与样品液的吸光度与标准的浓度，计算含量即得。

（2）半微量凯氏定氮法

① 原理 样品与浓硫酸共热，含氮有机物即分解产生氨（消化），氨又与硫酸作用，生成硫酸铵，然后经强碱碱化使硫酸铵分解放出氨，借蒸汽将氨蒸至酸液中，根据此酸液中和的程度，即可计算出样品的含氮量。

② 测定

a. 总氮量的测定：精密量取供试液 2mL，按《中国药典》（2015 年版）四部通则 0704 第三法定氮仪法操作，并以空白校正得样品总氮量。

b. 无机氮量的测定：取样方法与取样量与总氮量的测定相同，每份加 MgO 1g，水 80mL，依总氮量测定的操作步骤完成，得无机氮量。

③ 计算 按公式计算即得。

$$蛋白含量＝（总氮－无机氮）\times 6.25$$

2. 活力的测定

胸腺肽的活力测定，目前国内多以对外周学淋巴细胞 E-玫瑰花结形成率来标示和控制。由于该法不是直接且可靠的测定方法，受许多因素影响，难以标准化，至今胸腺肽的活力仍无统一标准。各省市的质量标准大同小异。现介绍一种测试方法，供参考。

（1）原理 本方法是用绵羊红细胞免疫后的动物脾脏淋巴细胞，在体外与绵羊红细胞一起孵育，使 B 淋巴细胞表面特异地结合绵羊红细胞，形成玫瑰花结。这种能与绵羊红细胞或其他细胞结合而形成玫瑰花结的细胞，称为玫瑰花型细胞。根据玫瑰花的数量可测定药物对免疫反应前期阶段抗体形成细胞的作用。用药后出现玫瑰花结越多，则说明体液免疫功能提高越多。因为 B 淋巴细胞是抗体形细胞，表面又具有 Ig 受体与 C_3b 补体受体，绵羊红细胞免疫后的 B 细胞表面就带有抗绵羊红细胞的 Ig，所以它能结合绵羊红细胞而形成玫瑰花结。

（2）试剂及材料　Hank's 液、姬姆萨染液、绵羊红细胞、固定液、人静脉血淋巴细胞悬液等。

（3）样品测定（玫瑰花结形成率）

① 供试样品制备：将待测样品用 Hank's 液稀释成含蛋白量 800μg/mL 即得。

② 操作：取小试管 4 支，各加淋巴细胞悬液 0.2mL，其中 2 支各加胸腺肽 Hank's 液溶液 0.25mL，另 2 支各加 Hank's 液 0.25mL 作对照；摇匀，置 37℃水浴中 10min；加姬姆萨染色液 1 滴，摇匀，染色 15min；滴入载玻片上，于高倍镜下查数 200 个淋巴细胞中黏有 3 个以上（含 3 个）绵羊红细胞的淋巴细胞数，求得玫瑰花结百分率。

（4）注意事项　绵羊红细胞应新鲜。如经常取血不方便，应将脱纤维或抗凝的绵羊血用 Hank's 液洗 3 次，然后加入 Hank's 液于 4℃冰箱无菌储存，但不能超过 1 周，时间长红细胞发生变形，影响实验。在配制绵羊红细胞 1×10^8/mL 应用液时，应再用 Hank's 液洗 1 次，再行配制，以去掉溶血产生的红细胞碎片。

空白管与试验管的操作应同时，在活性测定的每一步都要掌握这一原则，特别是在旋起细胞压积物时，要注意将试验管和对照管同时握在手中进行轻轻旋摇，否则将由于旋摇程度不同造成花结形成率的差异，使试验管与对照管不具可比性。

滴入载玻片后，应立即加盖玻片，如不及时盖上盖玻片，细胞会很快沉在载玻片上，造成加盖盖玻片后细胞分布不均匀，引起计数误差。

计数的视野应有代表性。因淋巴细胞、绵羊红细胞和花结的分布在盖玻片上不同部位的密度和比例仍有不同，加样部位单个淋巴细胞较多。因此，为计数有代表性，在计数时寻找视野应走"Z"字型或"X"字型。

四、药理作用与临床应用

胸腺肽可调节细胞免疫功能，有较好的抗衰老和抗病毒作用，适用于原发性和继发性免疫缺陷病以及因免疫功能失调所引起的疾病，对肿瘤有很好的辅助治疗效果，也用于再生障碍性贫血、急慢性病毒性肝炎等。对 700 多例重型肝炎的临床验证表明，可使其病死率降低到 46.8%，文献资料上的病死率为 80%。对小儿哮喘和哮喘性气管炎有效率为 82%。也用于治疗红斑狼疮、类风湿性关节炎、过敏性哮喘等。无过敏性反应和不良反应。

第四节　杀菌肽

一、结构与性质

杀菌肽属于碱性多肽，由 35～37 个氨基酸残基组成，分子量为 4000～5000，不同来源的杀菌肽一级结构不同。

杀菌肽的结构中 N 端 15 个氨基酸多具有亲水性，带正电荷；C 端多为疏水氨基酸。杀菌肽对热稳定，100℃水浴加热 30min 仍有活力；不易被蛋白酶水解，对核酸酶、淀粉酶、二硫键试剂稳定，等电点为 pI 为 9.8～10.7。

二、生产工艺

1. 工艺路线

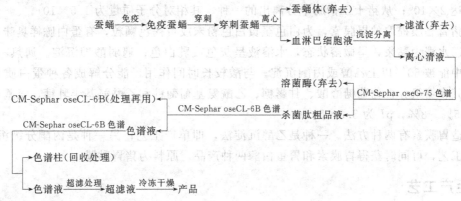

2. 工艺过程

（1）蚕蛹免疫　将蚕蛹用灭活的大肠杆菌 K12D31 菌株注射，使蚕蛹免疫。然后穿刺免疫蚕蛹，离心，收集血淋巴细胞。

（2）沉淀分离　将收集的血淋巴细胞置于不锈钢锅中，在搅拌的条件下用乙酸调节血淋巴细胞收集液 pH 为 4，加热到 60℃，保温 30min 左右，然后速冷至室温。10000r/min 离心，收集离心清液。

（3）CM-SephadexG-75 柱色谱　用碳酸钠调以上离心液至 pH 为 7.0，上 CM-SephadexG-75 柱色谱。用 pH6.2 的磷酸盐缓冲液（0.2mol/L）洗脱，用核酸蛋白酶检测器检测，分别收集杀菌肽（粗品）和溶菌酶（分子量为 14300～14700，第一个被洗脱下来）。

（4）CM-SepharoseCL-6B 色谱　将杀菌肽粗品洗脱液用 CM-Sepharose CL-6B 色谱，用 pH6.2 的磷酸盐缓冲液（0.2mol/L）洗脱，洗脱部分再用 CM-Sepharose CL-6B 疏水色谱，杀菌肽被吸附于柱内，用 0.1～0.5mol/L 的磷酸盐缓冲液逆梯度洗脱，收集活性部分。

（5）超滤　将收集的活性部分用截留分子量 3000 的超滤机超滤除盐。

（6）冷冻干燥　将超滤除盐后的杀菌肽经冷冻干燥，即得产品。

三、药理作用与临床应用

杀菌肽对细菌、病毒、原生生物及某些癌细胞有杀灭作用。较青霉素、红霉素更为敏感，是潜在的抗生素类新药，可以口服。

第五节　胃 膜 素

胃膜素或胃黏膜素是从猪胃黏膜经胃蛋白酶和盐酸消化后的上层液中提取的、能为60％左右乙醇所沉淀的组分。主要成分是黏蛋白，具有抵抗胃蛋白酶的消化并吸收胃酸的作用。

一、结构与性质

黏蛋白是一类组成结构比较复杂的结合蛋白质，主要存在于关节滑液、脑脊髓液、血浆及结缔组织，特别是胃肠道中。含氨基己糖量较高，总糖量一般也很高，常超过 20%，并有较大的波动范围。分子量很大，其蛋白质部分的一级结构尚不清楚，也不存在严格的空间结构和活性基团。胃肠道中的黏蛋白种类很多，从胃黏液中提取出来的一种黏蛋白相对分子质量高达 $2×10^6$；从猪十二指肠中分离出的一种，其相对分子质量为 $1.5×10^6$。

自猪胃黏膜提取的胃膜素，为白色至黄白色粉末或黄褐色颗粒，有蛋白胨样臭味，稍有咸味。遇水涨为黏浆，呈微溶状态，水溶液呈灰色或乳白色；遇弱酸即沉淀。遇热不凝固。在溶液中能被 60% 以上乙醇或丙酮沉淀。与酸较长时间作用，能分解成各种蛋白质和多糖组分，其多糖组分含葡萄糖醛酸、甘露糖、乙酰氨基葡萄糖和乙酰氨基半乳糖，氨基己糖的总量为 5%～8%，pI 为 3.3～5。

制造胃膜素有两种方法。一种是乙醇沉淀法，即单产工艺；另一种是丙酮分级沉淀法，即联产工艺，可同时获得胃膜素和胃蛋白酶两种产品。原料为猪胃黏膜。

二、生产工艺

1. 乙醇沉淀法

（1）工艺流程

胃黏膜 —绞碎→ 胃黏膜浆 —消化(HCl) pH3～3.5,40～45℃→ 消化液 —(乙醇沉淀)乙醇 0～5℃,12h→ 粗制胃膜素 —(脱脂,干燥)乙醚→ 脱脂胃膜素 —(粉碎)→ 胃膜素成品

（2）工艺过程

① 消化　取绞碎胃膜浆，投入耐酸的夹层锅里，每 100kg 胃膜在搅拌下加入 1800mL 左右的盐酸，pH 为 3～3.5，保温 40～45℃消化约 4h，经常检查和校正温度，待消化至呈半透明的浆液时停止。用双层纱布过滤，除去未消化完全的粗块及其他杂质，以 500g/L（50%）氢氧化钠调节 pH4～5，得消化液。

② 乙醇沉淀　上述消化液在不断搅拌下加入 80% 以上的乙醇，使醇含量达 65%～70%，在 0～5℃静置约 12h，收集沉淀，尽量压干。按湿重加 2～3 倍 60%～70% 乙醇，充分混合均匀，洗涤 1～2 次，沉淀压干于可戳碎，在 70℃左右干燥，得粗制胃膜素。

③ 脱脂、干燥、粉碎　取粗制胃膜素粉装入袋中，用乙醚脱脂直至完全，充分挥发去乙醚后在 50℃下烘干。含水量应在 3% 以下。再粉碎，过 80 目筛，即得胃膜素。

2. 丙酮分级沉淀法

（1）工艺流程

胃黏膜 —绞碎→ 胃黏膜浆 —消化(HCl) pH2.5～3,45℃,3～4h→ 消化液 —(沉淀胃膜素)冷丙酮 相对密度0.94～0.96→ 胃膜素粗品 —(洗涤,脱脂,干燥)乙醇,乙醚→ 胃膜素精品；母液 —(沉淀胃蛋白酶)冷丙酮 相对密度0.89～0.91→ 胃蛋白酶 —干燥→ 胃蛋白酶成品

（2）工艺过程

① 消化　称取绞碎的胃黏膜，加入盐酸（用时稀释至 2mol/L，每千克胃黏膜加入 18mL），使 pH 达到 2.5～3，45℃左右搅拌消化 3～4h，注意随时调节温度和 pH。用双层纱布过滤，得消化液，送冷库预冷至 5℃以下。

② 沉淀胃膜素　次日取冷消化液，在常温下边搅拌边缓缓加入冷至 5℃ 以下的丙酮，使液体相对密度达 0.94～0.96 为止，析出胃膜素，用双层纱布过滤，得胃膜素粗品。再用70% 乙醇洗涤 2 次，70℃ 干燥，乙醚脱脂 2 次，烘干，粉碎，即得胃膜素精品。

③ 沉淀胃蛋白酶　取沉淀胃膜素后的母液，在搅拌下补加冷至 5℃ 的丙酮，使液体相对密度达 0.89～0.91 为止，静置沉淀 4h，虹吸上清液回收丙酮。收集沉淀，置真空干燥器中70℃ 以下干燥，球磨，得胃蛋白酶成品。

3. 技术要点

（1）胃黏膜采集　根据组织化学研究提示，胃蛋白酶在猪胃不同部位的分布以胃基底部标示深度 2.3mm 处活力为最大，幽门区的活力较低。制备胃蛋白酶时应剥取胃基底部直径10cm 左右的黏膜，不宜剥得过大。以制备胃膜素为主时，则可采集全部胃黏膜，以充分利用原料资源，提高生产。

（2）注意的几个问题　在单产工艺中进行消化时，常加入少量的三氯甲烷起防腐作用。国内采用丙酮分级沉淀法的联产工艺，曾按胃黏膜消化、三氯甲烷分层、丙酮沉淀、真空干燥的工艺路线生产，虽可得到高倍胃蛋白酶，但胃膜素的收率很低，仅 1.5% 左右。经改进去除三氯甲烷分层环节，胃膜素得率达 4.5%～5%，提高 3% 左右，胃蛋白酶效价 1：20000 左右。可见不用三氯甲烷可减少对胃蛋白酶的破坏，还取消了消化液脱脂分层过程，可缩短工艺周期，降低成本和提高收率。

用 70% 乙醇洗涤胃膜素粗品，一般进行 2 次，用量是粗品湿重的 2 倍，要充分，不要盲目增加洗涤次数和乙醇用量，避免乙醇耗量增加，胃膜素收率降低。丙酮沉淀时，温度一定要低，延长沉降时间会提高胃蛋白酶的效价和收率。

（3）制剂　我国胃膜素多为散剂、片剂，国外则将胃膜素与其他抗溃疡药配伍制成复方制剂或胶囊制剂使用。如 Mucogel 片含胃膜素 100mg，甘氨酸镁 250mg，氢氧化铝凝胶 250mg；Mucotin 含氢氧化铝 250mg，氢氧化镁 650mg，三硅酸镁 450mg，胃膜素 65mg。

三、质量检测

1. 定性反应

（1）鉴定肽键　胃膜素样品与双缩脲试剂反应显紫红色。

（2）鉴定还原性物质　胃膜素样品的酸水解液用碱中和后，与碱性酒石酸铜试剂加热反应，生成红色氧化亚铜沉淀。

2. 含量测定

胃膜素目前没有较统一的含量测定标准，一般通过测定黏度、总氮量及还原性物质来控制产品的质量。由于黏蛋白含有较多糖，含氮量一般低于蛋白质的平均含氮量 16%，半微量凯氏测定胃膜素的含氮量为 8.9%～10%，而其还原性物质（主要是水解后生成的还原性糖）含量不低于 25%。黏度反映了胃膜素分子的完整性。黏度的高低与含氮量、还原性物质含量三者之间有一定的关系。黏度高则总氮量低、还原性物质含量高，其纯度一般也相应较高。胃膜素样品的奥氏黏度应不低于 1.3。

四、药理作用与临床应用

胃膜素在胃部形成膜，覆盖于溃疡面，其中的黏蛋白能抵抗胃蛋白酶的消化并吸收胃酸，减少胃酸的刺激，胃膜素对胃溃疡和十二指肠溃疡灶面能起生理上的保护和润滑作用，有利于胃溃疡的愈合。临床用于胃溃疡、十二指肠溃疡及胃酸过多症等疾病。没有明显的副作用。

第六节 P 物 质

P 物质（substance-P）是以猪脑、牛脑、马脑为原料提取或化学法合成的含有 11 肽的生化物质。目前国内某些理论方面研究所需的 P 物质主要靠进口，而世界上只有美国 Sigma 独家生产和出售。

一、结构与性质

P 物质为淡黄色的粉末，易吸潮，在水、甲醇、乙醇中溶解，在乙醚中不溶。在酸性条件下稳定，在碱性条件下易逐步失活。

二、生产工艺

P 物质在乙醇中能溶解，而其他的蛋白质、大肽段在高浓度的乙醇中则要沉淀析出；P 物质在乙醚中的溶解度极小。

1. 工艺流程

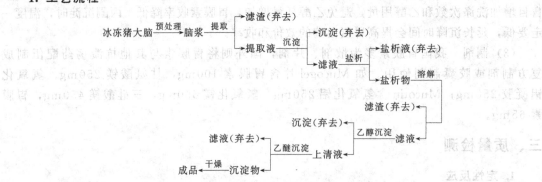

2. 工艺过程

（1）原料处理　动物死亡后立即将脑在干冰中速冻，$-20℃$保存。使用前用蒸馏水淋洗数次后，剁碎置绞肉机中制成脑浆。

（2）提取　将匀浆移入不锈钢锅中，加 3 倍量水，搅拌提取 2h，然后以 10000r/min 离心 30min，收集提取液。

（3）沉淀　将以上提取液置于搪瓷缸中，在搅拌的条件下加入 2 倍量 95％的乙醇，然后静置 1h，过滤收集滤液，弃去沉淀。

（4）盐析　将以上滤液置于搪瓷缸中，加入固体 $(NH_4)_2SO_4$ 盐析过夜，然后过滤收集盐析物。

（5）溶解　将 P 物质盐析物置于不锈钢桶中，在搅拌的条件下加入 5 倍量的冰醋酸，继续搅拌 4h，然后离心过滤得滤液；滤渣再加 30mL 冰醋酸搅拌提取 4h，过滤得滤液；合并两次过滤所得滤液，并量其体积。

（6）乙醇沉淀　将以上滤液置于搪瓷缸中，然后加入 2 倍体积的无水乙醇，搅拌均匀，静置 3～4h，然后过滤白色沉淀；收集滤液并量取其体积。

（7）乙醚沉淀　将以上滤液置于搪瓷缸中，加入 4 倍量的乙醚，送入－4℃冷库放置过夜；然后用玻璃熔砂漏斗过滤，并用乙醚多次洗脱，最后置于低温真空干燥箱干燥，得 P 物质精制品，收率大约为 4％～5％。

三、质量检测

1. 检测

（1）干燥失重　取本品在 105℃干燥恒重，减少质量不得超过 8％。

（2）炽烧残渣　不得超过 10％。

（3）硫酸盐　不得超过 2.0％。

（4）重金属　含重金属不得超过 0.3％。

2. 鉴别

坂口试剂是精氨酸的特征试剂，精氨酸在碱性条件下与 α-萘酸及次溴酸钠作用生成樱桃红色物质。由于 P 物质是由 11 个氨基酸组成的活性多肽，其 N 端第一位的氨基酸即为精氨酸。因此，P 物质坂口试剂反应也产生樱桃红色。研究结果指出，同一纯度的 P 物质，在一定范围内，P 物质的剂量与成色的 P 物质值呈线性关系。

3. 比色 OD 值的测定（作为对 P 物质进行半定量的检测）

取 P 物质 50mg，加入 5mg 2％三氯乙酸溶液搅拌，并于沸水浴加热 5min，冷却后将其倒入 10mL 容量瓶中，用 20％三氯乙醇溶液定溶到刻度，双层滤纸过滤得比色用的 OD 值待测定液（A）。取滤液（A）0.5mL，加入 1.0mL 1mol/L 氢氧化钠溶液，再加入 α-萘酚溶液 0.5mL，5min 后加入次溴酸钠溶液 0.5mL，放置片刻，溶液呈樱桃红色。用 721 分光光度仪在 540nm 处测得 OD 值不低于 0.200，调零用空白的试剂溶液。

4. 生物活性测定

P 物质的生物活性测定是从动物脑中提取、分离、纯化过程中一项重要内容。不仅 P 物质的纯化过程中离不开用它来监测，而且制备好的 P 物质纯度也必须由生物活性来鉴别。P 物质的纯度越高，其生物活性越强。P 物质的生物活性测定方法较多，目前最常用的是豚鼠回肠生物测定法，P 物质的生物活性是借助阀剂量的大小来表示的。阀剂量是在单位体积（mL）内，引起豚鼠回肠收缩的高度达 30～45mm（在台氏液中）所需要的最小剂量。

P 物质的阀剂量(T·D)＝所需最小剂量(mg)/所用的台氏液体积(mL)

本法生产的生化试剂 P 物质（猪脑）其阀剂量范围在 0.010～0.026mg/mL 台氏液

四、药理作用与临床应用

P 物质在心血管系统方面有降低血压、扩张血管、增加离体兔心冠脉灌流量等作用，在神经系统方面有镇静、镇痛、抗惊等作用。

P 物质的研究在国内外十分活跃，重点侧重于使活性肽 P 物质成为一个生化药物（脑素软膏）或作为一个活性物质添加到化妆品中，制成 SP 止痒宁花露水。

第七节　谷胱甘肽

谷胱甘肽（GSH）是由 HopKins 于 1921 年最先发现的。1930 年确定了其化学结构，随后 Rudingen 等人通过化学合成法制备出了谷胱甘肽。

一、结构与性质

谷胱甘肽是由谷氨酸、半胱氨酸和甘氨酸通过肽键缩合而成的 3 肽, 化学名称 L-谷氨酰 L-半胱氨酰 L-甘氨酸, 其结构如下:

$$
\begin{array}{c}
\text{H}_2\text{N—CH—CH}_2\text{—CH}_2\text{—C—N—CH—C—N—CH}_2\text{—COOH}
\end{array}
$$

（结构式：H₂N—CH—CH₂—CH₂—C(=O)—N(H)—CH(CH₂SH)—C(=O)—N(H)—CH₂—COOH，左侧CH连接COOH，中间CH连接CH₂—SH）

从结构中可以看出, 谷胱甘肽分子中有一特殊肽键, 是由谷氨酸的羧基 (—COOH) 与半胱氨酸的氨基 (—NH$_2$) 缩合而成的肽键, 与其他蛋白质的肽键有所不同。还有一个活泼巯基 (—SH), 易被氧化脱氢, 2 分子的 GSH 失去氢后转变成氧化型谷胱甘肽 (GSSG), 经还原酶的作用, 可变成还原型谷胱甘肽 (GSH)。

纯品呈白色或结晶性粉末。溶于水、稀乙醇、氨水和二甲基甲酰胺, 不溶于乙醇、乙醚和三氯甲烷、丙酮。pI 为 5.93, 熔点为 195℃。

二、生产工艺

1. 提取法

(1) 以小麦胚芽为原料的提取法　取小麦胚芽加水磨浆, 过滤。滤液加淀粉酶、蛋白酶处理, 再经提取、分离, 加入沉淀剂除去蛋白质得澄清液。色谱分离, 浓缩, 脱色, 喷雾干燥, 即得 GSH 成品。

(2) 以酵母为原料的提取法　取 GSH 高含量酵母, 加热水提取, 离心, 离心液调 pH2.8~3.0。经树脂吸附, 酸洗脱, 洗脱液在搅拌下加入新配制的氧化铜, 生成沉淀 (GS-Cu), 再通入硫化氢置换以除去 Cu (黑色 Cu$_2$S 沉淀), 过滤。滤液浓缩, 脱色, 喷雾干燥, 即得 GSH 成品。

2. 酶工程制造法

利用生物体内天然谷胱甘肽合成酶, 以 L-谷氨酸、L-半胱氨酸及甘氨酸为底物, 并加入少量的 ATP 即可合成谷胱甘肽。大多利用取自酵母菌和大肠杆菌等的谷胱甘肽合成酶, 包括合成酶Ⅰ和合成酶Ⅱ两种。其工艺流程如下:

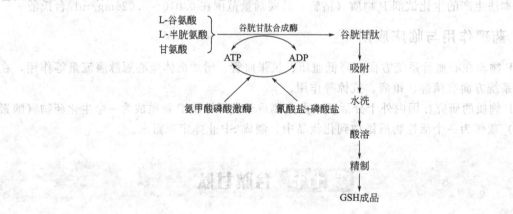

3. 基因工程制造法

用重组基因获得的大肠杆菌工程菌, 在指数流加模式下进行高密度培养。发酵培养基组成为：葡萄糖 10g/L、KH_2PO_4 13.3g/L、$(NH_4)_2HPO_4$ 4g/L、$MgSO_4 \cdot 7H_2O$ 1.2g/L、柠檬酸 1.7g/L、$MgCl_2 \cdot 4H_2O$ 15mg/L、$CuCl_2 \cdot 2H_2O$ 1.5mg/L、H_3BO_3 3mg/L、$NaMoO_4 \cdot 2H_2O$ 2.5mg/L、$Zn(CH_3COO)_2 \cdot 2H_2O$ 13mg/L、柠檬酸铁 100mg/L、盐酸硫胺 4.5mg/L。pH 为 7.2，发酵时间 25h，最大细胞干质量可达 80g/L，GSH 总量 0.88g/L，最大细胞生产强度 3.2g/(L·h)。

4. 技术要点

(1) GSH 生产方法 主要有提取法、发酵法、酶工程法等，包括酵母诱变处理法、绿藻培养及固定化啤酒酵母连续生产法。其中以诱变处理获得高 GSH 含量的酵母变异株生产 GSH 最常见。酵母品种有 *Saccharomyces cystinorolengs* KNC-1，*Candida petrophilum* AIO-2，*Candida utilis* ER388 和 *Candida utilis* 74-8 等。

(2) 自然资源 GSH 广泛存在于微生物、动物、植物中，如面包酵母、小麦胚芽、动物肝脏等含量高达 100～1000mg/100g，鸡血中含 58～73mg/100g，猪血中含 10～15mg/100g，狗血中含 14～22mg/100g，番茄中含 24～33mg/100g，菠菜中含 10～24mg/100g，大豆中含 6～11mg/100g 等。

三、质量检测

1. 规格

GSH 含量在 9％以上，灰分 0.5％以下，水分 2％以下。

2. 检测

(1) GSH 含量快速测定法 采用碘量法。

① GSH 标准曲线测定 配制 0～100mg/100mL 的标准 GSH 溶液，取 5mL 标准 GSH 溶液，置于 250mL 锥形瓶内，加入 5mL 2％偏磷酸溶液，1mL 5％碘化钾溶液和 2 滴淀粉指示剂，用 0.001mol/L 的碘酸钾溶液滴定至溶液由无色变为蓝色为止。以 GSH 浓度（mg/100mL）为横坐标，滴定值（碘酸钾溶液/GSH 溶液，mL/mL）为纵坐标，经线性回归，得到标准曲线。

② GSH 含量测定 取 5mL 待测样品，按①的测定程序进行 GSH 含量测定。

(2) 亚硝基铁氰化钠显色法 GSH 粗溶液在氨水存在下，与亚硝基铁氰化钠发生反应，生成红色化合物，测定中加入硫酸铵可以增加颜色反应的强度。

取 3 支试管，按表 3-3 分别加入各溶液，混合后，用 722 型分光光度计在 525nm 处比色，测定各管的光吸收值。

表 3-3 亚硝基铁氰化钠显色法操作步骤

项目	空白管/mL	标准管/mL	测定管/mL
GSH 粗溶液	—	—	2.0
GSH 标准液	—	0.8	—
蒸馏水	1.0	0.2	—
10％三氯乙酸溶液	1.0	1.0	—
硫酸铵粉末	1.4g	1.4g	1.4g
饱和硫酸钾溶液	3.0	3.0	3.0
亚硝基铁氰化钠试剂	0.5	0.5	0.5
8mol/L 氨水	0.7	0.7	0.7

GSH 粗溶液浓度＝(测定管吸收值/标准管吸收值)×标准浓度

（3）谷胱甘肽含量精确测定　采用 ALLOXAN 试剂衍生化法。

（4）灰分测定　用恒重的坩埚准确称取 $0.7 \sim 1g$ 的谷胱甘肽，先在电炉上烧至无烟，再放入 $600 ℃$ 马氏炉内烧 6h，取出置于干燥器中，冷后称重，得出失重数，换算成百分数。

（5）水分测定　用称量瓶称取谷胱甘肽 1g 左右，放在 $105 ℃$ 烘箱中烘 2h，取出冷却后称重，得出失重数，换算成百分数。

四、药理作用与临床应用

谷胱甘肽是机体内的重要活性物质，是许多酶的辅基。它参与氨基酸的转运，可清除过多自由基（自由基会损坏生物膜，侵袭生物大分子和促进机体的衰老，并诱发肿瘤或动脉硬化的产生）；阻止 H_2O_2 氧化血红蛋白，保护巯基，防止出血，使血红蛋白持续发挥输氧功能等。临床用于放射线、放射性药物或由于抗肿瘤物质引起的白细胞减少等；能与进入体内的丙烯腈、氟化物、重金属离子或致癌物质等相结合并排出体外而起到解毒作用；能抑制脂肪肝的形成，改善中毒性肝炎和感染性肝炎症状；能抗过敏，纠正乙酰胆碱、胆碱酯酶的不平衡；防止皮肤色素沉着；用于眼科抑制晶体蛋白质巯基的不稳定，抑制进行性白内障及控制角膜、视网膜疾病的发展等。

第八节　硒蛋白

硒是人和动物生命中必需的微量元素。硒作为许多具有重要生物功能硒酶的活性中心，与机体的氧化作用及免疫应答密切相关。1973 年，Rotruck 等发现硒是谷胱甘肽过氧化酶的组成成分，Flohe 和他的同事证实纯化的谷胱甘肽过氧化酶每个亚基都含有一个硒元素。此后，研究者们利用"Se"从哺乳动物血浆或肝、肾等组织中分离出数种含硒蛋白（Se-containing protein）。硒被看作是重要的食源性抗氧化剂，硒缺乏引起含硒酶活性降低、氧自由基清除受阻、生物膜损伤、解毒和免疫功能减退等一系列机体功能障碍，从而导致疾病发生。

一、结构与性质

硒蛋白大多数是具有重要作用的酶，这些酶称为硒酶（selenoenzyme）。硒以共价键结合在半胱氨酸和蛋氨酸分子中，分别称为硒半胱氨酸（selenocysteine，Sec）和硒蛋氨酸（selenomethionine，Se-Met）。硒蛋白特别是硒酶的活性中心基本上都含有硒半胱氨酸，硒半胱氨酸是生物合成中由密码 UGA 翻译而成，而硒蛋氨酸是随机替代蛋氨酸参与到蛋白质分子中。

二、生产工艺

1. 工艺路线

富硒食用菌→液氮低温冷冻→粉碎机粉碎→获 60 目细粉→酸性缓冲液辅助超声波热回流提取→离心→离心渣→再回流提取→合并离心→离心液→45％硫酸铵盐析→离心→沉淀→透析→透析液减压浓缩→喷雾干燥→硒蛋白→真空包装→储存备用

2. 工艺流程

（1）富硒食用菌低温处理　将富硒食用菌及其破碎菌经氮气冷冻干燥处理，使之形成焦脆感。

（2）粉碎　用粉碎机粉碎至60目，使其增加提取表面积，可抽提出富硒食用菌中更多的硒蛋白。

（3）回流提取　用无离子水配制成0.5mol/L氢氧化钠溶液，辅助超声波60℃回流提取90min，经管式离心机离心，滤渣再回流提取60min，离心；两滤液合并。

（4）盐析　用45％硫酸铵盐析，离心得沉淀，透析袋两次透析除盐；60℃减压浓缩至60％。

（5）喷雾干燥　透析液调pH5.5，进口温度136℃、出口温度68℃，喷雾干燥得硒蛋白。

（6）真空包装　在无菌室按每500g或1000g为单位真空包装，备用。

三、质量检测

硒蛋白的含量测定用考马斯亮蓝G-250显色，595nm测吸光度值，用牛血清蛋白制作标准曲线，曲线回归方程 $Y=241$，$X=-2.0$，相关系数 $R^2=0.99$；硒含量的测定用硒粉与样品同样消化后配成系列标准溶液，制作标准曲线，曲线回归方程为 $Y=0.025$，$X=-0.024$，相关系数 $R^2=0.99$。

四、药理作用与临床应用

硒蛋白能维护心血管正常功能，降血压、降血脂，防止动脉粥样硬化，减少血栓形成；硒蛋白能提高谷胱甘肽过氧化酶的活性，具有抗氧化、清除毒素、延缓衰老的功能。

本 章 小 结

多肽与蛋白质是人和其他生物体内最重要的生物活性分子，机体内绝大部分的代谢与调控以及生命形式的表现都是通过蛋白质来实现的。各种多肽与蛋白质的水平必须处在一个平衡的状态，这种平衡被打破——一种或多种多肽或蛋白质的产生不足或过多，就会引起疾病。多肽是小分子，化学性质与氨基酸相似。由于组成多肽的氨基酸残基的种类和数量不同，化学性质和生物活性有很大差异。蛋白质分子的结构复杂，容易受外界环境条件的影响而改变它的结构和理化性质。多肽和蛋白质的一般制备方法主要有提取法、化学合成法；其纯化包括两部分内容：一是将蛋白质与非蛋白质分开，二是将不同的蛋白质分开。

多肽与蛋白质类药物主要有胸腺肽、杀菌肽、胃膜素、P物质、硒蛋白等典型药物。本章详述了以动物胰脏为原料提取胸腺肽、以健康的蚕蛹为原料提取杀菌肽、以猪胃黏膜为原料提取胃膜素、以猪大脑为原料提取P物质、从富硒食用菌中提取硒蛋白的生产工艺及其质量要求与检测方法。

习 题

1. 沉淀蛋白质有哪些方法？
2. 简述蛋白质的颜色反应。
3. 蛋白质有哪些不同的纯化方法？其原理是什么？
4. 胸腺肽的制备工艺原理如何？
5. 杀菌肽的药理作用与临床应用如何？
6. 胃膜素的检测标准是如何制定的？
7. P 物质的制备工艺如何？有何临床意义？
8. 简述谷胱甘肽的制备工艺原理。

第四章

核酸类药物

核酸（nucleic acid）是生物体重要的生物大分子，由许多核苷酸（nucleotide）以 3′,5′-磷酸二酯键连接而成，核苷酸又由磷酸、核糖和碱基三部分组成。1868 年，Miescher 首先从脓细胞中分离出细胞核，进而从中提取到含氮和磷特别丰富的酸性物质。当时，Miescher 称其为核质，后来人们根据该物质来自细胞核，且呈酸性，故改称其为核酸。

核苷酸是核酸的组成单元。将核苷酸中的磷酸基团去掉，剩余部分称核苷（nucleoside）。核苷进一步水解可生成戊糖和碱基（base）。

核酸→核苷酸 → 磷酸 / 核苷 → 戊糖（核糖或脱氧核糖）/ 碱基（嘌呤或嘧啶）

核酸类药物是具有药用价值的核酸、核苷酸、核苷以及碱基的统称。除了天然存在的碱基、核苷、核苷酸以外，它们的类似物、衍生物或这些类似物、衍生物的聚合物也属于核酸类药物。

核酸是生命的物质基础，它不仅携带有各种生物所特有的遗传信息，而且影响生物的蛋白质合成和脂肪、糖类的代谢。核酸类药物是在恢复它们的正常代谢或干扰某些异常代谢中发挥作用的。具天然结构的核酸类物质，有助于改善机体的物质代谢和能量平衡、修复受损伤的组织使之恢复正常功能。所以，这类药物已广泛用于放射病、血小板减少症、白细胞减少症、急慢性肝炎、心血管疾病和肌肉萎缩等代谢障碍。天然核酸类的类似物或衍生物具有干扰肿瘤、病毒代谢的功能，因而在治疗病毒引起的疾病，如疱疹、艾滋病和癌症方面有一定的疗效。这类药物或者直接抑制病毒或肿瘤的生长，或者通过刺激机体产生干扰素提高机体的免疫力而发挥作用。常见的核酸类药物见表 4-1。

表 4-1 核酸类药物一览表

类别	品种	来源	用途	剂型
碱基类	6-氨基嘌呤(6-aminopurine)	合成	升高白细胞	片剂、注射剂
	6-巯基嘌呤(6-mercaptopu-rine)	合成	抗嘌呤代谢物,用于白血病、绒毛膜上皮癌、乳腺癌、结肠癌、直肠癌等肿瘤	片剂
核苷类	无环鸟苷(acyclovir)	合成	抗病毒	片剂、注射剂、软膏剂
核苷类	叠氮胸苷(azidothymidine)	合成	用于艾滋病	胶囊
	阿糖腺苷(adenine arabino-side)	细菌发酵,合成	用于疱疹、脑炎	注射剂、软膏剂
	三氮唑核苷(tribarvirin vi-razole)	酶法合成,细菌发酵	广谱抗病毒、抗肿瘤药物,用于流感、疱疹、肿瘤、肝炎	片剂、注射剂
	阿糖胞苷(cytosine arabino-side)	合成	用于急性粒细胞白血病	注射剂
	肌苷(inosine)	发酵	用于急、慢性肝炎,肝硬化,白细胞减少,血小板减少,视网膜炎,闭塞性脉管炎	注射剂
	环胞苷(cyclic cytidine)	合成	用于白血病	注射剂
核苷酸及其衍生物类	5′-腺嘌呤核苷酸(5′-adenosine monophosphate)	链霉素产生菌的菌丝体	具周围血管扩张、降压作用,用于播散性硬化病、静脉曲张溃疡并发症、眼疾、肝病等	注射剂
	混合 5′-核苷酸(5′-ribonu-cleotides)	青霉菌、酵母等的菌体	升白细胞、改善肝功能、降血压,用于白细胞减少、血小板减少、肝炎、心脏病	注射剂
	混合 2′,3′-核苷酸(2′,3′-ribonucleotides)	酵母菌体	升白细胞,用于白细胞减少、血小板减少、急慢性肝炎	注射剂
	混合 5′-脱氧核苷酸(5′-de-oxynucleotides)	鱼精蛋白、动物脾脏、小牛胸腺	用于放疗、化疗中的急性白细胞和血小板减少症	注射剂
	环磷酸腺苷(cyclic adenosine monophosphate)	合成	用于心肌炎、冠心病、急性心肌梗死、心律失常、心绞痛以及急性白血病、牛皮癣	注射剂
	腺苷三磷酸(adenosine triphosphate)	兔肉、菠菜、酵母以及细菌发酵	用于心肌炎、心肌梗死、心力衰竭、脑动脉或冠状动脉硬化、骨髓灰白质炎、肌肉萎缩、肝炎及耳鸣等	注射剂
	胞苷三磷酸(cytidine triphosphate)	酵母发酵	用于脑震荡、癫痫、意识障碍、神经官能症、高胆固醇血症、脂肪肝等	注射剂
	鸟苷三磷酸(guanosine triphosphate)	酵母发酵	用于肝炎、肌肉萎缩等蛋白质病变和酶系紊乱症	注射剂
	胞二磷胆碱(cytidine diphosphocholine)	酶法合成、酵母发酵	促卵磷脂合成,用于脑外伤和脑手术伴随的意识障碍,治疗帕金森症、抑郁症等	注射剂
	辅酶 A(coenzyme A)	猪肝、酵母以及细菌发酵	用于动脉硬化、白细胞和血小板减少、肝病、肾病等	片剂
	转移因子(transfer factor)	人类血液、脾、扁桃体或畜禽组织	传递供体细胞的免疫能力,用于病毒、真菌感染病及肿瘤辅助治疗等	注射剂
	聚肌胞苷酸(聚肌胞)(poly-cytidylic acid,polyI∶C)	酶法合成	干扰素诱导物,用于病毒性疾病、血液病和肿瘤,对乙型脑炎腮腺炎、风湿性关节炎也有疗效	注射剂
核酸类	RNA(ribonucleic acid)	猪、牛的肝、脾及酵母等	促白细胞生成,用于精神迟缓、记忆衰退、痴呆、慢性肝炎、肝硬化、肝癌	片剂、注射剂
	免疫核糖核酸(immune RNA)	猪、牛的肝、脾及酵母等	免疫触发剂和免疫调节剂	片剂、注射剂
	DNA(deoxyribonucleic acid)	小牛胸腺、鱼精	有抗放射作用,能提高细胞毒药物对癌细胞的选择性;与红霉素合用,能降低毒性,提高抗癌疗效	注射剂、片剂

第一节 核酸类药物的一般制备方法

一切生物，小至病毒大至鲸都含有核酸。在真核生物细胞中，RNA 主要存在于细胞质中，约占总 RNA 的 90%（另 10% 存在于细胞核里的核仁内，核浆及染色体中只有少量）；DNA 则主要存在于细胞核中，占总 DNA 的 98%，另 2% 存在于线粒体和叶绿体中。由于 DNA 是遗传物质，所以对同一种生物而言，每个细胞（除生殖细胞外）中的 DNA 含量是恒定的（见表 4-2）。RNA 的含量与细胞的活跃程度有关，在蛋白质合成旺盛的细胞中，其 RNA 的含量也相应地较高。

表 4-2 鸡的各种组织中的 DNA 含量

组 织	DNA 含量/(pg/细胞核)	组 织	DNA 含量/(pg/细胞核)
肝脏	2.6	心	2.50
脾脏	2.6	胰	2.61
红细胞	2.6	精细胞	1.30

由于核酸的含量与细胞的大小无关，所以制备核酸时常采用生长较旺盛的组织，如胰、脾、胸腺等。这类组织比同样体积的其他组织，如肌肉、脑等组织含有更多的细胞数，因而就有更高的核酸含量（见表 4-3）。

表 4-3 大鼠不同组织中的核酸含量

组 织	RNA-P	DNA-P	组 织	RNA-P	DNA-P
肝(成体)	77~110	21~25	胸腺	87~116	181~242
肝(胚胎)	87~134	35~65	脑	20~33	15~19
胰	63~86	76~85			

注：以每 100g 新鲜组织中所含核酸磷的毫克数表示。

由于 RNA 和 DNA 存在于细胞中的不同部位，所以它们的预处理是相关的，同一资源可用于制备 RNA，又可用于制备 DNA。至于核苷酸、碱基的制备，则可用水解相应的核酸的方法。有些非天然或含量较少的核苷酸、核苷和碱基，则用酶法合成，或用特异的发酵方法制备。

一、RNA 的制备

(一) 材料的选择与预处理

制备 RNA 的材料大多选取动物的肝、肾、脾等含核酸量丰富的组织，所要制备的 RNA 种类不同，选取的材料也各有不同。工业生产上，则主要采用啤酒酵母、面包酵母、酒精酵母、白地霉、青霉等真菌的菌体为原料。如酵母和白地霉，其 RNA 含量丰富，易于提取，而其 DNA 含量则较少，所以它们是制备 RNA 的好材料。

对于动物组织而言，预处理过程是：先把组织捣碎，制成组织匀浆，然后利用 0.14mol/L 氯化钠溶液能溶解 RNA 核蛋白而不能溶解 DNA 核蛋白这一特性，将组织匀浆中含有 RNA 的核糖核蛋白提取出来（含有 DNA 的细胞核物质则留在沉淀中），再通过调节 pH 为 4.5，RNA 仍保留在溶液中，核蛋白则成为沉淀，从而将两者分开。

核酸含量测定则可用下述的预处理方法。将材料用组织匀浆器捣碎后，先用稀三氯乙酸（TCA）或过氯酸（PCA）处理，浓度为 5％～10％，以除去其中的酸溶性含磷化合物（此时将被除去的还有少量核苷酸和分子量较小的寡聚核苷酸），然后将残留物用有机溶剂（如乙醇、乙醚、氯仿等）处理，以除去脂溶性含磷化合物（主要为磷脂类物质）。留下的沉淀物为不溶于酸的非脂类含磷化合物，其中有 RNA、DNA、蛋白质和少量其他含磷化合物。将此沉淀物经酸处理法或碱处理法处理，可将 RNA 与 DNA 分开。整个处理过程为：

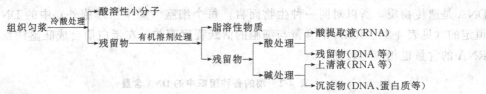

1. 酸处理法

将经酸和有机溶剂处理后的残留物用 1mol/L 的过氯酸溶液于 4℃下处理 18h，从中抽提出 RNA，沉淀部分再用 1mol/L 过氯酸溶液 80℃下处理 30min（植物材料用 0.5mol/L 过氯酸溶液 70℃下处理 20min）提取 DNA。以上提取液即可用定糖法、定磷法或紫外分光光度法测定。此法的缺点是有些材料的 DNA 在冷过氯酸抽提时被少量提取，从而使 RNA 部分中混杂有少量 DNA。

2. 碱处理法

将残留物用 1mol/L 氢氧化钠溶液（或氢氧化钾溶液）于 37℃下处理过夜，则 RNA 被碱解为碱溶性核苷酸，DNA 不降解。加入过氯酸或三氯乙酸使溶液酸化，至酸浓度为 5％～10％，此时 RNA 的分解产物溶解在上清液中，DNA 等则被沉淀下来。此法的优点是 RNA 和 DNA 分开得较为彻底，缺点是 RNA 中还含有其他含磷化合物，如磷肽、磷酸肌醇等，用定磷法测 RNA 时结果偏高。

（二）提取与纯化

1. 提取

提取方法有多种，但基本上大同小异。目前最广泛使用的是酚提取法或其改良方法，此外还有乙醇沉淀法及去污剂处理法等。

（1）乙醇沉淀法　将核糖核蛋白溶于碳酸氢钠溶液中，然后加入含少量辛醇的氯仿，并连续振荡，以沉淀蛋白质。上清液中的 RNA 可用乙醇使之以钠盐的形式沉淀得到。或者先用乙醇使核糖核蛋白变性，然后用 10％氯化钠溶液提取 RNA，去沉淀留上清液后，再用 2 倍量的乙醇使 RNA 沉淀。

（2）去污剂处理法　在核糖核蛋白溶液中加入 1％的十二烷基磺酸钠（SDS）、乙二胺四乙酸二钠（EDTA）、三乙醇胺、苯酚、氯仿等以去除蛋白质，使 RNA 留在上清液中，然后用乙醇沉淀 RNA。或者先用 2mol/L 盐酸胍溶液 38℃下溶解蛋白质，再冷至 0℃左右，使 RNA 沉淀，沉淀中混有少量蛋白质，然后再用去污剂处理。

（3）酚法　酚法最大的优点是能得到未被降解的 RNA。酚溶液能沉淀蛋白质和 DNA，经酚处理后 RNA 和多糖处于水相中，可用乙醇使 RNA 从水相中析出。随 RNA 一起沉淀的多糖则可通过以下步骤去除：用磷酸缓冲液溶解沉淀，再用 2-甲氧乙醇提取 RNA，透析，然后用乙醇沉淀 RNA。改良后的皂土酚法，由于皂土能吸附蛋白质、核酸酶等杂质，因此其稳定性比酚法好，其 RNA 得率也比酚法高。

2. 纯化

用上述方法取得的 RNA 一般都是多种 RNA 的混合物，这种混合 RNA 可以直接作为药物使用，如以动物肝脏为材料制备的 RNA 即可作为治疗慢性肝炎、肝硬化等疾病的药物。但有时需要均一性的 RNA，这就必须将其进一步分离和纯化。常用的纯化方法有密度梯度离心法、柱色谱法和凝胶电泳法等。

（1）密度梯度离心法　一般采用蔗糖溶液作为分离 RNA 的介质，建立从管底向上逐渐降低的浓度梯度，管底浓度为 30%，最上面为 5%；然后将混合 RNA 溶液小心地放于蔗糖面上，经高速离心数小时后，大小不同的 RNA 分子即分散在相应密度的蔗糖部位中。然后从管底依次收集一系列样品，分别在 260nm 处测其光吸收并绘成曲线。合并同一峰内的收集液，即可得到相应的较纯 RNA。

（2）柱色谱法　用于分离 RNA 的柱色谱法有多种系统，较常用的载体有二乙胺乙基（DEAE）纤维素、葡聚糖凝胶、DEAE-葡聚糖凝胶以及 MAK（甲基化清蛋白吸附于硅藻土）等。混合 RNA 从色谱柱上洗脱下来时一般按分子量从小到大的顺序，分步收集即可得到相应的 RNA。

（3）凝胶电泳法　各种 RNA 分子所带电荷与其质量之比都非常接近，故一般电泳法无法使之分离。但若用具有分子筛作用的凝胶作载体，则不同大小的 RNA 分子在电泳中将具有不同的泳动速度，从而可分离纯化 RNA。琼脂糖凝胶和聚丙烯酰胺凝胶即有这种作用，故常被用作分离 RNA 的载体。

（三）含量测定

RNA 是磷酸和戊糖通过磷酸二酯键形成的长链，所以磷酸或戊糖的量正比于 RNA 的量，于是，可通过测定磷酸或戊糖的量来断定 RNA 的量，前者称定磷法，后者称定糖法。

1. 定磷法

此法首先必须将 RNA 中的磷水解成无机磷。常用浓硫酸或过氯酸将 RNA 消化，使其中的磷变成正磷酸。正磷酸在酸性条件下与钼酸作用生成磷钼酸，后者在还原剂（如抗坏血酸、α-1,2,4-氨基萘酚磺酸或氧化亚锡等）存在下，立即还原成钼蓝。钼蓝的最大光吸收在 660nm 处，在一定浓度范围内，溶液在该处的光密度和磷的含量成正比，从而可通过测光吸收度，用标准曲线算出样品的含磷量。根据对 RNA 和 DNA 的分析，已知前者的磷含量为 9.4%，后者的为 9.9%，于是可从磷含量推算出核酸的含量。

用抗坏血酸作还原剂，比色的最适范围在含磷量 1μg/mL 左右，在室温下颜色可稳定 60h 以上。用 α-1,2,4-氨基萘酚磺酸作还原剂，比色的最适范围在含磷量为 2.5～25.0μg/mL，室温下颜色可稳定 20～25min。前者重复性好，后者测定范围较宽。

钼蓝反应非常灵敏，核酸制品中若含有微量的磷、硅酸盐、铁离子，以及酸度偏高或偏低都会影响测定结果。所以，测试时样品应尽量除去杂质，反应条件要严格控制，试剂要可靠。

2. 定糖法

此法先用盐酸水解 RNA，使核糖游离出来，并进一步变成糠醛，然后再与地衣酚（又称苔黑酚、3,5-二羟基甲苯）反应。产物呈鲜绿色，在 670nm 处有最大吸收度，当 RNA 溶液在 20～200μg/mL 范围时，光吸收度与 RNA 的浓度呈正比，从而可测出 RNA 的含量。此法的显色试剂为地衣酚，故又称地衣酚法，反应需用三氯化铁作催化剂。

地衣酚反应的特异性不强，凡是戊糖均有反应，因此，对被测溶液的纯度要求较高，最好能同时测定样品中的 DNA 含量以校正所测得的 RNA 含量。

二、DNA 的制备

1. 材料的选择与预处理

制备 DNA 的材料一般用小牛胸腺或鱼精，这类组织的细胞体积较小，像鱼精，整个细胞几乎全被细胞核占据，细胞质的含量极少，故这类组织的 DNA 含量高。预处理方法与 RNA 的类似。只不过制备 DNA 时用 0.14mol/L 氯化钠溶液溶解 RNA 的目的是去掉 RNA，留下 DNA。

2. 提取与纯化

将含 DNA 的沉淀物用 0.14mol/L 氯化钠溶液反复洗涤，尽量除去 RNA，然后用生理盐水溶解沉淀物，并加入到去污剂 SDS 溶液中使 DNA 与蛋白质解离、变性，此时溶液变黏稠。冷藏过夜后，再加入氯化钠溶液使 DNA 溶解，当盐浓度达 1mol/L 时，溶液黏稠度下降，DNA 处在液相，蛋白质沉淀。离心去杂质，得乳白状清液，过滤后加入等体积的 95% 乙醇，使 DNA 析出，得白色纤维状粗制品。在此基础上反复用去污剂除去蛋白质等杂质，可得到较纯的 DNA。当 DNA 中含有少量 RNA 时，可用核糖核酸酶、异丙醇等处理，用活性炭柱色谱以及电泳去除。

分离混合 DNA 可采用与分离、纯化 RNA 类似的方法。

3. 含量测定

DNA 含量测定也有定磷和定糖两种方法。定磷法与用于 RNA 测定的定磷法相同，DNA 的含磷量为 9.9%，从而可根据定磷的结果推算出 DNA 的含量。定糖法又称二苯胺法。在酸性溶液中，将 DNA 与二苯胺共热，生成蓝色化合物，该化合物在 595nm 处有最大吸收。当 DNA 在 $20\sim200\mu g/mL$ 范围时，光吸收度与 DNA 浓度成正比关系，从而可测出 DNA 的含量。若在反应液中加入少量乙醛，则可在室温下将反应时间延长至 18h 以上，从而使灵敏度提高，使其他物质造成的干扰降低。

三、核苷酸、核苷及碱基的制备

（一）制备方法

核苷酸、核苷及碱基虽然是互相关联的物质，但要得到某种特定的单一物质，往往必须采取某种特别的制备方法。至于非天然的类似物或衍生物，制备方法则更是各不相同。

1. 直接提取法

类似于 RNA 和 DNA 的制备，可直接从生物材料中提取。此法的关键是去杂质，被提取物不管是呈溶液状态还是呈沉淀状态，都要尽量与杂质分开。为了制得精品，有时还需多次溶解、沉淀。从兔肌肉中提取 ATP 和从酵母或白地霉中提取辅酶 A 即是采用此法。下面将要讲到的几种制备方法的最后阶段都涉及提取问题，但因关键在提取前的处理，故不属直接提取法。

2. 水解法

核苷酸、核苷和碱基都是 RNA 或 DNA 的降解产物，所以前者当然能通过相应的原料水解制得。水解法又分酶水解法、碱水解法和酸水解法 3 种。

（1）酶水解法　在酶的催化下水解称酶水解法。如用 5′-磷酸二酯酶将 RNA 或 DNA 水解成 5′-核苷酸，就可用来制备混合 5′-（脱氧）核苷酸。酶的来源不同其特性也往往有些不同，因此提及酶时常常指明其来源，如牛胰核糖核酸酶（RNase A），蛇毒磷酸二酯酶（VPDase），脾磷酸二酯酶（SPDase）等。又如橘青霉 AS 3.2788 产生的 5′-磷酸二酯酶的最佳催化条件是：pH6.2～6.7，温度 63～65℃，底物浓度 1%，酶液用量 20%～30%，反应时间 2h。

（2）碱水解法　在稀碱条件下可将 RNA 水解成单核苷酸，产物为 2′-核苷酸和 3′-核苷酸的混合物。这是因为水解过程中能产生一种中间环状物 2′,3′-环状核苷酸，然后磷酸环打开所致。DNA 的脱氧核糖 2′-位上无羟基，无法形成环状物，所以 DNA 在稀碱作用下虽会变性，却不能被水解成单核苷酸。

（3）酸水解法　用 1mol/L 的盐酸溶液在 100℃下加热 1h，能把 RNA 水解成嘌呤碱和嘧啶碱核苷酸的混合物。DNA 的嘌呤碱也能被水解下来。在高压釜或封闭管中酸水解，可使嘧啶碱从核苷酸上释放下来，但此时胞嘧啶常常会脱氨基而形成尿嘧啶。

3. 化学合成法

利用化学方法将易得到的原料逐步合成为产物，称化学合成法。腺嘌呤即可用次黄嘌呤或丙二酸二乙酯为原料合成，但此法多用于以自然结构的核酸类物质作原料，半合成为其结构改造物，且常与酶合成法同时使用。

4. 酶合成法

即利用酶系统和模拟生物体条件制备产物，如酶促磷酸化生产 ATP 等。

5. 微生物发酵法

利用微生物的特殊代谢使某种代谢物积累，从而获得该产物的方法称发酵法。如微生物在正常代谢下肌苷酸是中间产物，不会积累，但当其突变为腺嘌呤营养缺陷型后，该中间物不能转化成 AMP，于是在前面的代谢不断进行下，大量的肌苷酸就成为终产物而积累在发酵液中。事实上肌苷酸的制备正是采用了此法。

（二）含量测定

核苷酸、核苷及碱基均有其独特的紫外吸收曲线，以碱基为例，不同的碱基的吸收高峰往往处于不同波长处。如果选定某两个波长处的吸收值计算其比值，则不同碱基的比值也是特异的。所以，在某两波长处（如 250nm/260nm，280nm/260nm，290nm/260nm）测定吸收值之比，然后与已知碱基的标准比值比较，即可作出判断。此法常用作碱基的定性测试，核苷和核苷酸的鉴别也可采用此法。

含量测定采用紫外分光光度法，先将碱基、核苷或核苷酸用某种溶剂，配成一定浓度的溶液，然后在某一特定波长下测定该溶液的光吸收度，通过计算即可得出该物质的含量。例如，设某种样品的浓度为 $c(g/mL)$，在波长 λ 下的光吸收度为 OD_λ（应减去溶剂的吸收度，即以溶剂作为空白对照），换算成标准条件下的光吸收度则为

$$A_{1cm}^{1\%}=\frac{OD_\lambda}{c}\ 或\ A_\lambda=\frac{OD_\lambda}{c}\times M_r$$

前者为光路长度为 1cm、溶液浓度为 1%（g/mL）时，样品的光吸收度；后者则是浓度为 1mol/L 时，样品的光吸收度。所以：

$$样品含量(\%)=\frac{A_{1cm}^{1\%}(样品)}{E_{1cm}^{1\%}(标准品)}\times100\%=\frac{OD_\lambda}{E_{1cm}^{1\%}(标准品)\times c}\times100\% \quad (1)$$

或：

$$样品含量(\%)=\frac{A_\lambda(样品)}{E_\lambda(标准品)}\times100\%=\frac{OD_\lambda}{E_\lambda(标准品)\times c}\times100\% \quad (2)$$

其中 $E_{1cm}^{1\%}$ 称吸收系数或消光系数，E_λ 称摩尔消光系数。

（1）式中 c 的单位为 g/mL，（2）式中 c 的单位为 mol/L。

第二节　三磷酸腺苷

腺嘌呤核苷三磷酸（adenosine triphosphate），简称腺三磷（ATP），又称三磷酸腺苷。核苷三磷酸是一类具有高能键的化合物，在生物体内起着很重要的作用，其中最重要的是 ATP，此外还有胞嘧啶核苷三磷酸和鸟嘌呤核苷三磷酸等。

一、结构与性质

药用 ATP 是其二钠盐，其结构如下。

带 3 个结晶水的 ATP 二钠盐（ATP-Na$_2$·3H$_2$O）呈白色结晶形及类白色粉末，无臭，微有酸味，有吸湿性，易溶于水，难溶于乙醇、乙醚、苯、氯仿。在水中溶解后呈氢型的钠盐、钡盐或汞盐。在碱性溶液（pH10）中较稳定，25℃时每月约分解 3%。在稀碱作用下水解成 5′-AMP，在酸作用下则水解产生核苷和碱基。pH5 时 90℃加热，70h 可完全水解为腺苷。

ATP 二钠盐在 pH2 时吸收度比值为：$A_{250}/A_{260}=0.85$，$A_{280}/A_{260}=0.22$，$A_{290}/A_{260}=0.1$ 以下。

ATP 二钠盐是两性化合物，其氨基能解离成阳离子，磷酸基能解离成阴离子，解离度大于 ADP 和 AMP，所以与离子交换树脂吸附时，吸附得更紧，从而可将其与 ADP 和 AMP 分离。它能与可溶性汞盐和钡盐形成不溶于水的沉淀物，提取 ATP 时即可利用这一性质。但因汞盐有毒，目前已不采用。

二、生产工艺

生产 ATP 的方法有提取法、光合磷酸化法、氧化磷酸化法和发酵法四种，现分别介绍如下。

（一）以兔肌肉为原料的提取法

1. 工艺路线

以兔肌肉为原料提取 ATP 的工艺流程如下。

兔肌肉 —[制肉松]冰浴 绞碎→ 兔肉糜 —[原料处理]乙醇 30min→ 变性兔肉糜 —[热醇处理]乙醇 煮沸 5min→ 兔肉饼 —[捣碎,吹干]蒸馏水 10℃ 以下→ 兔肉松 —[提取]蒸馏水→ 提取液 —[吸附]717 树脂 pH3.0→ 吸附物 —[洗脱]NaCl 溶液 pH3.8→ 洗脱液 —[除热原与杂质]硅藻土,活性炭 10min→ 滤液 —[结晶,干燥]乙醇 pH2.5～3,28℃→ ATP 成品

2. 工艺过程

(1) 兔肉松的制备　将兔体冰浴降温，迅速去骨、绞碎，加入兔肉重 3～4 倍的 95% 冷乙醇，搅拌 30min，过滤、压榨。将肉饼捣碎，再以 2～2.5 倍 95% 冷乙醇同上法处理 1 次。再将肉置预沸的乙醇中，继续加热至沸，保持 5min。取出兔肉，迅速置于冷乙醇中降温至 10℃ 以下，过滤、压榨。将肉再捣碎，摊于盘内，冷风吹干至无乙醇味为止，即得兔肉松。

(2) 提取　肉松用 4 倍量的冷蒸馏水搅拌提取 30min，过滤压榨成肉饼，再捣碎后加 3 倍量的冷蒸馏水提取，合并两次滤液。按总体积加冰醋酸至 4%，再用 6mol/L 盐酸调 pH 至 3，冷室放置 3h，布氏漏斗过滤至澄清。

(3) 吸附　用处理好的氯型 201×7 或 717 阴离子交换树脂装色谱柱，柱高∶直径＝(3∶1)～(5∶1)，用 pH3 的水平衡柱后，将提取液上柱，流速控制在 0.6～1mL/(cm² · min)。因树脂吸附能力较强，上柱过程中应用 DEAE-C（二乙胺基乙基纤维素）薄层板进行检查，待出现 AMP 或 ADP 斑点时、即开始收集（从中回收 AMP 和 ADP）。继续进行，待追踪检查出现 ATP 斑点时，说明树脂已被 ATP 饱和，停止上柱。

(4) 洗脱　用 pH3、0.03mol/L 氯化钠溶液洗涤柱上滞留的 AMP、ADP 及无机磷等，流速控制在 1mL/(cm² · min) 左右。薄层检查无 AMP、ADP 斑点并有 ATP 斑点出现时，再用 pH3.8、1mol/L 氯化钠溶液洗脱，流速控制在 0.2～0.4mL/(cm² · min) 左右，收集洗脱液。在 0～10℃ 下操作，以防 ATP 分解。

(5) 除热原与杂质　按硅藻土∶活性炭∶洗脱液＝0.6∶0.4∶100 的比例混合，搅拌 10min，用 4 号垂熔漏斗过滤。

(6) 结晶、干燥　用 6mol/L 盐酸调 ATP 滤液至 pH2.5～3，在 28℃ 水浴中恒温，加入滤液量 3～4 倍的 95% 乙醇，不断搅拌，使 ATP 二钠盐结晶。用 4 号垂熔漏斗过滤，分别用无水乙醇、乙醚洗涤 1～2 次。收集 ATP 结晶，置五氧化二磷干燥器内真空干燥。

（二）光合磷酸化法

1. 工艺路线

光合磷酸化方法制备 ATP 的工艺流程如下。

$$5'\text{-AMP} \xrightarrow[\text{肌激酶,ATP(引子)}]{[\text{溶解,混合}]\ Na_2HPO_4,Tris,PMS} 混合液 \xrightarrow[\text{pH3,1～1.5h}]{[\text{光合}]\ 叶绿体} 反应液 \xrightarrow[\text{10℃ 以下}]{[\text{沉淀}]\ 三氯乙酸} 上清液 \xrightarrow[\text{10℃,4～5h}]{[\text{提取}]\ 乙醇} \text{ATP 粗制品}$$

$$洗脱液（含 ATP） \xleftarrow[\text{pH3.8}]{[\text{洗脱}]\ NaCl 溶液} 吸附物 \xleftarrow[\text{pH6.5～7}]{[\text{吸附}]\ NaOH,717 树脂} 流出液 \xleftarrow[\text{pH6→1→2}]{[\text{去阳离子}]\ 732 树脂} 滤液 \xleftarrow[\text{蒸馏水,硅藻土}]{[\text{去杂质}]}$$

$$\text{ATP 沉淀} \xleftarrow[\text{pH3.8}]{[\text{除热原,沉淀}]\ 硅藻土,乙醇} \quad \text{ATP 沉淀} \xrightarrow[\text{减压}]{[\text{干燥}]\ 乙醇,乙醚} \text{ATP 成品}$$

2. 工艺过程

(1) 光合反应　光合磷酸化的原理是在离体条件下，利用植物的叶绿体，把光能转变成化学能，即使 ADP 变成 ATP，使化学能以高能磷酸键的形式保留下来。其反应步骤大致如下：

$$\text{AMP} + \text{ATP（引子）} \xrightarrow{\text{肌激酶}} 2\text{ADP}$$

$$2\text{ADP} + 2\text{pi} \xrightarrow[\text{叶绿体,PMS}]{\text{光,Mg}^{2+}} 2\text{ATP}$$

总反应为：

$$\text{AMP} + 2\text{pi} \xrightarrow[\text{叶绿体,PMS}]{\text{肌激酶,光,Mg}^{2+}} \text{ATP}$$

叶绿体悬液用菠菜制备，取新鲜菠菜叶 2kg，冰水中冷却后，加 0.05mol/L Tris 缓冲液（pH8）2000mL，捣碎，四层纱布过滤去渣，得滤液约3000mL。

取85cm×85cm的反应盘，反应液层厚约0.5cm，每盘每次盛入磷酸氢二钠150g，用2000mL蒸馏水加热溶解，再将Tris 50g、AMP 55g加入其中，搅拌溶解后加水稀释至4000mL，再用6mol/L盐酸调pH6.5～7。另取ATP 4～5g（含量50%～60%，作引子）、0.308%二氮蒽甲硫酸（PMS）溶液50mL、肌激酶250mL，混合后加入叶绿体悬浮液中。

光照用1000瓦碘钨灯15个，光强为13万lx，比日光稍强。反应温度为18℃（14～22℃）。灯与反应盘之间加一玻璃盘，通流动的冷水降低灯温，反应盘下面装冷冻盐水管冷却。抽样测定游离磷反应，照光开始后每隔15min测定变化情况，至不变时反应完成，约1～1.5h。停止照光，降温至10℃以下，搅拌中加入40%三氯乙酸1kg凝固蛋白质，用纱布过滤，得上清液。

（2）树脂法提纯　上清液中加入3～4倍体积95%乙醇，稍稍搅拌，在10℃下放置4～5h，倾去上清液，过滤得ATP粗品。将粗品溶于少量蒸馏水中，加硅藻土（为粗品质量的一半），搅拌1min左右，过滤，得浅杏黄色澄清液。然后，上732阳离子树脂柱，去阳离子，流出液pH由6降至1后又升至2时，柱内水流完，开始收集。收集液用6mol/L氢氧化钠调pH6.5～7后，上717阴离子柱，流速控制在6～10mL/min，用25%乙酸钡检查流出液，若出现白色沉淀，则吸附饱和。每100g湿树脂约吸附20g ATP。

ADP的洗脱：用pH2.5、0.003mol/L盐酸（内含0.03mol/L氯化钠）洗脱至电泳检查流出液时ADP消失，OD_{260nm}读数降至稳定后略有回升（即有ATP出现）。洗脱液可回收ADP。

ATP的洗脱：用pH3.8、1mol/L氯化钠溶液洗脱至流出液不再被乙醇沉淀。洗脱液用硅藻土（1g ATP加0.5～1g硅藻土）去热原，过滤。滤液用结晶法（同前）可得精品。按AMP质量计算得率50%～60%，含量85%以上。

（三）氧化磷酸化法

1. 工艺路线

氧化磷酸化方法制备ATP的工艺流程如下。

2. 工艺过程

（1）氧化反应　在葡萄糖氧化成二氧化碳的过程中，能量释放，使AMP转化成ATP。酵母中的腺苷酸激酶几乎可以定量地把AMP变成ATP，理论转化率达90%，实际转化率可达85%。反应步骤为：

$$AMP+ATP(引子) \xrightarrow{\text{酵母腺苷酸激酶}} 2ADP$$

$$葡萄糖+2ADP+2pi \xrightarrow{Mg^{2+}} C_2H_5OH+CO_2+2ATP$$

总反应为：

$$AMP+2pi \xrightarrow[\text{葡萄糖，}Mg^{2+}]{\text{酵母腺苷酸激酶}} ATP$$

取 AMP（含 85％以上）50g 用 2L 水溶解，必要时用浓氢氧化钠溶液调至全溶。另取磷酸氢二钾（$K_2HPO_4 \cdot 3H_2O$）184.8g，磷酸二氢钾 57.5g，硫酸镁（$MgSO_4 \cdot 7H_2O$）17.5g，溶于 5L 自来水。两液混合后，投入离心甩干的新鲜酵母 1.8～2kg 及葡萄糖 175g，在 30～32℃ 下缓慢搅拌，发酵起泡。每 30min 抽样 1 次，用电泳法（或测无机磷法）观察转化情况，约 2h，部分 AMP 转化成 ADP 或 ATP 时，提高温度至 37℃，至 AMP 斑点消失为止，全程 4～6h。然后将反应液冷至 15℃ 左右，加入 40％ 三氯乙酸 500mL，用盐酸调 pH 至 2，尼龙布过滤，去酵母菌体和沉淀物，留上清液。

（2）分离纯化　在上清液中加入颗粒活性炭，于 pH2 下缓慢搅动 2h，吸附 ATP。倾去清液后，用 pH2 的水洗涤活性炭，洗去酵母残余后装柱。再用 pH2 的水洗至澄清，用氨水：水：95％乙醇＝4：6：100 的混合液洗脱 ATP，流速 30mL/min。

将洗脱液置于冰浴中，用盐酸调 pH 至 3.8，加 3～4 倍量 95％乙醇，在 5～10℃ 静置 6～8h，倾去清液，沉淀即为去氨后的 ATP 粗品。将粗品溶于 1.5L 蒸馏水中，加硅藻土 50g，搅拌 15min，布氏漏斗过滤，取清液。

清液调 pH 至 3，上 717 阴离子交换树脂柱（100g 树脂可吸附 10～20g ATP），饱和后用 pH3、0.03mol/L 氯化钠液洗柱，去 ADP（回收）和杂质。再用 pH3.8、1mol/L 氯化钠液洗脱。

（3）精制　洗脱液加硅藻土 25g，搅拌 15min，抽滤，清液 pH 调至 3.5，加 3～4 倍量 95％乙醇，置冰箱过夜。次日滤晶、洗涤、干燥（同前）。按 AMP 质量计算得率 100％～120％，含量 80％ 左右。

（四）产氨短杆菌直接发酵法

某些微生物在适量浓度的 Mn^{2+} 存在时，其 5'-磷酸核糖、焦磷酸核糖、焦磷酸核糖激酶和核苷酸焦磷酸化酶能从细胞内渗出，若在培养基中加入嘌呤碱，可分段合成相应的核苷三磷酸。已知棒状杆菌、小球杆菌、节杆菌等都能在含有腺嘌呤的培养基中合成 ATP，目前用的生产菌株为产氨短杆菌 B1-787。此法也称作酶合成法，反应过程为：

$$6\text{-氨基嘌呤} + 5'\text{-磷酸核糖} \longrightarrow \begin{array}{l} 5'\text{-AMP} \\ \underset{Pi}{\longrightarrow} \text{ADP} \xrightarrow{Pi} \text{ATP} \end{array}$$

1. 工艺路线

产氨短杆菌直接发酵生产 ATP 的工艺流程如下。

产氨短杆菌 B1-787 $\xrightarrow[30℃，2～3d]{[斜面培养]}$ $\xrightarrow[30℃，2～3d]{[种子培养]}$ $\xrightarrow[30℃，26h]{[发酵罐培养]}$ $\xrightarrow[37℃，通风培养，控制 pH，测 ATP]{腺嘌呤，表面活性剂 6501，尿素}$ 发酵液 $\xrightarrow[加热，pH3～3.5]{[热处理，分离]\ 酶失活，除菌体}$ 上清液 $\xrightarrow[769 活性炭]{[吸附]}$ 吸附物 $\xrightarrow[氨醇溶液]{[洗脱]}$ ATP 溶液 $\xrightarrow[Cl^- 型阴离子树脂]{[吸附]}$ 吸附物 $\xrightarrow[NaCl-盐酸溶液]{[洗脱]}$ 洗脱液 $\xrightarrow[冷乙醇]{[沉淀]}$ 湿 ATP $\xrightarrow[丙酮，脱水]{[干燥]}$ ATP 精品

2. 工艺过程

（1）菌种培养　菌种培养的培养基配方为葡萄糖 10％，$MgSO_4 \cdot 7H_2O$ 1％，尿素 0.3％，$CaCl_2 \cdot 2H_2O$ 0.01％，玉米浆适量，磷酸氢二钾 1％，磷酸二氢钾 1％，pH7.2。各级种子培养时间 20～24h，接种量 7％～9％，pH 控制在 6.8～7.2。

（2）发酵培养　500L 发酵罐培养 28～30℃，24h 前通风量 1：0.5（V/V），24h 后通风量 1：1（V/V），40h 后投入腺嘌呤 0.2％，表面活性剂 6501（椰子油酰胺）0.15％，尿素

0.3%，升温至 37℃，pH7.0。

（3）提取、精制　发酵液加热使酶失活后，调节 pH 至 3～3.5，过滤去菌体，滤液通过 769 活性炭柱，用氨醇溶液洗脱，洗脱液再经 Cl⁻ 型阴离子柱，经氯化钠-盐酸溶液洗脱，洗脱液用结晶法（同前），得 ATP 精品，得率 2g/L 发酵液。

（五）工艺讨论

1. 新树脂的处理

新树脂先以蒸馏水漂洗（必要时用乙醇浸泡、除去有机杂质），然后碱洗（2mol/L 氢氧化钠溶液 3 倍量，搅拌 4h），漂洗至 pH7，再酸洗（2mol/L 盐酸溶液 3 倍量，搅拌 4h），漂洗至 pH4.5 左右备用。

2. DEAE-C 薄层板的制备

DEAE-C 用 2mol/L 氢氧化钠碱洗 2h，水洗至中性，用 1mol/L 盐酸酸洗 2h，水洗至 pH4，60℃烘干。制板时，用洗净烘干的 15cm×2.5cm 玻璃片，将用 3 倍体积蒸馏水配成的 DEAE-C 浆，铺在玻片上，平放阴干后，60℃烘干。

测试时取样 10～20mL，点样、冷风吹干，展开剂为 0.05mol/L 柠檬酸-柠檬酸钠缓冲液，点样端插向展开剂，但不得浸入。展开 5～8min 后，取出热风吹干。紫外光下视荧光点，上方 V 形的是 AMP 点、中间是 ADP 点，原点附近的是 ATP 点。

3. 反应装置

氧化磷酸化因不需强光，所以降低了能耗，简化了设备，成本仅为光合磷酸化法的一半。Tochi Kura 等人应用细胞固定法，用乙基纤维素、丁醋酸纤维素、聚氨基葡萄糖作细胞微囊，将酵母固定在球形小珠中，制成能连续发酵生产 ATP 的反应器。该装置操作简便、稳定，葡萄糖转换率为 70%。

4. 肌激酶的制备

家兔击昏放血，割下背肌、腿肌及腹肌，浸入冰块中，冷却搅成肉浆。加入等体积的 EDTA-氢氧化钾溶液（EDTA 27.9g，氢氧化钾 63g，加冰冷蒸馏水溶解至 37.5L），搅拌 10min，离心得上清液。肉浆再提取 1 次。合并两液，按每 1L∶50mL 的比例边搅拌边加 2mol/L 盐酸，再置于沸水浴中迅速加热到 90℃，保持 3min，迅速在冰浴中冷却至 20℃左右。再用 2mol/L 氢氧化钠液调节 pH 至 6.5，出现白色沉淀后，离心 5min，留上清液。低温冰箱冷冻密封保存，活力一般可保持 2 个月左右。

三、质量检测

（一）质量检查

1. 澄明度

取本品少量溶于注射用水或生理盐水中，溶液应澄明无色。

2. pH

取本品少量溶于无离子水中，pH 应为 3.8～5.0。

3. 含水量

用费休定水法［见《中国药典》（2015 年版）三部通则 0832 第一法］测定，水分含量不超过 6%。

4. 硫酸盐

依《中国药典》（2015 年版）检查法不得超过 1.5%。

5. 重金属含量

小于 0.0010%。

6. 蛋白含量

用 30%磺基水杨酸法鉴定，不得有蛋白反应。

7. 汞含量

用脒腙法鉴定，同空白。

8. 热原

按《中国药典》（2015 年版）检查法，应符合规定。

（二）含量测定

ATP 在生产中易带进 ADP 等杂质，贮存中也易分解成 ADP 等，故多采用纸色谱或纸电泳分离 ATP 后的分光光度法测定。

纸色谱展开剂用异丁酸-氨水（1mol/L）-乙二胺四乙酸二钠溶液（0.1mol/L）（100：60：1.6）或 1%硫酸铵溶液-异丙醇（1：2）。

纸电泳分离用 pH3.0、0.05mol/L 的柠檬酸盐缓冲液，电压梯度 20V/cm。

1. 纸色谱法

纸色谱后洗脱，洗脱液在紫外分光光度计中测 OD_{260}，按摩尔消光系数计算含量，即：

$$ATP 含量(\%)=\frac{样本平均 OD_{260}}{E_{260}\times c}\times M_r\times 100\%$$

式中，E_{260} 为摩尔消光系数，1.43×10^4；c 为样品浓度，mg/mL；M_r 为 ATP 二钠盐的分子量，551.19。

将样品配成 10mg/mL 液，取 $10\mu L$ 点样（色谱滤纸先用 1mol/L 甲酸溶液浸泡过夜，次日取出，用水漂洗至洗液的 pH 不低于 4 为止，吹干，可除去纸中的金属离子，使 ATP、ADP 和 AMP 的斑点集中），纸色谱后将 ATP 样点剪下，用 0.01mol/L 盐酸 5mL 浸洗 1~2h，测 260nm 处的光密度。同一样品做 3 点，空白对照用同一色谱纸上同样大小空白处纸片。所以，样品浓度为：

$$c=\frac{10mg/mL\times 0.01mL}{5mL}=0.02mg/mL$$

而 $E_{260}=1.43\times 10^4$，代入公式后，得：

$$ATP 含量(\%)=OD_{260}\times\frac{551.19\times 100\%}{1.43\times 10^4\times 0.02}=OD_{260}\times 193\%$$

2. 纸电泳法

取本品，精密称量，加水制成每 1mL 中含 10mg 的溶液，依照纸电泳法测定，电泳完毕，取出，吹干，置紫外灯（254nm）下检视，用铅笔划出滤纸最前端的紫色斑点，剪下供试品斑点和与斑点面积相近的空白滤纸，剪成细条，分别放入试管中，精密加入盐酸溶液（0.01mol/L）5mL，摇匀，放置 1h，倾取上清液，依照分光光度法，在（257±1）nm 的波长处测定吸光度，减去滤纸空白吸光度的平均值，按 $C_{10}H_{14}N_5Na_2O_{13}P_3$ 的吸收系数（$E_{1cm}^{1\%}$）为 263 计算含量。

四、药理作用与临床应用

在生物体内，ATP 广泛参与各种生化过程，除参与核酸的合成外，主要起着提供能量和磷酸基团的作用。

ATP 除了作为危重病人抢救的辅助药品外，还对急慢性肝炎、肝硬化、肾炎、心肌炎、冠状动脉硬化、进行性肌肉萎缩、再生障碍性贫血、脑血管意外后遗症、中心性血管痉挛性视网膜脉络膜炎、风湿性关节炎、耳聋、耳鸣等有一定疗效。

第三节　6-氨基嘌呤

碱基类药物有 6-氨基嘌呤（6-aminopurine）、6-巯基嘌呤、氮嘌呤、氮杂鸟嘌呤、6-氯嘌呤、氟胞嘌呤、氟尿嘧啶、呋喃氟尿嘧啶等。除 6-氨基嘌呤外，大多用于抗病毒和抗肿瘤。此外，茶碱、可可碱、咖啡碱，均属碱基类药物，它们是黄嘌呤甲基化衍生物，有增强心脏活动的功能。

6-氨基嘌呤即腺嘌呤，又称维生素 B_4，是构成核酸的五种常见碱基之一。另四种碱基为鸟嘌呤、胞嘧啶、胸腺嘧啶和尿嘧啶。

一、结构与性质

6-氨基嘌呤呈白色结晶性粉末，无臭，无味，溶于酸性、碱性溶液中，微溶于乙醇，难溶于冷水，几乎不溶于乙醚、氯仿。其结构式如下。分子量 135.13，熔点 360～365℃（分解）。pH1 时 λ_{max} 为 262.5nm，摩尔消光系数 $E_{262.5}=13.2\times10^3$；pH7 时 λ_{max} 为 260.5nm，$E_{260.5}=13.4\times10^3$；pH12 时 $\lambda_{max}=269$nm，$E_{269}=12.3\times10^3$。

二、生产工艺

6-氨基嘌呤可以通过腺嘌呤核苷甚至 AMP（腺嘌呤核苷酸）的水解而得到。因为核苷或核苷酸中的糖苷键对酸不稳定，且脱氧核糖的 N-糖苷键较核糖的 N-糖苷键更易被酸水解，所以，只需在常温下用稀盐处理脱氧腺嘌呤核苷（酸）即可得到 6-氨基嘌呤。工业生产采用化学合成法，用次黄嘌呤或丙二酸二乙酯为原料，产物为 6-氨基嘌呤的磷酸盐。

（一）以次黄嘌呤为原料合成法

1. 工艺路线

以次黄嘌呤为原料合成 6-氨基嘌呤的工艺流程如下。

2. 工艺过程

（1）氯化　使次黄嘌呤 6 位上的羟基被氯取代。各种试剂的用量为：次黄嘌呤精制品 24g，二甲基苯胺 80mL，三氯氧磷 300mL。依次加入 500mL 三口烧瓶中后油浴，温度 150℃，回流 55min。撒油浴改水浴真空浓缩，温度 70～80℃至无蒸发，约 3h。再倒入 300g 冰块中，剧烈搅拌至全溶，并用 10mol/L 氢氧化钠溶液使其 pH 为 11～12。用甲苯抽提杂物至甲苯无色，中途用 10mol/L 氢氧化钠溶液调节，使水层维持 pH 在 11～12。冷却后用浓盐酸中和水层至 pH1～2，加入氯化钠 70g，使之饱和，冰箱冷却 24h 后过滤。滤晶用少量冰水冲洗后，再以 8～10 倍热水溶解，加活性炭 4g 脱色（活性炭用无水乙醇 200mL 洗脱、浓缩，以回收部分 6-氯嘌呤），趁热过滤。冷却后得到的结晶，再以 12 倍的蒸馏水重结晶。重结晶在 100℃供干，得 6-氯嘌呤 8.5～9g，得率 41.7%。

（2）羟氨化　使氯被羟氨基取代。首先取盐酸羟胺 19.74g 溶于无水乙醇中，加氢氧化钾 18.69g，加热回流 15min，冷却后氯化钾沉淀。过滤留液，沉淀用无水乙醇洗涤，合并滤液和洗液，使总滤液和洗液的 pH 为 7.0（不得偏碱性），溶液应澄清。如有浑浊，重滤至清。然后，在此溶液中加入 6-氯嘌呤，水浴加热回流 6h（一般回流 1h 即有米白色结晶析出）。室温过夜，次日过滤。先后用水和无水乙醇洗涤结晶，再置于氢氧化钠干燥器中真空干燥。得 6-羟胺嘌呤 8.8g，得率 83.8%，熔点 245～251℃，含氮量 47%～48%。

（3）还原　使羟氨基还原为氨基。在 250mL 三口烧瓶中加入 6-羟胺嘌呤 5g，水 80mL，并用 10% 氢氧化钠调节至 pH9.0，90℃ 水浴保温，在搅拌下分次加入保险粉（工业用，总量为 20g），随时用氢氧化钠溶液调节使 pH 维持 9.0，加完保险粉后，反应至澄清，搅拌 1h，析出白色结晶。冷却、室温放置过夜，次日过滤。结晶用水冲洗后，100℃ 干燥，得 6-氨基嘌呤 1.75g，得率 35%。

（4）成盐　将 6-氨基嘌呤 4.05g 加入 100mL 水中，加磷酸 4.2g，加热至全溶。直火浓缩至总质量 43g，室温过夜，次日过滤。结晶用无水乙醇洗涤 2 次，真空干燥，得 6-氨基嘌呤磷酸盐 6.3g，得率 90.38%。

3. 工艺讨论

（1）次黄嘌呤需精制　用 1500g 沸水溶解 15g 次黄嘌呤，加入活性炭后煮沸 10min，热滤。冷却后淡黄色结晶析出，过滤取晶。滤晶水洗，红外线干燥，得含量 95% 以上的次黄嘌呤 10.5g，得率 65%。

（2）三氯氧磷的重蒸馏　取沸程 104～108℃ 的蒸馏物，得率 85%。

（3）羟氨化反应中，必须先将盐酸羟胺与乙醇混合后再加氢氧化钾，从而得到游离羟胺，若直接将盐酸羟胺与氢氧化钾混合，则会发生剧烈反应，以致有爆炸的危险。

（二）以丙二酸二乙酯为原料合成法

1. 工艺路线

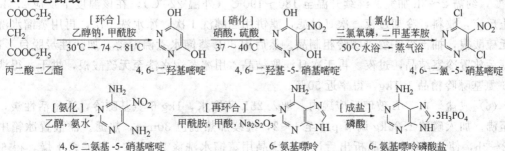

以丙二酸二乙酯为原料合成 6-氨基嘌呤的工艺流程如下。

2. 工艺过程

(1) 环合　按乙醇钠:甲酰胺:丙二酸二乙酯＝7:2.13:1 比例投料。在干燥的 100L 不锈钢反应罐内加入乙醇钠 (含量 17%以上,水分 0.5%以下) 后即开始搅拌,再加入甲酰胺 (水分 0.2%以下),水浴加热至 30℃左右,再加入丙二酸二乙酯 (沸程 194～200℃,含量 96%以上,水分 0.05%以下) 继续加热搅拌,使内温逐步上升并维持在 74～81℃,以蒸出甲酸乙酯-乙醇混合液至近干,约需 3h。然后减压浓缩至干,再加水搅拌至溶解,收集水溶液后,用水冲洗罐壁,洗液合并。溶液冷至 25℃以下,用盐酸酸化至 pH4.0,使之析出黄色结晶,冷却放置 2～3h 后过滤。结晶用冰水洗涤 3 次后烘干,得黄色 4,6-二羟基嘧啶,得率 75%左右。

(2) 硝化　使 4,6-二羟基嘧啶的 5 位上的氢被硝基取代。在 20L 干燥玻璃反应罐内加入硝酸 (含量 65%～68%,相对密度 1.04) 10L,冰浴冷却,在搅拌下加入硫酸 (含量 95%～98%) 3.6L。使内温降至 30℃左右后,分次缓慢加入 4,6-二羟基嘧啶 4.8kg,加入时保持内温在 30～35℃,约 2h 加完。除去冰浴,水浴加热外温至 50℃,内温维持在 37～40℃,搅拌反应 1.5h。然后将反应液倾入不断搅动的 25kg 碎冰中,则淡黄色结晶逐渐析出。放置 3～5h 后过滤,结晶用总量 20L 的冰水洗涤 4～5 次,洗去酸性。抽滤、烘干,得 4,6-二羟基-5-硝基嘧啶的黄色结晶性粉末,约 6kg,得率 90%左右。此为硝化物。

(3) 氯化　使 4 和 6 位上的羟基被氯取代。在干燥的 50L 玻璃反应罐内加入三氯氧磷 (无色,沸点 104～109℃) 12L,搅拌下加入硝化物 6kg,水浴加热至 50℃左右,滴加二甲基苯胺 (工业用,水分 0.5%以下,沸点 192～195℃) 7.8L,大约 1h 加完。然后,改用蒸汽浴加热,搅拌回流 1h 后搅拌下倾入 90kg 碎冰中,放置 1～2h,间隙搅拌使冰块全部溶解,则固体析出。滤出固体后用冰水洗涤 3～4 次,抽干即得淡黄色氯化物 4,6-二氯-5-硝基嘧啶固体。

(4) 氨化　将上述氯化物用 30L 乙醇溶解,在搅拌下抽入 100L 不锈钢反应罐内,再用 12L 乙醇搅拌洗涤盛器,洗液抽入同一罐内。水浴加热,搅拌,回流,滴加氨水 40L,速度不能过快,保持缓慢回流,内温从 78℃降至 65℃左右,约 2h 加完。继续回流 1.5h 后停止反应,用水冷却,放置过夜。次日冷却至 10℃后出料、过滤。滤饼用冰水洗涤 3～4 次,干燥后得棕色粉末状氨化物,即 4,6-二氨基-5-硝基嘧啶,约 3.6kg,得率 60%左右。

(5) 再环合　在 50L 电油浴玻璃反应罐内加入 20L 甲酰胺 (工业用,水分 0.2%以下) 后开始搅拌,再加入氨化物 2.6kg 和甲酸 (工业用,含量 85%以上) 3L。加热,使外温控制在 150℃,内温升到 110℃后,分多次加入保险粉 (工业用) 2.5kg,使内温维持在 110～120℃,约需 2～3h 加完。继续升温至 180～190℃ (外温 220℃),在该温度下反应 2.5h 后停止反应,放料,冷却过夜。次日过滤,滤饼用乙醇洗 1 次,冰水洗 1 次,再用蒸馏水洗至近无硫酸根,抽干得 6-氨基嘌呤粗制品。然后用 60L 蒸馏水煮沸溶解,加活性炭脱色 2 次,热滤后放置冷室结晶,过夜。再于次日滤取结晶,用冰蒸馏水洗至无硫酸根,烘干,得淡黄色 6-氨基嘌呤精品 1.1kg,得率近 50%。

(6) 成盐　在 50L 玻璃反应罐内,加入 25L 蒸馏水,1kg 6-氨基嘌呤,适量活性炭,加热至沸。加入磷酸 1.25kg 调节 pH 至 1～2,继续加热脱色 30min,热滤。滤液置冰箱中冷却 2～3h,使白色针状结晶析出后过滤。滤晶用蒸馏水洗涤 2～3 次,抽滤、干燥,得 6-氨基嘌呤磷酸盐成品，得率 80%。

3. 工艺讨论

（1）二甲基苯胺应重蒸馏　在二甲基苯胺中放入固体氢氧化钾，搅拌以吸收其中的水分，如氢氧化钾全部被润湿，再调换新的固体氢氧化钾。浸泡 24h，吸取上层液，放入 1L 双颈克氏瓶中油浴分馏，收集沸程 192～195℃的淡黄色蒸馏物，得率 65%。

（2）再环合后的滤液可回收甲酰胺和 6-氨基嘌呤，将滤液抽入 50L 电油玻璃反应锅内，外温控制在 180℃，减压蒸馏回收甲酰胺（除去低沸部分），浓缩至原体积 1/3 左右时放出，冰浴冷却，过滤留沉淀，沉淀用冰水、蒸馏水洗涤 2 次，即得 6-氨基嘌呤粗制品。

从精制时的残渣中也能回收 6-氨基嘌呤，用残渣量 5～6 倍蒸馏水浸泡残渣，煮沸0.5～1h 后过滤，冷却后得到的结晶，可作精品处理。

从结晶后的母液中回收 6-氨基嘌呤：母液浓缩至原体积 1/10，脱色、热滤，得到的结晶可作精品处理。

（3）从成盐反应用过的活性炭回收磷酸盐　用一定量的蒸馏水煮沸提取热滤后浓缩至原体积的 1/2～2/3，脱色，重结晶即得。

磷酸盐结晶母液经浓缩、脱色、精制处理也可回收部分 6-氨基嘌呤磷酸盐。

三、质量检测

（一）质量检验

1. 鉴别试验

取本品 0.3g，用 0.1mol/L 盐酸配成 500mL 溶液，取 1mL 溶液，再以 0.1mol/L 盐酸稀释成 100mL，测定其光吸收度，在 261～265nm 波长处有最大紫外光吸收。

2. 纯度试验

本品含 6-氨基嘌呤应达 98.5% 以上；称取本品 1g，用 0.1mol/L NaOH 定容至 10mL，溶液应澄清。

3. 重金属铅和砷含量

本品每 1g 中铅不得超过 20μg、砷不得超过 2μg。

4. 干燥失重

取本品于 105℃干燥 3h，失重不得超过 1%。

5. 炽灼残度

不得超过 0.2%。

（二）含量测定

精确称取本品 0.2g，加冰醋酸 40mL，温热使其溶解，冷却后，再加无水乙酸 40mL，并加入氯化甲基玫瑰苯胺指示剂 1～2 滴，以 0.1mol/L 过氯酸滴定至终点（溶液由紫色变为淡绿色），并用同法做空白滴定校正过氯酸真实用量（mL）。按每 1mL 0.1mol/L 过氯酸相当于 13.513mg 6-氨基嘌呤计算样品的含量。

四、药理作用与临床应用

6-氨基嘌呤有升高白细胞功能，故常用于治疗由化疗及放疗所引起的白细胞减少症。此外，还广泛用于血液贮存，以维持红细胞内 ATP 水平，延长贮存血液中红细胞的存活时间。

第四节　免疫核糖核酸

核糖核酸和脱氧核糖核酸的药用价值已经得到医药界公认，如从动物肝脏中提取的 RNA 有控制肝癌细胞生长的作用，脱氧核糖核酸与细胞毒药物合用，能降低毒性，提高疗效。近来，较热门的多聚核苷酸类药物主要为免疫核糖核酸、转移因子和聚肌胞。

一、结构与性质

免疫核糖核酸（immunoribonucleic acid，iRNA）是指从致敏动物的细胞中提取的 RNA，分子量约 135000，具有转移免疫活性功能的作用。iRNA 分特异性和非特异性两种，用特异性抗原使动物致敏，然后从细胞中提取到的 iRNA 称特异性的；用福氏完全佐剂致敏或者不经致敏，直接提取到的 iRNA 称非特异性的。非特异性 iRNA 其实是正常 RNA，具有免疫触发剂或免疫调节剂性的重要作用。iRNA，无论是特异性的还是非特异性的，都是非均一性的，是以大分子为主的多种大小的分子的混合物。福氏佐剂由油剂（石蜡油或花生油）1 份加乳化剂（羊毛脂、吐温-80 或胆固醇）1 份混合而成（高压灭菌、4℃保存备用）。将特异抗原的水溶液与福氏佐剂混合，制成的油包水乳剂，用于致敏动物即得特异性 iRNA。在福氏佐剂中加入死的或过期失效的卡介苗（或死的分枝杆菌、BCG 或其他腐生性抗酸菌）即构成福氏完全佐剂。

免疫动物用 1 年龄的羊（或军马等），检查无传染病、布氏杆菌、包囊虫后，将每 1mL 中含 2～3mg 死卡介苗的福氏完全佐剂致敏该实验动物，每只实验动物注射 1mL，直接注于淋巴结内。12～14d 后宰杀实验动物，取其肝、脾、心、肺和肾，作为提取非特异性 iRNA 的原料。制备特异性 iRNA，仅使用致敏剂不同，操作方法完全一样。

二、生产工艺

（一）用肝脏为原料制备 iRNA

1. 工艺路线

用肝脏为原料制备 iRNA 的工艺流程如下。

致敏羊的肝 —[匀浆]（NaCl，柠檬酸三钠，乙烯硫酸酯，TritonX-100）捣碎，离心→ 清液 —[提取]（三乙醇胺，SDS，EDTA，苯酚，氯仿）振荡，离心→ 上清液 —[除蛋白]（氯仿）振荡，离心→ 清液 —[沉淀]（乙酸钾，乙醇）0℃，1h→ 沉淀物 —[除糖原]（EDTA，乙酸钠，K_2HPO_4，乙二醇甲醚）0℃，30min→ 清液 —[精制]（乙酸钠，CTAB）0℃，30min→ 沉淀物 —[洗涤]（乙酸钠，EDTA，乙醇）反复洗 5 次，离心→ 沉淀物 —[溶解]（EDTA，NaCl）过滤除菌→ 无菌 iRNA 滤液 —[制剂]（无菌灌装）冻干→ iRNA 制品

2. 工艺过程

（1）匀浆　将取出的肝用生理盐水洗净，切成小块，加入 1～2 倍量内含 0.1mol/L 氯化钠、0.05mol/L 柠檬酸三钠、0.001％乙烯硫酸酯（PVS）、0.1％Triton X-100（pH7）的混合溶液，匀浆，3500r/min 离心 20min（以下均可采用此转速及时间），得上清液。

（2）提取、除蛋白　清液中加入等体积内含 0.2mol/L 三乙醇胺、1％十二烷基磺酸钠（SDS）、0.002mol/L EDTA 的混合溶液（pH9）。搅拌均匀后，加等体积 90％苯酚（内含 0.2％ 8-羟基喹啉）及等体积氯仿，于室温下振荡 30min。离心得上清液，再加入等量氯仿

振摇，反复 2～3 次，至中间层界面无明显蛋白层为止。离心留清液。

（3）沉淀、除糖原　按清液量加 1/10 体积 20％乙酸钾、2 倍体积冷至−20℃的无水乙醇。0℃下放置 1h，离心，得白色沉淀。沉淀溶解于 0.001mol/L EDTA-乙酸钠溶液中，加等体积 2.5mol/L 磷酸氢二钾，不断搅拌下加入等体积的乙二醇甲醚。0℃放置 30min、离心留清液。

（4）精制、洗涤　清液在 0℃并不断搅拌下，加入等体积 0.2mol/L 乙酸钠液和 1/4 体积 1％十六烷基三甲基溴化胺（CTAB）。0℃放置 30min，离心取沉淀。用 0.1mol/L 乙酸钠溶液（内含 0.001mol/L EDTA）、70％乙醇反复洗涤 5 次，至无泡沫为止。

（5）制剂　沉淀溶解于 0.001mol/L EDTA（内含 0.14mol/L 氯化钠）溶液中，除菌过滤，测定含量，无菌灌装，冷冻干燥即得 iRNA。

（二）以脾脏为原料制备 iRNA

1. 工艺路线

以脾脏为原料制备 iRNA 的工艺流程如下。

2. 工艺过程

（1）匀浆　脾去脂肪组织，称重，剪碎，加入等质量的 pH5、0.01mol/L 乙酸缓冲溶液（内含 0.5％ SDS、0.14mol/L 氯化钠、0.2％吐温-80、0.1％皂土），用组织捣碎机匀浆，3000r/min 离心，得上清液。

（2）提取　对上清液加等体积的 pH5、0.01mol/L 乙酸缓冲溶液（内含 0.5％ SDS、0.14mol/L 氯化钠、0.001mol/L EDTA），搅拌 15min 后，再加等体积的 80％苯酚（用 0.01mol/L、pH5 的乙酸缓冲溶液配制，内含 0.001mol/L EDTA、0.1％8-羟基喹啉），搅拌 10min，3000r/min 离心 20min，取上层水相。

（3）去蛋白　加 1/2 体积用上述乙酸缓冲溶液配制成的 90％苯酚，搅拌 5min，3000r/min 离心 20min，留上层水相。

（4）沉淀　加入固体氯化钠至 0.1mol/L，在搅拌下加入 2.5 倍体积预冷至−20℃的 95％乙醇，置于−10℃以下冷库沉淀，2000r/min 离心 10min，收集沉淀。

（5）溶解　将沉淀物溶于适量的 0.14mol/L 氯化钠溶液中，加等体积氯仿，振摇 10min，3000r/min 离心 15min，取水相。

（6）再沉淀　搅拌下加入 2.5 倍体积冷至−20℃的 95％乙醇，2000r/min 离心 10min，得沉淀。

（7）制剂　沉淀用 95％乙醇洗涤，6000r/min 离心 25min，按制剂需要添加赋形剂，6 号垂熔漏斗过滤，无菌分装，冻干即得。

（三）工艺讨论

（1）经验证明提取用缓冲液为 pH5.1 时，高分子量 RNA 能够得到保护，用磷酸盐或 Tris-盐酸缓冲液在中性或微碱性时可以使 RNA 得到较好回收。离子强度在 0.05～0.2 mol/L 之间，可稳定 RNA 的结构，同时增加对 RNase 的抵抗能力。

（2）温度既可提高 RNA 的得率（提取细胞核 RNA 至少需要 55℃），还可抑制 DNA 的释出，减少 DNA 杂质含量。用少量的缓冲液提取 RNA 时，温度超过 55℃，可以引起高分子量 RNA 的聚合。

（3）解离剂　能使与蛋白质结合的 RNA 解离的试剂，常用的有 4-氨基水杨酸钠、脱氧胆酸钠、十二烷基肌氨酸钠、十二烷基磺酸钠、萘-1,5-磺酸钠、3-异丙基萘磺酸钠等。

（4）除蛋白剂　常用氯仿加苯酚、二乙基焦碳酸酯（DEPC）、盐酸胍加氯化锂、苯酚、过氯酸钠等。在用肝脏为原料时，若苯酚只与简单的盐结合使用（简单盐存在是为抑制核酸的变性），则仅有细胞浆中的 RNA 去蛋白化，细胞核的 RNA 不发生去蛋白化（但会沉淀），适用于胞浆 RNA 的提取；若苯酚与其他强除蛋白剂合用，则全部均去蛋白化，得到的是总核酸。8-羟基喹啉可抑制苯酚氧化，间甲酚可作为阻冻剂与苯酚合用。为防止单独使用苯酚时 mRNA 的损失，可选用苯酚：氯仿=1：1 的混合液。

（5）RNase 抑制剂　常用的有皂土，它具有结合碱性蛋白质 RNase 的能力，在 pH6、浓度为 $35\mu g/mL$ 时是有效的酵母 RNase 抑制剂；在 pH7.4、浓度为 3.5mg/mL 时能完全抑制来自植物和胰脏的 RNase。另有报道：其浓度为 0.1mg/mL 时对 RNase 抑制达 61%，浓度为 1mg/mL 时对 RNase 抑制达 98%～100%。

L-酪氨酸聚合物和 L-谷氨酸聚合物，在 pH5 时能有效地抑制 RNase。

DEPC 为强力的 RNase 抑制物，用量达提取液的 2.5%～3% 时，37℃ 保持 5min 可使 RNase 完全失活。与 SDS 合用，得率不低于苯酚-SDS 法。

精制冰辉石带负电荷，用 1mg/mL 的细粒混悬物，能吸附 RNase 和 DNase。在除去霉菌和植物制品中的 RNase 方面比皂土效果好。

1mmol/L 精脒对 RNase 的抑制率为 46%，2.5mmol/L 锌盐的抑制率为 42%，浓度高达 5mmol/L 时则抑制率下降到 14%。

聚乙烯硫酸（PVS）为有去污剂性质的多聚物，能与碱性蛋白 RNase 结合。常用低浓度 PVS（不用高浓度，因除去困难）保护精制的 RNA，50mg/mL 时抑制率为 39%。

3-异丙基萘磺酸钠和萘-1,5-二磺酸钠，除有解离剂作用外，还是 RNase 的有效抑制物，可用 1% 和 0.5% 浓度代替 SDS。

鼠肝 RNase 的抑制物是一种糖蛋白，可抑制不同来源的 RNase。0.25mg/mL 的低分子量 RNA 或 2mmol/L 的 $2'$-单核苷酸和 $3'$-单核苷酸，均有阻止 RNase 对制品 RNA 降解的作用。

右旋糖酐硫酸酯（钠盐）是 RNase 的有效抑制物，在每毫升含 iRNA 0.8～1.2mg 的溶液中加右旋糖酐硫酸酯（钠盐）($M_r=77500$ 者加 10mg 或 $M_r=500000$ 者加 3mg），经皮注射被试动物，表现出有抗肿瘤作用，不加则没有抗肿瘤效应。这说明右旋糖酐硫酸酯可有效地抑制 RNase，使 iRNA 不至于在体内被很快分解。

50mg/mL 的肝素在 37℃ 时能抑制 RNase 活力 95% 以上。我国曾将此法用于临床，将 RNA、iRNA 溶于肝素溶液中作静脉滴注和皮内、皮下注射。

三、质量检测

1. 质量检查

iRNA 没有明显的种属特异性。所以，用于人体无免疫原性。但对制品的热原反应应符合《中国药典》（2015 年版）规定，蛋白含量应小于 RNA 的 1%。

2. 含量测定

iRNA 含量用定磷法测定。操作步骤如下。

（1）标准曲线制作　分别取标准磷酸盐溶液（用磷酸二氢钾配制成 $5\mu g/mL$）0、0.5mL、1.0mL、1.5mL、2.0mL、2.5mL，加定磷法试剂（3mol/L 硫酸：2.5% 钼酸铵：

水：10％抗坏血酸＝1：1：2：1）3mL，45℃保温 20min，于 660nm 波长处测光吸收度。

以含量（μg）为横坐标，光吸收度为纵坐标，作标准曲线，求出光吸收度为 1.0 时的含磷微克数，即标准曲线常数 K。K 值因仪器、试剂及测试条件的不同而异，故每次含量测定时均要作标准曲线，且样品测试的仪器、试剂和条件都要与作标准曲线时相同。

（2）样品总磷量测定　将样品配成 2.5～5mg/mL，取 1mL，加 18mol/L 浓硫酸 1mL 及约 50mg 催化剂（$CuSO_4 \cdot 5H_2O$），消化（小火加热至发白烟，样品由黑色变成淡黄，取下稍冷，小心滴加 2 滴 30％过氧化氢，再继续加热至溶液无色或淡蓝色，冷却，加 1mL 水，100℃下加热 10min 以分解消化过程中形成的焦磷酸）。空白对照不加样品消化。两者均定容至 50mL。

取样品及对照品各 1mL，加蒸馏水 2mL、定磷试剂 3mL，测 660nm 波长处的光吸收度（操作同前）。

（3）样品无机磷含量测定　取未经消化样品 1mL，定容至 50mL，再取其中 1mL 测 660nm 波长处的光吸收度，空白对照用蒸馏水。

（4）含量计算

$$iRNA\ 含量 = \frac{(A_{总磷;660} - A_{无机磷;660}) \times K \times D \times 11}{c \times 10^3} \times 100\%$$

式中，$A_{总磷;660}$ 为总磷在 660nm 处的光吸收度；$A_{无机磷;660}$ 为无机磷在 660nm 处的光吸收度；K 为标准曲线常数；D 为稀释倍数，即消化后定容毫升数/消化时取样毫升数，此处为 50；11 为磷含量与核酸含量间的关系，即每 1mg 磷相当于 11mg RNA；c 为样品的浓度，单位为 mg/mL；由于求 K 值时的浓度单位为 μg/mL，故应乘以 10^3。

四、药理作用与临床应用

免疫核糖核酸是重要的免疫调节剂，临床上常与特异性转移因子、聚肌胞等药物合用，具有明显的抗肿瘤作用。已有用于治疗消化道肿瘤、肝癌、肾癌、膀胱癌、乳腺癌、黑色素瘤等的报道，对慢性乙型肝炎也有一定的疗效。

第五节 辅酶 A

一、结构与性质

辅酶 A（coenzyme A，CoA）由 β-巯基乙胺、4′-磷酸泛酸和 3′,5′-二磷酸腺苷所组成，是 ADP 的衍生物或类似物，其结构式如下，分子量为 767.54。

高纯度 CoA（95%）为白色无定形粉末，具有典型的硫醇味，有吸湿性，易溶于丙酮、乙醚和乙醇。CoA 兼有核苷酸和硫醇的通性，与其他硫醇一样，易被空气（特别是在痕量金属存在时）、过氧化氢、碘或高锰酸盐等氧化成无活性的二硫化物，故制剂中宜加稳定剂（如半胱氨酸盐酸盐等），并最好充氮保存。

CoA 的稳定性随制品纯度的增加而降低，纯度为 1.5%～4% 的 CoA 丙酮粉，在室温条件下干燥贮存 3 年尚不失活；其水溶液若 pH 低于 7，低温甚至室温保存数天仍稳定。高纯度 CoA（95%）的冻干粉，干燥保存虽有历时 2 年不损失活性的报道，但也有每过 1 月损失 1%～2% 的报道。这可能与保存情况有关，因为冻干粉暴露于空气中会很快吸水失活。

CoA 对热比较稳定，其在真空干燥下不同温度的失活情况如表 4-4 所示。CoA 水溶液在弱酸性时颇稳定，但在碱性条件下则易被破坏失活，如 pH8.0，40℃，24h 失活 42.0%；pH7.0 时，120℃，30min，CoA 水溶液失活 23%。

CoA 水溶液在 260nm 有最大吸收，在 230nm 有最小吸收。

表 4-4　温度对辅酶 A 活力的影响

时间/h	失活率/℃		
	40℃	76.8℃	100℃
4	14.3	21.3	70.5
24	15.0	21.6	89.5

二、生产工艺

（一）以猪肝为原料的 GMA 树脂提取法

1. 工艺路线

以猪肝为原料，采用 GMA 树脂提取辅酶 A 的工艺流程如下。

新鲜猪肝 —[绞碎]→ 肝浆 —[提取]水 煮沸 15min→ 提取液 —[除蛋白质]三氯乙酸 4h→ 滤液 —[吸附]GMA 树脂→ GMA-CoA —[梯度洗脱]盐酸 -NaCl 溶液 pH2～3→ CoA 浓集液 → CoA 酸化液 —[酸化]盐酸 pH2～3← CoA 酸化液 —[再吸附]LD-601→ LD-601-CoA —[脱盐,解吸]硝酸,氨乙醇→ 醇氨解吸液 —[浓缩]35℃ 以下→ 浓缩液 —[酸化]硝酸 pH2.5,5℃→ 上清液 —[沉淀]酸性丙酮 pH2～3→ 沉淀物 —[离心,脱水,干燥]丙酮,五氧化二磷→ CoA 丙酮粉

2. 工艺过程

（1）提取　新鲜猪肝去结缔组织，绞碎成浆。将肝浆投入 5 倍体积沸水中，立即煮沸，保温搅拌 15min，迅速过滤，冷却至 30℃ 以下，得提取液。

（2）除蛋白　在搅拌下加入 5% 三氯乙酸，加入量约为提取液体积的 2%。静置 4h，虹吸上清液，沉淀过滤。滤液并入上清液。

（3）吸附、梯度洗脱　清液（pH 约 5）直接上经处理过的 GMA 树脂柱，柱比 (1:7)～(1:10)（树脂量为清液量的 1/50～1/6），流速为每分钟流出树脂体积的 10%～15%。吸附完毕，树脂用去离子水洗至清。用 3～4 倍树脂体积的 0.01mol/L 盐酸－0.1mol/L 氯化钠溶液以每分钟 2%（树脂体积）流速洗树脂。最后以树脂体积 5 倍量左右的 0.01mol/L 盐酸－1.0mol/L 氯化钠溶液洗脱 CoA（每分钟 2% 树脂体积），收集洗脱液至无色、pH 下降至 3～2 时为止。洗脱液用盐酸调节 pH2～3，过滤除沉淀。

（4）再吸附、脱盐、解吸　在交换柱中装入 GMA 树脂量 1/2 的 LD-601 大孔吸附剂，洗脱液以每分钟 5％（树脂体积）流速过柱、吸附 CoA。用 1 倍体积左右 pH3（用硝酸调节）的水洗柱，流速为每分钟 2％～4％（树脂体积），洗去 LD-601 表面的氯化钠，至洗液无氯离子反应。再用 3～4 倍体积的氨乙醇溶液（乙醇：水：氨＝40：60：0.1）以每分钟 1％～2％（树脂体积）流速解吸。弃去少量无色液，收集解吸液。

（5）浓缩、酸化　将解吸液薄膜浓缩到原体积的 1/20，用稀硝酸酸化至 pH2.5，放置冷室过夜。次日离心，去不溶物。

（6）沉淀，离心干燥　上清液在搅拌下逐滴加入 10 倍体积 pH2.5～3.0 的酸性丙酮中，静置沉淀。离心得沉淀，以丙酮洗涤 2 次，置五氧化二磷干燥器中真空干燥，即得 CoA 丙酮粉。

（二）猪心综合利用提取CoA法

以猪心为原料生产细胞色素 C 时，其下脚料可作为提取 CoA 的原料，综合利用能最大限度地挖掘资源潜力，降低生产成本，还有一定程度的环保意义。

1. 工艺路线

以猪心为原料生产细胞色素 C 和辅酶 A 的工艺流程如下。

2. 工艺过程

（1）酸化、吸附　沸石吸附细胞色素 C 后的流出液用稀硝酸调 pH4.0，上活性炭柱，用蒸馏水洗柱，再用 40％乙醇洗至洗出液加 10 倍丙酮不出现白色浑浊为止。

（2）洗脱　用含 3.2％氨的 40％乙醇溶液洗脱，当流出液呈微黄色即开始收集，至 pH10 左右，停止收集。

（3）浓缩、酸化　洗脱液减压浓缩至原体积 1/10（外温不超过 60℃），用硝酸酸化至 pH2.5～3.0，置冷库过夜。次日离心，上清液继续浓缩至原体积 1/20 左右。

（4）沉淀、干燥　浓缩液用硝酸调 pH2.5～3.0，在剧烈搅拌下加 20 倍酸化丙酮沉淀，置冷库过夜。次日离心，沉淀用冷丙酮洗 2 次，低温干燥，测定效价。

（5）透析　将丙酮 CoA 干粉溶于 1.5 倍新鲜冷蒸馏水中，装入透析袋，置入无热原蒸馏水中低温透析 48h。

（6）制剂　准确测定透析外液 CoA 效价，加注射用水稀释至 120U/mL，加甘露醇（15mg/支）和 L-半胱氨酸盐酸盐（0.5mg/支），用 1mol/L 氢氧化钾调 pH5.5～6.0，无菌过滤，灌装（0.5mL/支），冻干，封口。

（三）工艺讨论

（1）CoA 的原料来源广泛，从原核生物到动植物都含有 CoA。动物的内脏中 CoA 含量很高，尤以肝脏为甚（见表 4-5），而肝脏中 CoA 有 50％集中在线粒体内。

表 4-5 各种动物组织辅酶 A 含量   辅酶 A 单位/g 鲜组织

	肝脏	肾上腺	肾脏	脑	心脏	睾丸	肠	胸腺	肌肉	血浆	红细胞	肾上腺皮质
家兔	112	65	50	40	26	26	—	—	6	—	—	—
鼠	132	91	74	28	42	—	26	20	—	—	—	79
鸽	105			40	45							
人										0	3～4	

（2）酵母、白地霉等的菌体也是提取 CoA 的廉价材料，提取方法与前两种方法大同小异，即用含氨的乙醇溶液洗脱、丙酮沉淀。为了得到纯度较好的制品，还需进行去杂质、还原等精制步骤。

（3）由于酵母、白地霉的菌体内 CoA 含量少，所以虽价廉但不物美。1974 年筛选到的一株产氨短杆菌，其 CoA 的产量可达 300U/mL（发酵液），而生产成本仅为前两法的 1/4，产品质量则从 50U/mg 提高到 100U/mg 以上。产氨短杆菌以泛酸为前体通过发酵而合成 CoA。

（4）将产氨短杆菌的细胞固定化，可以使 CoA 的生产连续进行，这种方法近年来已经在生产上得到应用。

三、质量检测

CoA 的效价有化学、微生物和酶学三种测定法。前两种方法因灵敏度不高或操作过程繁琐等问题而较少采用，常用的酶学法有磺胺乙酰化法和磷酸转乙酰化酶（PTA）紫外分光光度法。

（一）磺胺乙酰化法

以乙酸盐作为乙酰基的供体，以磺胺作为受体，在乙酰化酶的催化下（CoA 作乙酰基的传递体），ATP 供给能量，生成乙酰磺胺。在乙酰化酶、ATP、乙酸盐及磺胺过量存在下，CoA 的量与反应的进行程度有一对应关系。如果反应前磺胺精确定量，则未被乙酰化的磺胺的量也是确定的。将其重氮化，并与萘乙胺反应，则生成的淡红色溶液可在 454nm 波长下定量测定。从测定结果可推算出已被乙酰化的磺胺量，当以已知单位的 CoA 标准品作对照时，即可计算出未知样品的 CoA 的单位。

（二）磷酸转乙酰化酶法

1. 测定原理

$$CoA—SH+CH_3CO—OPO_3Li_2 \xrightarrow{PTA} CoA—S—COCH_3+H_3PO_4$$

以过量乙酰磷酸二锂盐作乙酰基的供体，CoA 作受体，在 PTA 的催化下使 CoA 变成乙酰辅酶 A。乙酰辅酶 A 在 233nm 处的吸收度比 CoA 强得多，其微摩尔消光系数之差 $\Delta E_{233nm}=0.44cm^2/\mu mol$，可直接算出 CoA 的单位量。

2. 测定法

取 Tris-盐酸缓冲液（pH7.6，0.1mol/L）3.0mL，置 1cm 石英池中，加乙酰磷酸二锂盐溶液（0.1mol/L）0.1mL，再精密加入供试品溶液（1mg/mL）0.1mL，混匀，在 233nm 的波长处测定吸收度为 E_0；然后用微量注射器精密加入磷酸转乙酰化酶溶液（用 pH8.0、0.1mol/L 的 Tris-盐酸缓冲液制成每 1mL 含 30～40U 的溶液）0.01mL，立即计时，混匀，在 5min 时测定最高的吸收度为 E_1；再加入磷酸转乙酰化酶溶液 0.01mL，混匀，

测定吸收度为 E_2。另取 Tris-盐酸缓冲液（pH7.6、0.1mol/L）3.0mL、乙酰磷酸二锂盐溶液（0.1mol/L）0.1mL 及供试品溶液 0.1mL，置 1cm 石英池中，混匀后，作为空白。按下式计算：

$$每 1mg\ CoA\ 的单位数 = \Delta E \times 5.55 \times 413$$
$$\Delta E = 2E_1 - E_0 - E_2$$

一般生产工艺制得的 CoA 制剂均有氧化型和还原型两种成分。磺胺乙酰化法测得的是制剂中 CoA 的总效价，PTA 法测得的仅为其中还原型 CoA 的效价，所以两种方法得到的结果相差较远。由于 PTA 法操作简便，结果准确，故有代替磺胺乙酰化法之趋势。

PTA 法测定时，反应温度宜控制在 20℃以上测定。但配制酶液和乙酰磷酸二锂盐溶液后须放置冰浴，以免分解。

按干燥品计算，CoA 原料药每 1mg 效价不得小于 170 单位（U）。

四、药理作用与临床应用

CoA 是乙酰基的载体，对脂类代谢、糖代谢、蛋白质代谢、甾醇的生物合成和乙酰化解毒等都起重要作用。临床上作为提高机体抗病能力的一种积极措施而采用此药，主要用于白细胞减少症、原发性血小板减少性紫癜、功能性低热等；用于脂肪肝、肝性脑病、各种肝炎、冠状动脉硬化及慢性肾功能不全引起的急性无尿、肾病综合征、尿毒症等时则作为辅助药物使用；配合 ATP、胰岛素和细胞色素 C 使用时，对心肌梗死、新生儿缺氧、糖尿病引起的酸中毒等症也有一定效果。一般可增进食欲，增强体质，阻止疾病恶化和缩短病程。

本 章 小 结

核酸类药物是具有药用价值的核酸、核苷酸、核苷以及碱基的统称。除天然存在的碱基、核苷、核苷酸以外，它们的类似物、衍生物或衍生物的聚合物也属于核酸类药物。

本章介绍了 RNA、DNA、核苷酸、核苷及碱基等核酸类药物的一般制备方法，并分别介绍了三磷酸腺苷、6-氨基嘌呤、免疫核糖核酸、辅酶 A 等典型药物的结构与性质、药理作用与临床应用。详述和讨论了以兔肌肉为原料的提取法、光合磷酸化法、氧化磷酸化法和产氨短杆菌直接发酵法生产三磷酸腺苷的工艺及其质量要求与检测方法；以次黄嘌呤为原料合成法、以丙二酸二乙酯为原料合成法生产 6-氨基嘌呤的工艺及其质量要求与检测方法；以肝脏为原料制备 iRNA、以脾脏为原料制备 iRNA 的生产工艺及其质量要求与检测方法；以猪肝为原料的 GMA 树脂提取法、猪心综合利用提取 CoA 法生产辅酶 A 的工艺及其质量要求与检测方法。

习 题

1. 制备 RNA 时，生物材料的预处理方法有哪些？各有何优缺点？
2. RNA 的提取和纯化方法有哪些？简述其原理。
3. 简述定磷法测定 RNA 和 DNA 含量的原理。

4. 水解法生产核苷酸、核苷及碱基类药物的方法有哪几种？各自的原理是什么？有何优缺点？

5. ATP 的生产方法有哪几种？简述产氨短杆菌直接发酵法生产 ATP 的工艺流程。

6. 什么是免疫核糖核酸？临床上主要有何用途？提取时常用的除蛋白剂、RNase 抑制剂有哪些？

7. 磷酸转乙酰化酶法测定 CoA 含量的原理是什么？

第五章

酶 类 药 物

【学习目标】 掌握酶类药物的一般制备方法，熟悉酶类药物的质量检测；熟悉酶类药物的一般结构与性质；了解酶类药物的药理作用和临床用途；具备酶类药物的一般制备能力。

【学习重点】 1. 酶类药物的一般制备方法。
2. 酶类药物的质量要求及检测方法。

【学习难点】 各种酶类药物的制备工艺流程。

第一节 概 述

一、酶类药物发展简史

酶（enzyme）在自然界中只存在于生物体内，是具有催化功能的生物大分子。存在于细胞内的酶称胞内酶；在细胞外起作用的酶称胞外酶。地球上现有的动物、植物、微生物，多达二百多万种，是一个十分庞大的酶资源宝库。酶可以从动物的腺体、组织和体液，植物组织和微生物发酵液中制取。微生物产生的酶非常丰富，据推测有 1300 多种。微生物繁殖快、产量高、成本低，又不受自然条件限制，是非常有前景的酶资源。

酶类药物是直接用各种剂型的酶以改变体内酶活力，或改变体内某些生理活性物质和代谢产物的数量等，从而达到治疗某些疾病的目的。我国中药神曲、半夏曲、沉香曲等就是早期的酶制剂，具有消食行气、健脾养胃之功效。药用酶的工业化生产最早是从动物脏器中提取开始的，以 1926 年 Sumner 将尿素酶结晶为起点，至 1952 年 Innerfield 首次将结晶的胰蛋白酶用于治疗血栓性静脉炎之后，才真正揭开了酶在医疗中应用的序幕。20 世纪 60 年代后期逐渐发展到从微生物发酵液中获取大量酶类，70 年代后，开始利用人的某些组织细胞培养技术和基因工程的手段来获取有关的酶，使酶类药物的应用得到了迅速发展。

随着酶类药物在治疗上的应用，对其品种数量以及纯度、剂型均提出了更高的要求，综合而言有以下几点。

1. 药用酶应在生理环境（pH 中性）下具有最高活力和稳定性。如大肠杆菌 E.coli 的谷氨酰胺酶最适 pH 为 5.0，在 pH7.0 时基本无活性，所以这种酶制剂不能用于治疗。

2. 对其作用的底物具有较高的亲和力，即米氏常数（K_m 值）低，此时只需少量的酶制剂就能催化血液或组织中较低浓度的底物发生化学反应，发挥有效的治疗作用。如大肠杆菌天冬酰胺酶 K_m 为 10^{-5} mol/L，在已知药用酶的 K_m 值范围内，具有很强的抗肿瘤活性。

3. 在血清中半衰期较长。即要求药用酶从血液中清除率较慢，以利于酶充分发挥治疗作用。如 Basker 认为酵母天冬酰胺酶清除率太快，故无抗肿瘤活性。

4. 要求纯度高，特别是对注射用的酶类药物纯度要求更高。

5. 酶的化学本质是蛋白质，酶类药物都不同程度地存在免疫源性问题。因此，应寻求制备免疫源性较低或无免疫源性的酶。

二、酶的分子组成及分类

1. 酶的分子组成

虽然少数有催化活性的 RNA 分子已经鉴定，但几乎所有的酶都是蛋白质。酶分子有 3 种组成形式：①单体酶，仅有一个活性部位的多肽链构成的酶，分子质量为 13～35kD，为数不多，且都是水解酶；②寡聚酶，由若干相同或不同亚基结合而组成的酶，亚基一般无活性，必须相互结合才有活性，分子质量为 35kD 以上到数百万单位；③多酶复合体，指多种酶组合形成可以进行连续反应的酶体系，前一个反应产物是后一反应的底物。

仅有少部分酶是由单一蛋白质所组成，而大部分酶则为复合蛋白质，或称全酶。全酶是由蛋白质部分和非蛋白质部分所组成，其蛋白部分叫酶蛋白；非蛋白部分若与酶蛋白结合较疏松，可以透析分离的称为辅酶；而与酶蛋白部分结合较紧密，不能分开的小分子部分则称为辅基。全酶的酶蛋白本身无活性，需要在辅助因子存在下才有活性。辅助因子可以是无机离子，也可以是有机化合物，它们都属于小分子化合物。有的酶仅需其中一种，有的酶则二者都需要。

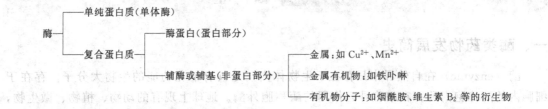

2. 酶的分类

在生物化学上，依据各种酶所催化的反应类型，国际酶学委员会把酶分为六大类（表 5-1）。

表 5-1   酶的国际分类

分类	名称	催化反应的类型	实例
1	氧化还原酶	电子的转移	醇脱氢酶
2	转移酶	转移功能基团	己糖激酶
3	水解酶	水解反应	胰蛋白酶
4	裂合酶	键的断裂	丙酮酸脱羧酶
5	异构酶	分子内基团的转移	顺丁烯二酸异构酶
6	连接酶或合成酶	键形成与水解偶联	丙酮酸羧化酶

三、酶类药物的临床应用

1. 消化酶类

消化酶用于临床，可补充内源消化酶的不足，促进食物中蛋白质、脂肪、糖类的消化吸收，治疗消化器官疾病和由其他各种原因所致的食欲缺乏、消化不良。主要有胰酶、胰脂酶、胃蛋白酶、β-半乳糖苷酶、淀粉酶、纤维素酶和消食素等。

2. 抗炎、黏痰溶解酶

临床常用于外伤、手术后、关节炎、副鼻窦炎等伴有水肿的炎症，能促进渗出液再吸收，达到抗水肿的目的。主要有胰蛋白酶、糜蛋白酶、糜胰蛋白酶、胶原酶、超氧化物歧化酶、菠萝蛋白酶、木瓜蛋白酶、溶菌酶、玻璃酸酶、细菌淀粉酶、葡聚糖酶等。

3. 与纤维蛋白溶解作用有关的酶类

健康人体血管中凝血和抗凝血过程保持着良好的动态平衡，其血管内无血栓形成，治疗在病理情况下形成的血栓目前临床常用的主要有链激酶、尿激酶、纤溶酶、米曲溶纤酶、蛇毒抗凝酶等。

4. 抗肿瘤的酶类

酶能治疗某些肿瘤，利用天冬酰胺酶选择性地剥夺某些类型肿瘤组织的营养成分，干扰或破坏肿瘤组织代谢，而正常细胞能自身合成天冬酰胺故不受影响。谷氨酰胺酶能治疗多种白血病、腹水瘤、实体瘤等。神经氨酸苷酶是一种良好的肿瘤免疫治疗剂。此外，尿激酶可用于加强抗癌药物如丝裂霉素 C 的药效，米曲链激酶也能治疗白血病和肿瘤等。

5. 其他生理活性酶

这类酶很多，如青霉素酶能分解青霉素，治疗青霉素引起的过敏反应；透明质酸酶可分解黏多糖，使组织间质的黏稠性降低，有助于组织通透性增加，是一种药物扩散剂；弹性蛋白酶有降血压和降血脂作用；激肽释放酶能治疗同血管收缩有关的各种循环障碍；组织葡聚糖酶能预防龋齿；细胞色素 C 用于缺氧治疗的急救和辅助用药。

6. 复合酶

即含有两种以上酶的混合酶制剂，主要有双链酶、复方磷酸酯酶、风湿宁三合酶、神经宁三合酶、过敏宁复合酶等。

表 5-2 中列出了近年来国内外正在研究和已开发成功的直接用于治疗的大部分酶类药物。

表 5-2　酶类药物一览表

品　种	来　源	用　途	剂　型
胰酶（pancreatin）	猪、羊、牛胰脏	助消化	片剂
胰脂酶（pancrelipase）	猪、牛、羊胰脏	助消化	片剂
胃蛋白酶（pepsin）	胃黏膜	助消化	片剂、胶囊剂
高峰淀粉酶（takadiastase）	米曲霉	助消化	片剂
蛇毒凝血酶（hemocoagulase）	蛇毒	凝血	注射剂
β-半乳糖苷酶（β-galactosidase）	米曲霉	助消化	片剂
麦芽淀粉酶（diastase）	麦芽	助消化	片剂
胰蛋白酶（trypsin）	牛胰脏	局部清洁、抗炎	片剂、肠溶片、注射剂、喷剂
糜蛋白酶（chymotrypsin）	牛胰脏	局部清洗、抗炎	片剂、注射剂
胶原酶（collagenase）	溶组织梭菌	清洁烧伤创面	软膏剂
超氧化物歧化酶（superoxide dismutase）	猪、牛等红细胞	消炎、抗辐射、抗衰老	软膏剂、注射剂
菠萝蛋白酶（bromelains）	菠萝茎	抗炎、消化	肠溶片
木瓜蛋白酶（papain）	木瓜果汁	抗炎、消化	肠溶片
酸性蛋白酶（acid proteinase）	黑曲霉	抗炎、化痰	片剂
沙雷菌蛋白酶（serratiopeptidase）	沙雷菌	抗炎、局部清洁	肠溶片
蜂蜜曲霉菌蛋白酶（seaprose）	蜂蜜曲霉	抗炎	肠溶片

品 种	来 源	用 途	剂 型
枯草杆菌蛋白酶(sutilins)	枯草杆菌	局部清洁	局部外用
灰色链霉菌蛋白酶(pronase)	灰色链霉菌	抗炎	肠溶片
溶菌酶(lysozyme)	鸡蛋卵蛋白	抗炎、抗出血	口含片、片剂、软膏剂、注射剂
透明质酸酶(hyaluronidase)	睾丸	麻醉剂、增效剂	注射剂
葡聚糖酶(dextranase)	曲霉、细菌	预防龋齿	口含片
脱氧核糖核酸酶(DNase)	牛胰脏	祛痰	片剂
核糖核酸酶(RNase)	红霉素生产菌	局部清洁、抗炎	油膏剂、注射剂
蚓激酶(earthworm plasminogen activator)	蚯蚓	溶解血栓	肠溶片
链激酶(streptokinase)	β-溶血性链球菌	部分清洁、溶解血栓	注射剂
尿激酶(urokinase)	男性人尿	溶解血栓	注射剂
纤溶酶(fibrinelysin)	人血浆	溶解血栓	注射剂
米曲纤溶酶(brinolase)	米曲霉	溶解血栓	注射剂
降纤酶(defibrase)	蛇毒	抗血栓	注射剂
蛇毒抗凝酶(ancrod)	蛇毒	抗凝血	注射剂
凝血酶(thrombin)	牛血浆	止血	软膏剂、片剂
人凝血酶(human thrombin)	人血浆	止血	注射剂
激肽释放酶(kallikrein)	猪胰脏、颌下腺	降血压	片剂、注射剂
弹性蛋白酶(elastase)	猪胰脏	降压、降血脂	片剂、注射剂
天冬酰胺酶(L-asparaginase)	大肠杆菌	抗白血病、抗肿瘤	注射剂
纤维素酶(cellulase)	黑曲霉	助消化	口含片
谷氨酰胺酶(glotaminase)	微生物发酵	抗肿瘤	注射剂
谷氨酰胺合成酶(glutamine synthetase)	微生物发酵	某些神经性疾病	注射剂
青霉素酶(panicillinase)	蜡状芽孢杆菌	青霉素过敏	注射剂
尿酸氧化酶(uricase)	黑曲霉	高尿酸血症	注射剂
细胞色素 C(cytochrome C)	牛、猪、马心脏	改善组织缺氧	注射剂
组胺酶(histaminase)	微生物发酵	抗过敏	注射剂
促凝血酶原激酶(thromoboplastin)	血液、牛脑、牛肺	局部止血	软膏剂、注射剂
链道酶(atreptodornase)	溶血链球菌	局部清洁、消炎	软膏剂、口服片
无花果酶(ficin)	无花果汁液	驱虫剂	片剂

第二节 酶类药物的一般制备方法

　　用于蛋白质的分离纯化方法同样适应于酶的制备,但酶的制备过程有其本身的特点。一是某种酶在生物体中含量甚少,常在 0.0001%~1%(占组织干重),且有分布部位特异性;二是酶可以通过测定其活力加以跟踪。前者是制备酶的难点,而后者可使人们找出纯化步骤的关键所在。酶的制备一般包括四个步骤:酶的原材料的选择和预处理、酶的提取、酶的纯化、酶活力的测定和纯度检测。酶活力测定往往贯穿制备各步骤,当提纯到一恒定的比活力时,即可认为酶已纯化,然后对纯化的酶进行纯度检测。

一、酶的原材料选择与预处理

（一）原材料的选择

原材料的选择视制备某种酶而异。总的说来是所选生物材料应以含酶量最多、取材容易、来源丰富、材料价廉为原则。如选择猪胃底部黏膜腺制备胃蛋白酶，用牛、羊睾丸提取玻璃酸酶，用男性人尿提取尿激酶，从蛋清中提取溶菌酶等。用细胞培养技术大规模在体外培养动植物细胞，可大量获取原来极为珍贵的酶的原材料（如人参细胞、某些昆虫细胞等）用于酶的制备。利用基因工程重组 DNA 技术，能使某些原本在细胞中含量极微的酶的纯化成为可能。另外，还应注意采集材料的时机，其目的是尽量减少杂质对纯化工作的干扰。为保持酶的活力不受温度、pH 和各种抑制剂等因素影响，所取原料应保持新鲜，不能及时处理的应速冻低温保存。

（二）原材料的预处理

胞外酶可以直接提取分离，而对胞内的游离酶以及与细胞器（如细胞核、线粒体、质膜、微粒体）结合的结合酶，一般都需选用适当的方法破碎细胞，促使酶增溶溶解，最大限度地提高抽提液中酶的浓度。在考虑破碎方法时，应根据各种生物组织的细胞特点、性质和处理量，采用不同的技术处理。

1. 机械法

利用机械力的作用破碎细胞。一般先用绞肉机将材料破碎成组织糜后匀浆。在实验室常用的是玻璃匀浆器、组织捣碎机或直接用研钵研磨等。工业上则用高压匀浆泵或高速球磨机。高压匀浆泵处理容量大，很适合于细菌、真菌的破碎，也可用于动物组织的预处理。

2. 冻融法

将匀浆液置冰箱中冰冻后，细胞液形成冰晶及剩余液体中盐浓度的增高，能使细胞中颗粒及整个细胞破裂，从而释放某些酶。此法简单易行，但若用普通冰箱需反复冻融多次，而用低温冰箱（－25℃以下）可缩短冻融时间。

3. 超声波法

通常经过足够时间的超声波处理，细菌和酵母细胞都能破碎。超声波处理的主要问题是超声空穴局部过热而引起酶活力丧失，故超声振荡的时间应尽可能短，容器周围应以冰浴冷却为佳。

4. 酶解法

用组织自溶或利用溶菌酶、蛋白水解酶、糖苷酶、磷脂酶等对细胞膜或细胞壁的降解作用使细胞崩解破碎。酶解法常与冻融法等破碎方法联合使用。

5. 丙酮粉法

用丙酮将组织迅速脱水干燥制成丙酮粉，既可减少酶变性，又可因细胞结构成分的破碎使酶蛋白与脂质结合的某些化学键打开，从而促使某些结合酶释放至溶液中。常用方法是将匀浆（或组织糜）悬浮于 0.01mol/L、pH6.5 的磷酸盐缓冲液中，在搅拌下于 0℃徐徐加入 5～10 倍体积的－15℃无水丙酮中，静置 10min 离心过滤取其沉淀物，用冷丙酮洗数次，真空干燥即得含酶丙酮粉。

二、酶的提取

在提取某种酶之前，应详细查阅文献和调查研究，全面了解欲提取酶的理化性质，例如等电点、最适温度、激活剂、抑制剂、稳定性等。提取条件与提取溶剂的选择取决于酶的溶解性质、稳定性及其与其他影响因素的关系。一般在提取过程中应注意切断各种干扰因素对酶活力和分离的影响，从而建立一种尽可能简化步骤的提取途径。提取方法主要有水溶液法、有机溶剂法和表面活性剂法三种。

1. 水溶液法

一般胞外酶和细胞内游离的酶均可用此法提取。经过预处理的原料，包括组织糜、匀浆、细胞颗粒以及丙酮粉等，都可用水溶液抽提。常用等渗或低浓度的盐溶液或缓冲液提取，如用 $0.02\sim0.05mol/L$ 磷酸缓冲液和 $0.15mol/L$ 氯化钠等。焦磷酸盐缓冲液、柠檬酸盐缓冲液因有生成络合物的性能，能帮助切断酶与其他物质的联系并有整合某些离子的作用，因此使用较多。

用水溶液抽提酶时，应重点考虑防止提取过程中酶活力降低，要保持酶的稳定性，要适合酶的溶解度。提取时一般在低温下进行，但对温度耐受性较高的酶却应提高温度。如胃蛋白酶的提取，为了水解黏膜蛋白。需在 40℃左右水解 2~3h 提取；超氧化物歧化酶的提取则可加热到 60℃左右使杂蛋白变性，以利于酶的提取与纯化。提取溶剂 pH 的选择原则是：在酶稳定的 pH 范围内，选择偏离等电点的适当 pH。一般规律是酸性蛋白酶用碱性溶液提取，碱性蛋白酶用酸性溶液提取。

2. 有机溶剂法

对某些与微粒体膜和线粒体膜结合的结合酶，由于和脂质结合牢固，难于用水溶液提取，必须用有机溶剂除去结合的脂质，且不能使酶变性。最常用的有机溶剂是正丁醇。正丁醇亲脂性强，且兼有亲水性，在 0℃下仍有较好的溶解度，在脂与水分子间能起类似去垢剂的桥梁作用。丁醇提取法有两种：一种称均相法，丁醇用量小，搅拌后即成均相，抽提时间较长。然后离心，取下层液相层，但许多酶在与脂质分离后极不稳定，需加注意。另一种称两相法，适用于易在水溶液中变性的材料，其方法是：在每克组织或菌体的干粉中加 5mL 丁醇，搅拌 20min，离心，取沉淀，接着用丙酮洗去沉淀上的丁醇，再在真空中除去溶剂，所得干粉可进一步用水提取。

3. 表面活性剂法

表面活性剂有亲水性和疏水性的功能基团，分为阴离子型（如脂肪酸盐、烷基苯磺酸盐及胆酸盐等）、阳离子型（如氯苄烷基二甲铵等）和非离子型（如 Triton 类、吐温-60、吐温-80 等）。胆酸盐能与膜结构上的脂蛋白和结合酶形成复合物，并带上静电荷，通过相同电荷间的排斥作用使膜破裂促使酶溶解释放。非离子型表面活性型比离子型的温和，不易引起酶失活，故使用较多。

三、酶的纯化

不同的酶其纯化工艺有很大差别。判断所选择的纯化方法与条件是否恰当，始终应以活力测定为准则。一个好的步骤应是比活力（纯度）提高多，总活力回收高，而且重现性好。纯化过程要严格控制操作条件，因为随着杂质的去除，总蛋白浓度下降，酶的稳定性也变小，故应特别注意防止酶变性。

目前的纯化方法都是根据酶与杂质在下列性质上的差异建立的：①根据溶解度的不同，包括盐析法、有机溶剂沉淀法、共沉淀及选择性沉淀等；②根据分子大小的不同，如凝胶过滤（色谱）法，超滤法及超离心法等；③根据电解离特性，如吸附法、离子色谱、电泳法、聚焦色谱法等；④利用稳定性的差异，如选择性热变性法、选择性酸碱变性法和选择性表面变性法；⑤根据酶和底物、辅助因子及抑制剂间具有专一性作用的特点，如亲和色谱法。一种酶的纯化往往要交替使用上述方法。

（一）杂质的去除

在酶的提取液中，除了含有待纯化的酶外，不可避免地含有其他小分子和大分子物质。小分子杂质在以后的纯化过程中比较容易去除，而各种蛋白、多糖、脂类和核酸等大分子物质的去除既是纯化的主要工作，同时又是比较困难的工作。杂质去除的主要方法如下。

1. pH 或加热沉淀法

利用蛋白质酸碱变性性质的差别可以通过调 pH 和等电点除去某些杂蛋白，也可利用不同蛋白质对热稳定的差异，将酶液加热到一定温度，使杂蛋白变性而沉淀。如胰蛋白酶、胰核糖核酸酶、溶菌酶等在酸性条件下可加热到 90℃不被破坏，而大量杂蛋白则变性去除。

2. 蛋白质表面变性法

利用蛋白质不同的表面变性的性质，也可去除杂蛋白。如制备过氧化氢酶时，就是利用酶抽提液和氯仿混合振荡，造成选择性表面变性来制备。振荡处理后通常分三层，上层为未变性蛋白，中层为乳浊状变性蛋白，下层为氯仿。

3. 选择性变性法

利用不同的蛋白质对变性剂的稳定性差异，可以选择某种变性剂。如胰蛋白酶、细胞色素 C 等对三氯乙酸较稳定，可用 2.5％三氯乙酸使杂蛋白变性沉淀除去。

4. 加保护剂的热变性法

底物、辅酶、竞争性抑制剂与酶结合可增大酶与杂蛋白间的耐热性差别，所以常用其作为保护剂，再用加热的手段破坏杂蛋白。如 D-氨基酸氧化酶加抑制剂 O-甲基苯甲酸后耐热性显著上升。

5. 核酸、黏多糖沉淀剂法

用微生物等为原料的抽提液中常含有大量核酸，可加硫酸链霉素、聚乙烯亚胺、鱼精蛋白和二氯化锰等使之沉淀去除。必要时也可用核酸酶将核酸降解，离心分离除去。黏多糖则常用乙酸铅、乙醇、丹宁酸和离子型表面活性剂等处理解决。

（二）脱盐和浓缩

1. 脱盐

粗酶常常需要脱盐，最常用的方法是透析和凝胶过滤。

（1）透析　透析在酶的纯化过程中经常使用，经透析可除去酶液中的盐类、有机溶剂、低分子量的抑制剂等。最多使用的是玻璃纸袋，其截留分子量极限一般在 5000 左右。透析袋的选择应根据待提取酶的分子量（大小）选定，一般应留有较大的余地。如将分子量 10000 以下的酶液进行透析时，就有泄漏的危险。通常透析液需经常更换，一般一天换 2~3 次，并最好在 0~4℃下透析，以防样品变性。脱盐是否干净可用化学试剂或电导仪检查。

（2）凝胶过滤　这是目前最常用的方法，不仅可除去小分子的盐，而且也可除去其他小分子量的物质。用于脱盐的凝胶有 Sephadex G-10、Sephadex G-25 以及 Bio-Gel P-2、Bio-Gel P-4、Bio-Gel P-6、Bio-Gel P-10 等。

2. 浓缩

提取液或发酵液中酶的浓度一般都很低，所以要加以浓缩。常用的浓缩方法如下。

（1）蒸发　工业生产中应用较多的是薄膜蒸发浓缩，即使待浓缩的酶液在高度真空条件下变成极薄的液膜，同时使之大面积与热空气接触，其中水分能瞬时大量蒸发并带走部分热量，故只要真空条件好，酶在浓缩中受的影响不大，可用于热敏感性酶类的浓缩。

（2）超滤法　在加压情况下，使待浓缩液通过只容许水和小分子选择性透过的微孔超滤膜，而酶等大分子被滞留。其优点是操作简便、无热破坏和相变化、保持原有的离子强度和pH。只要膜选择恰当，浓缩过程还可能同时进行粗分。此外，成本低，故使用较多。超滤浓缩的同时，也可脱盐。

（3）凝胶吸水法　利用 Sephadex G-25 或 Sephadex G-50 等能吸水膨润而酶等大分子被排阻的原理进行浓缩。将凝胶干燥粉末直接加入需要浓缩的酶液中混合均匀，经吸水膨润一定时间后，再用过滤或离心等方法除去凝胶，酶液就得到浓缩。这些凝胶的吸水量每克约1~3.7mL。本法的优点是：条件温和，操作简便，pH 和离子强度不变。

（4）冷冻干燥法　此法最适宜溶剂为水的酶溶液，它可将酶液制成干粉。采用这种方法既能使酶浓缩，酶又不易变性，便于长期保存。主要问题是浓缩过程离子强度和 pH 可能会发生变化，从而导致酶活性降低；酶液量大时则需要大型冷冻干燥机。

（三）酶的结晶

通常当酶的纯度达到 80% 以上可以使其结晶。酶的结晶是指酶分子通过次级键力（如氢键、离子键或分子间力等），按规则且周期性排列的一种固体形式。结晶既是一种酶是否纯化的标志，也是一种酶和杂蛋白分离纯化的手段。结晶酶不一定就是纯酶，尤其是酶的第一次结晶纯度有时仍低于 80%。

酶的抽提和结晶都是利用酶和杂蛋白在溶解度上不同而进行分离的方法，但结晶要求以极为缓慢的速度逐渐降低酶的溶解度，使之略处于过饱和状态以特定的固体形式析出。降低酶溶解度的方法很多。一般酶的结晶往往要使用几种方法才能得到。

1. 盐析法

在适当的 pH、温度等条件下，保持酶的稳定，慢慢改变盐浓度进行结晶。最常采用的盐是硫酸铵和氯化钠，还有柠檬酸钠、乙酸铵、硫酸镁等。盐析必须控制温度（一般在 0℃左右）和缓冲液 pH（接近酶的等电点）。利用硫酸铵结晶时一般是把盐加入到一个比较浓的酶溶液中，并使溶液微呈浑浊为止。然后放置，并且非常缓慢地增加盐浓度，才能得到较好的结晶。

2. 有机溶剂法

有机溶剂的主要作用是降低溶液的介电常数，使蛋白质分子间引力增强而溶解度降低。故在酶液中滴加有机溶剂也能在低温下使酶形成结晶。本法的优点是结晶悬液中含盐少，缺点是易引起酶失活。因此，要选择使酶稳定的 pH，缓慢滴加有机溶剂，并不断搅拌；所使用的缓冲液一般不用磷酸盐，多用氯化物或乙酸盐，常用的有机溶剂为丙酮、乙醇或丁醇等。

3. 透析平衡法

将酶液装入透析袋中，置于一定饱和度的盐溶液或有机溶剂中进行透析平衡，袋中的酶可缓慢地达到过饱和状态而析出结晶。本法的优点是随着透析膜内外的浓度差减少，平衡速度也变慢，酶不易失活。大量样品和微量样品均可操作，因此是常用方法之一。

4. 等电点法

酶蛋白分子间引力以处于等电点状态时最大，因而容易析出。但由于在等电点时仍有一定的溶解度，一般很少单独使用，多作为酶结晶方法中的一个组合条件。例如在透析平衡时改变透析外液的氢离子浓度使之达到酶结晶的 pH。

四、酶的活力测定与纯度检测

1. 活力测定

无论在酶的抽提纯化过程中或是在对酶的性质研究过程中为了了解所选择的方法是否适宜，几乎每一步骤前后都应进行酶的活力测定，做出总活力与比活力的比较。如何进行酶的活力测定可参考有关文献。如果待分离的酶已有报道，可参考其采用的测定方法和条件；如需要另建立新的测活方法，就得先对该酶的作用动力学性质等有所了解，据此选择合适的底物和底物浓度、最适反应 pH 和温度等，同时确定一种相应的测定方法。但不管采用何种测定酶活力的方法，都必须符合以下条件：

① 酶催化作用的反应时间应选择在初速度范围内；

② 测定用的酶量必须与测得的活力呈线性关系。

另外，纯化过程中的酶活力测定应考虑：①为迅速知道纯化结果，故要求测定方法快捷、简便，而准确度在一定程度上相对次要，甚至可容许5％～10％的误差，因此常用分光光度法、电学测定法等测定；②全酶在分离纯化过程中可能丢失辅助因子，因此有时需要在反应系统中加入相应的物质，如煮沸过的抽提液、辅酶、盐或半胱氨酸等；③由于在纯化过程中会引入对酶的反应和测定有影响或干扰的某些物质，故有时还需在测活前进行透析或加入螯合剂等。

酶的活力通常用国际单位表示。但在纯化工作中，为求方便，也可采用自选规定的单位，如直接以光吸收度值表示。从酶的活力测定得到的直接结果是样品中酶的浓度，即单位数/毫克蛋白。一般比活力愈高，酶的纯度也较好，但并不能说明实际的纯净程度是多少。

2. 纯度检测

在酶的分离提纯中，总活力用于计算某一抽提或纯化步骤后酶的回收率（Y），而比活力则用于计算某一纯化步骤的效果，即纯度的提高（E），其关系式如下：

$$Y=某步骤后的总活力/某步骤前的总活力$$

$$E=某步骤后的比活力/某步骤前的比活力$$

酶的回收率和纯度的提高检定能帮助选择纯化方法和条件。但对所获得的酶是否均一纯净还要进行纯度检测，其中许多分离方法可用于检测酶的纯度，具体见表 5-3。

表 5-3　某些常用的检测酶纯度的方法

方　　法	注　　解
超速离心	对检测少量杂质(少于 5％)时不太适合,当存在络合-解离体系时也会出现问题
电泳	必须在多种 pH 下进行,在单一 pH 下,两种酶可能一起移动
SDS-电泳	检测与亚基分子量不同的杂质的一个主要方法,常用于检测制备物中蛋白酶的水解作用,当酶由不同亚基组成时会出现多条区带
等电聚焦	一种很灵敏的方法,有时当存在表现异质时,会出现假象
N 末端分析	用于单一多肽链的酶,有些酶具有封闭的 N 末端,另一些酶则由二硫键连接几条多肽链组成
抗原-抗体反应	具高度的专一性;抗血清的制备比较麻烦

第三节　胃蛋白酶

胃蛋白酶（pepsin）是脊椎动物胃液中最主要的蛋白酶。胃黏膜基底部的主细胞是合成该酶的部位，首先合成胃蛋白酶原前体，经修饰转变为胃蛋白酶原后分泌至胃腔中，在酸性胃液中经自身催化作用，激活为胃蛋白酶。胃蛋白酶的结晶于 1930 年获得，是第二个结晶酶。猪胃蛋白酶的一级结构已被阐明。

药用胃蛋白酶是胃液中多种蛋白水解酶的混合物，含有胃蛋白酶、组织蛋白酶和胶原酶等。胃蛋白酶存在 A、B、C、D 四种同工酶，其中胃蛋白酶 A 是主要成分。

一、结构与性质

1. 药用胃蛋白酶为粗酶制剂，外观为淡黄色粉末，有肉类特殊气味及微酸味，易溶于水，吸湿性强，水溶液呈酸性。难溶于乙醇、氯仿、乙醚等有机溶剂中。

2. 胃蛋白酶结晶呈针状或板状，经电泳可分出四个组分。其组成元素除 N、C、H、O、S 外，还有 P、Cl。分子量为 34500，等电点为 1.0，最适 pH1.8 左右。

3. 结晶胃蛋白酶溶于 70%乙醇和 pH4.0 的 20%乙醇中，但在 pH1.8～2.0 时则不溶解。在冷的磺基水杨酸中不沉淀，加热后可产生沉淀。

4. 干燥胃蛋白酶较稳定，100℃加热 10min 无明显失活。在水中，于 70℃以上或 pH6.2 以上开始失活，pH8.0 以上则呈不可逆性失活。在酸性溶液中较稳定，但在 2mol/L 以上的盐酸中也会慢慢失活。

5. 胃蛋白酶对多数天然蛋白质底物都能水解，对肽键的专一性相当广，尤其容易水解芳香族氨基酸残基或具有大侧链的疏水性氨基酸残基形成的肽键，对羧基末端或氨基末端的肽键也容易水解。胃蛋白酶对蛋白质的水解不彻底，其产物有胨、肽和氨基酸。

6. 胃蛋白酶的最适温度为 37～40℃。生产上用作催化剂时常选用 45℃，《中国药典》（2015 年版）规定在 (37±0.1)℃测定其活力。

7. 胃蛋白酶的抑制剂有胃蛋白酶抑制素、蛔虫胃蛋白酶抑制剂及胃黏膜的硫酸化糖蛋白等。

二、生产工艺

（一）从猪胃黏膜单产胃蛋白酶

1. 工艺路线

以猪胃黏膜为原料提取胃蛋白酶的工艺流程如下。

猪胃黏膜 $\xrightarrow[\text{45～48℃,3～4h}]{[\text{激活,提取}]\text{盐酸}}$ 自溶液 $\xrightarrow[\text{30℃以下,24～48h}]{[\text{脱脂,去杂质}]\text{氯仿或乙醚}}$ 清酶液 $\xrightarrow[\text{40℃以下}]{[\text{浓缩,干燥}]}$ 胃蛋白酶成品

2. 工艺过程

（1）激活、提取　在夹层蒸汽锅内预先加水 100kg 及化学纯盐酸 3600～4000mL，搅匀，加热至 50℃时，在搅拌下加入猪胃黏膜 200kg，快速搅拌使酸度均匀，保持 45～48℃消化 3～4h。过滤除去未消化的组织蛋白，收集滤液。

（2）脱脂、去杂质　将所得滤液降温至 30℃以下，加入 15%～20%氯仿或乙醚，搅匀后转入沉淀脱脂器内，静置 24～48h（氯仿在室温、乙醚在 30℃以下）使杂质沉淀。

（3）浓缩、干燥　分取脱脂后的清酶液，在 40℃以下减压浓缩至原体积的 1/4 左右，再将浓缩液真空干燥。干品球磨过 80～100 目筛，即得胃蛋白酶粉。

（二）胃蛋白酶和胃膜素的联产工艺

1. 工艺路线

以猪胃黏膜为原料联合提取胃蛋白酶和胃膜素的工艺流程如下。

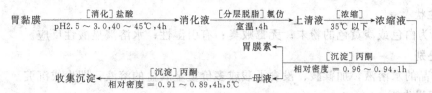

2. 工艺过程

（1）消化 将绞碎的胃黏膜糊置于耐酸夹层蒸汽锅中，在不断搅拌下加入适量水，用化学纯盐酸调节 pH2.8 左右，在 40～45℃下搅拌消化 4h，消化中每隔半小时测温度和 pH，并随时调节，使胃黏膜消化至半透明的液浆。

（2）去杂质 将消化液过滤，废弃滤渣，滤液冷却至 30℃以下时，按胃黏膜投料量加入 8％的氯仿，搅拌 10min，室温下沉淀 4h 左右。

（3）浓缩 将脱脂后的上清液抽入浓缩罐中，于 40℃以下真空浓缩至原体积的 1/3，下层残渣回收氯仿。

（4）沉淀分离 将浓缩液预冷至 5℃以下，在搅拌下缓慢加入预冷至 5℃以下的丙酮，至相对密度为 0.96～0.94，即有白色长丝状胃膜素析出，静置 1h 左右，捞出胃膜素，以适量冷丙酮（相对密度＝0.96）清洗 2 次，真空干燥、即得胃膜素。清洗液并入母液中，于母液中搅拌下加入冷丙酮，至相对密度为 0.91，即有淡黄色胃蛋白酶沉淀形成，5℃下静置 4～5h，吸除上清液，沉淀的胃蛋白酶于 40℃以下真空干燥，球磨过 80～100 目筛，即得胃蛋白酶干粉。

（三）工艺讨论

（1）原料的选择与处理 胃蛋白酶原主要存在于胃黏膜基底部，因此，一般以剥取直径约 10cm、深约 2.3mm 的胃基底部黏膜最适宜。对冷冻黏膜用水淋解冻会使部分黏膜流失，影响收率，故应自然解冻为好。

（2）激活条件的优选 在消化激活过程中对所加盐酸量、温度及时间三个因素进行优选的结果是每 1kg 猪胃黏膜加盐酸 19.4mL、温度 46～47℃、时间 2.5～3h，都可以得到较高的酶活力与收率。

（3）丙酮对蛋白质有变性作用，是影响收率的主要因素之一。所以在分段沉淀时，浓缩液与丙酮都要冷却至 5℃以下，并在 5℃以下静置分离。用丙酮沉淀胃蛋白酶时，要严格控制 pH，当溶液 pH 为 1.08 时，丙酮中析出的胃蛋白酶活力几乎完全丧失；但 pH 为 2.5 时，与丙酮接触 48h，胃蛋白酶活力也不变。pH3.6～4.7 的情况与 pH2.5 基本相同。pH5.4 溶液与丙酮接触 15h 以上，活力开始下降，越接近中性，活力下降越快。联产法生产胃蛋白酶时，应尽量缩短沉淀时间，以减少丙酮对酶的变性作用，提高酶的活力。

（4）胃蛋白酶商品一般来源于猪。其精制法是将胃蛋白酶原粉溶于 20％乙醇中，加硫酸调 pH3.0，5℃静置 20h 后过滤，加硫酸镁至饱和进行盐析。盐析沉淀物再用 pH3.8～4.0 的乙醇溶解，过滤，滤液用硫酸调 pH 至 1.8～2.0，即析出针状胃蛋白酶。沉淀再溶于 pH4.0 的 20％乙醇中，过滤，滤液用硫酸调 pH1.8，在 20℃放置，可得针状或板状结晶。但获得的酶仍不完全均一。

三、质量检测

（一）质量检查

《中国药典》（2015 年版）规定：本品系自猪、羊或牛的胃黏膜中提取的胃蛋白酶。每 1g 中含胃蛋白酶活力不得少于 3800U。

1. 性状

本品为白色或淡黄色的粉末；无霉败臭；有引湿性；水溶液显酸性反应。

2. 鉴别

取本品的水溶液，加鞣酸、没食子酸或多价重金属盐的溶液，即生成沉淀。

3. 干燥失重

取本品，在100℃干燥4h，减失质量不得过5.0%。

（二）酶活力测定

1. 对照品溶液的制备

精密称取经105℃干燥至恒重的酪氨酸适量。加盐酸溶液（取1mol/L盐酸溶液65mL，加水至1000mL）制成每1mL中含500μg的溶液。

2. 供试品溶液的制备

取本品适量，精密称量，用上述盐酸溶液制成每1mL中约含0.2~0.4U的溶液。

3. 测定方法

取试管6支，其中3支各精密加入对照品溶液1mL，另3支各精密加入供试品溶液1mL，置（37±0.5）℃水浴中，保温5min，精密加入预热至（37±0.5）℃的血红蛋白试液5mL，摇匀，并准确计时，在（37±0.5）℃水浴中反应10min。立即精密加入5%三氯乙酸溶液5mL，摇匀，过滤，取滤液备用。另取试管2支，各精密加入血红蛋白试液5mL，置（37±0.5）℃水浴中，保温10min，再精密加入5%三氯乙酸5mL，其中1支加供试品溶液1mL，另一支加上述盐酸溶液1mL，摇匀，过滤，取滤液，分别作为供试品和对照品的空白对照。依照分光光度法，在275nm波长处测吸光度，算出平均值$\overline{A}_s$和$\overline{A}$，按下式计算：

$$每1g含胃蛋白酶活力单位=\frac{\overline{A}\times m_s\times n}{\overline{A}_s\times m\times10\times181.19}$$

式中，$\overline{A}_s$为对照品的平均吸光度；$\overline{A}$为供试品的平均吸光度；m_s为对照品溶液每1mL中含酪氨酸的量，μg；m为供试样品取样量，g；n为供试样品稀释倍数。

在上述条件下，每分钟能催化水解血红蛋白生成1μmol酪氨酸的量，为1个蛋白酶活力单位。

四、药理作用与临床应用

胃蛋白酶于1864年最早载入英国药典，随后世界多个国家相继载入药典，作为优良的消化药广泛使用。主要剂型有含葡萄糖胃蛋白酶散剂、胃蛋白酶片、与胰酶和淀粉酶配伍制成的多酶片。其消化力以含0.2%~0.4%盐酸时最强，故常与稀盐酸合用。

临床上常用于治疗缺乏胃蛋白酶或因消化功能减退引起的消化不良、食欲缺乏等。

第四节 溶 菌 酶

溶菌酶（lysozyme）的研究始于1907年Nicolle发表枯草芽孢杆菌溶解因子的报告。1922年Fleming发现人鼻黏膜中有强力杀菌物质，经分离得到一种酶，命名为溶菌酶。1963年Jolles等测定了蛋清溶菌酶的一级结构。1965年Phillips等用X光衍射法解析溶菌酶，使之成为第一个完全弄清立体结构的酶。

溶菌酶又称胞壁质酶或 N-乙酰胞壁质聚糖水解酶。该酶广泛存在于人体心、肝、脾、肺、肾等多种器官和组织中，以肺与肾含量最高。鸟类和家禽的蛋清，哺乳动物的泪、唾液、血浆、尿、乳汁等体液以及微生物中也含此酶，其中以蛋清含量最为丰富。

人体内的溶菌酶常与激素或维生素结合，以复合物的形式存在。该酶由粒细胞和单核细胞持续合成与分泌，对革兰阳性细菌有较强杀灭作用。因此，被认为是人体非特异性免疫中的一种重要的体液免疫因子。

一、结构与性质

溶菌酶活性中心的必需基团是天冬氨酸（52 位）和谷氨酸（35 位）残基。能催化黏多糖或甲壳素中的 N-乙酰胞壁酸（MurNAC）和 N-乙酰氨基葡萄糖（GlcNAC）之间的 β-1,4 糖苷键水解，其反应如图 5-1 所示。

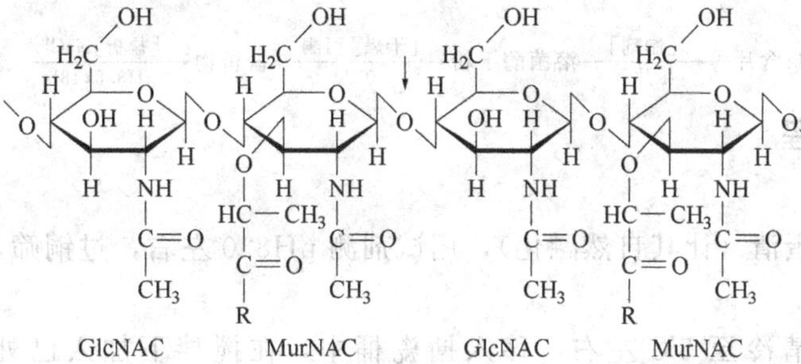

图 5-1 溶菌酶水解细菌细胞壁 β-1,4 糖苷键的位置

1. 鸡蛋清溶菌酶

卵蛋白中此酶含量约为 0.3%。可分解溶壁微球菌、巨大芽孢杆菌、黄色八叠球菌等革兰阳性菌。

鸡蛋清溶菌酶由 18 种 129 个氨基酸残基构成单一肽链。富含碱性氨基酸，有 4 对二硫键维持酶构型，是一种碱性蛋白质。其 N 末端为赖氨酸，C 末端为亮氨酸。

免疫学分析发现，酶大分子中抗原决定簇是由第 64～83 位氨基酸残基所形成的环形结构，其中第 64 位与第 80 位氨基酸残基之间有 2 对二硫键维持该环形结构，环形结构中的精氨酸和脯氨酸特别重要，如被其他氨基酸取代或将环打开，溶菌酶将丧失抗原的特异性。

用超离心和光散射法测得其分子量为 14000～15000。最适 pH6.6，pI 为 10.5～11.0。分子为一扁长椭球体。酶的结晶形状随结晶条件而异，有菱形八面体、正方形六面体及棒状结晶等。

鸡蛋清溶菌酶非常稳定，耐热、耐干燥、室温下可长期稳定；在 pH4～7 的溶液中，100℃加热 1min 仍保持酶活性；在 pH5.5、50℃加热处理 4h 后，酶变得更活泼。热变性是可逆的，在中性 pH 稀盐溶液中，它的变性临界点是 77℃。随溶剂的变化变性临界点也会改变，在 pH1～3 时下降至 45℃。低浓度的 Mn^{2+}（10^{-7} mol/L）在中性和碱性条件下，能使酶免除受热失活的影响。

吡啶、盐酸胍、尿素、十二烷基磺酸钠等对酶有抑制作用，但酶对变性剂相对地不敏感。如在 6mol/L 盐酸胍溶液中，酶完全变性，而在 10mol/L 尿素中则不变性。此外，氧化剂有利于酶的纯化，氢氰酸可部分恢复酶活力。

2. 哺乳动物的溶菌酶

经众多实验及氨基酸分析发现，哺乳动物的溶菌酶与鸡蛋清的性质类似，催化功能相同，空间结构也十分相似。人溶菌酶含 130 个氨基酸残基，与鸡的溶菌酶有 35 个氨基酸不同，其溶菌活性比鸡的高 3 倍以上。

猪的溶菌酶主要集中在肝线粒体中，对脂溶性物质极不稳定，分离时易导致酶失活。

二、生产工艺

生化制药主要采用鸡蛋清、鸭蛋清或蛋壳膜为原料提取，也可从动物肝或其他生物体中制备此酶。

（一）工艺路线

以蛋清为原料提取溶菌酶的工艺流程如下。

蛋清 —[预处理]pH8.0→ 处理后的蛋清 —[吸附]724树脂 pH6.5,5℃→ 吸附物 —[洗脱]10%硫酸铵 pH6.5,4℃→ 洗脱液 —[沉淀]硫酸铵→ 粗品 →

口含片等 ←[制剂]压片等— 溶菌酶干粉 ←[干燥]丙酮 0℃— 盐析物 ←[盐析]NaCl pH3.5,48h— 透析液 ←[透析]水 10℃— （粗品）

（二）工艺过程

1. 预处理

取新鲜或冷冻蛋清（让其自然融化），用试剂测 pH8.0 左右，过铜筛，除去杂物。

2. 吸附

将处理过的蛋清冷至 5℃ 左右，移入搪瓷桶中，在搅拌下加入已处理好的 724 树脂（pH6.5，按蛋清量的 14% 左右加入），使树脂全部悬浮在蛋清中，在 0～5℃ 下，搅拌吸附 6h，低温静置 20h 以上，待分层后，弃去上清液，下层树脂用清水反复洗几次，以除去杂蛋白，最后滤干树脂。

3. 洗脱

在上述树脂中加入等体积 pH6.5、0.15mol/L 磷酸钠缓冲液，搅拌洗脱 20min，滤除洗脱液（含杂质），再按同法处理 2 次。将除去杂物的树脂，加入等量浓度为 10% 的硫酸铵溶液，搅拌洗脱 30min，滤出洗脱液，重复洗脱树脂 3 次，过滤抽干，合并洗脱液。

4. 沉淀

按洗脱液总体积加入 32% 固体硫酸铵粉末，搅拌使其完全溶解，冷处放置过夜，虹吸弃去上清液，沉淀离心分离或抽滤，得粗品。

5. 透析

将粗品用蒸馏水全部溶解，装入透析袋中，在 10℃ 水中透析过夜，除去大部分硫酸铵，收集透析液。

6. 盐析

将澄清的透析液移入搪瓷桶中，慢慢滴加 4% 的氢氧化钠溶液，同时不断搅拌，调节 pH 至 8.5～9.0，如有白色沉淀，应立即离心除去。然后在搅拌下加 3mol/L 盐酸调节 pH 值至 3.5，按体积缓慢加入 5% 的固体氯化钠，搅拌均匀，置冷处放置 48h 左右，离心或过滤收取溶菌酶盐析物。

7. 干燥

将沉淀的盐析物加入 10 倍量的冷至 0℃ 的无水丙酮中，不断搅拌，冷处放置 2h 左右，滤除丙酮，沉淀经真空干燥即得溶菌酶产品（如不用丙酮脱水，也可将盐析物用蒸馏水溶解后再透析，其透析液冷冻干燥，得不含氯化钠的溶菌酶制品）。收率约为蛋清质量的 2.5%。

8. 制剂

取干燥粉碎的糖粉，加入总量 5% 的滑石粉，过 120 目筛，加 5% 淀粉浆适量，混合搅拌均匀，12 目筛制颗粒，70℃烘干，用 14 目筛整理颗粒，控制水分在 2%～4%，再按计算量加入溶菌酶粉混合，加 1% 硬脂酸镁，过 16 目筛 2 次，压片得口含片，每片含溶菌酶 20mg。根据需要也可制成肠溶片、膜剂及眼药水滴剂等。

（三）工艺讨论

（1）用蛋清提取时要注意原料的清洁卫生，防止细菌污染变质，pH 应在 8～9。不要掺入蛋黄和其他杂质，以避免降低树脂对酶的吸附能力，影响收率。操作的全过程要在低温（0～10℃）下进行，防止蛋清发酸变质和酶失活。

（2）724 树脂用过一定时间后要彻底再生和转型处理，以提高树脂的吸附率。转为钠型后再用 0.15mol/L、pH6.5 磷酸缓冲液平衡过夜，平衡液的 pH 要保持在 6.5，否则用氢氧化钠溶液调整。用过的树脂可用浓氢氧化钠溶液及浓盐酸直接浸泡，再生和转型后，再用缓冲液平衡。

（3）724 树脂对溶菌酶的洗脱峰较宽，有拖尾现象，可用三氯乙酸检查洗脱液，如沉淀不明显应另行收集，供做下次洗脱用。

（4）溶菌酶在一般精制的基础上，还可通过各种色谱方法进一步纯化。如离子交换色谱法具有简便，高效，成本低，并可自动连续操作等优点。由于溶菌酶是一种碱性蛋白质，常采用阳离子交换色谱柱。如 Duolite C_{464}、磷酸纤维素（PC）、羧甲基纤维素（CMC）、羧甲基琼脂糖等都有较强的吸附能力。采用 Duolite C_{464} 分离纯化溶菌酶，在工业生产上可自动化连续操作，其主要工艺流程是：先用弱缓冲液将树脂平衡，加入卵蛋白后，溶菌酶被吸附，而其他杂蛋白则不被吸附，随弱缓冲液而流出；再改用强缓冲液将溶菌酶洗脱，得到产品。使用过的树脂在进入下一轮的使用之前，无需进行常规的酸洗、碱洗等树脂再生程序，直接用 2 倍柱床体积平衡液平衡，即可再次加料，进入下一轮的使用，并仍能保持较高的收率。这是因为用来洗脱溶菌酶的缓冲液，也同时适用于随后的树脂再生过程，从而简化了操作，缩短了工时。

三、质量检测

（一）质量检查

中华人民共和国卫生部药品标准规定：药用溶菌酶为含氯化钠的结晶或无定形粉末，按干燥品计算，每 1mg 的效价不得少于 6250U。

1. 性状

溶菌酶外观呈白色或略带黄色。无臭，味甜，易溶于水，不溶于丙酮、乙醚。

2. 酸度

本品是与氯离子结合的溶菌酶氯化物，故其水溶液偏酸性。水溶液的 pH 规定为 3.5～6.0。

3. 干燥失重

由于溶菌酶的吸湿性强，故在生产、贮存过程中含有一定量的水分，随着测定方法的不同，规定的减失质量也不相同。日本药局方外医药品成分规格规定取样量 1g，于 105℃干燥 2h，减失质量不得超过 8.0%；取样量 0.5g，于硅胶干燥器中减压 3h，减失质量不得超过 5.0%。由于酶易吸湿，故一般在干燥器中放五氧化二磷作吸湿剂更适合。

4. 总氮量

溶菌酶为蛋白质，一般蛋白质的含氮量均在16%左右，故总氮量规定为15.0%～17.0%。

（二）酶活力的测定

1. 溶菌酶活力测定的方法

一般可分为四种类型：①比浊法：此法操作简便、快速，可作为标准方法应用。但测定昆虫血淋巴溶菌酶则不够稳定。底物的制备、离子强度、pH、温度等对测定都有影响，因此测定时需用固定标准作对照，结果才可靠。②间接法：用聚乙酰葡萄糖胺作底物，酶水解后产生还原性物质，能使铁氰化钾变色，测定420nm吸光度的变化进行定量。复旦大学生化室用艳红染料将溶壁微球菌菌体作标记底物，溶菌酶分解后游离出染料，测定540nm吸光度进行定量。此法适用于鸡、鸭型溶菌酶的活力测定。但因底物水解过程的复杂性，难以通过比色测定直接定义酶单位。为此，每批底物均需从标准品建立酶浓度标准曲线，以供查对酶活力单位。③相对活性法：以溶壁微球菌或黄色微球菌作底物，以待测酶液及对照液在37℃反应一定时间后，于570nm处测定底物浊度的变化。此法灵敏度较差，且不能与国际的酶活力单位相比较。④抑菌圈直径法：根据酶的活力、作用时间及抑菌圈直径的函数进行理论推导，可以作为溶菌酶生物活性检验及初步筛选之用，但灵敏度较差。

2. 比浊法测定溶菌酶活力

（1）底物溶液的制备　将 *Micrococcus Lysodeikticus* 菌种接种于固体培养基上，35℃培养48h。用蒸馏水将菌体冲洗下来，纱布过滤，滤液离心后，弃去上清液。菌体用蒸馏水洗数次，以除去混杂的培养基，最后用少量水将菌体悬浮，冻干，得淡黄色粉末备用。称取菌体冻干粉10mg，加入0.1mol/L、pH6.2磷酸钾缓冲液少许，在匀浆器内研磨2min，倾出后用上述缓冲液稀释至50mL，使此悬浮液于450nm波长处的吸光度为0.7左右，供测定用。

（2）待测酶液　准确称取溶菌酶样品5mg，用0.1mol/L、pH6.2磷酸钾缓冲液配成1mg/mL浓度，再用缓冲液稀释至适当浓度（约为50μg/mL），即使反应管中每分钟450nm的吸光度变化为0.02～0.04时的酶浓度。

（3）活力测定　先将底物溶液、缓冲液、待测酶液置25℃水浴中保温，吸取底物悬浮液4mL，于比色杯中，在450nm波长处读出吸光度，此即为零时读数。然后吸取0.2mL样品加入比色杯中，迅速混合，同时用秒表计算时间，每隔30s读1次吸光度，到90s时共记下4个读数。按下式计算：

$$溶菌酶活力单位数(U/mg) = (零时的吸光度-60s时的吸光度) \times \frac{1000}{样品微克数} \times 1000$$

即在温度为25℃、pH为6.2、波长为450nm时每分钟引起吸光度减少0.001的酶量为1个酶活力单位。

四、药理作用与临床应用

溶菌酶具有多种生化功能，包括非特异性的防御感染免疫反应、血凝作用、间隙连接组织的修复、参与多糖的生物合成以及抗菌作用等。

1. 抗菌消炎

革兰阳性细菌细胞壁的主要成分是由杂多糖与多肽组成的糖蛋白，而这种杂多糖正是由 N-乙酰胞壁酸与 N-乙酰氨基氧葡萄糖以 β-1,4 糖苷键相连。溶菌酶可水解此糖苷键使细菌失去细胞壁而破裂。在细胞内则对吞噬后的病原菌起破坏作用。所以溶菌酶具有抗炎作用，并能保护机体不受感染。它还能分解黏厚的黏蛋白，消除黏膜炎症，分解黏脓液，促使黏多糖代谢及清洁上呼吸道。临床上主要用于五官科多种黏膜疾患，如治疗慢性副鼻窦炎及口腔炎等。也用于慢性支气管炎的去痰、鼻漏及耳漏等脓液的排出。

本品与抗生素合用具有良好的协同作用，可增强疗效，常用于难治的感染病症。它能影响消化道细菌对皮层的渗透力，用于治疗溃疡性结肠炎。也可分解突变链球菌的病原菌，用于预防龋齿。还用于治疗咽喉炎、扁平苔藓。对厌氧细菌引起的炎症也有效。

2. 抗病毒

溶菌酶能与带负电荷的病毒蛋白直接作用，与 DNA、RNA、脱辅基蛋白形成复盐，故有抗病毒作用。常用于带状疱疹、腮腺炎、鸡水痘、肝炎及流感等病毒性疾患的治疗。

第五节 降 纤 酶

蛇毒中含多种蛋白水解酶，按其底物的特异性大体可分为两类。一类是含金属的蛋白酶，其底物专一性较广，能水解酪蛋白、变性血红蛋白，能被 EDTA 所抑制。这类酶常与被蛇咬伤后组织出血、坏死有关。另一类属丝氨酸酶，其底物专一性强，只作用体内特定的蛋白底物（如纤维蛋白原、激肽原等）中的特定肽键（多为 Arg-X 肽键），并能被专一性的丝氨酸酶抑制剂二异丙基氟磷酸等所抑制。因这类酶也可水解小分子底物如苯甲酰-L-精氨酸乙酯（BAEE）、对甲苯磺酰-L-精氨酸甲酯（TAME）等精氨酸酯，因而又称之为精氨酸酯酶。

降纤酶（defibrase）是从蝮蛇毒中提取的蛋白水解酶。自 1968 年以来国外已有蛇毒抗栓剂商品问世，日本东菱精纯克栓酶是丝氨酸酶的单成分制剂，为溶血栓微循环治疗剂。我国研制并生产的有曾用名为蝮蛇抗栓酶、精制蝮蛇抗栓酶、江浙蝮蛇抗栓酶、去纤酶等制剂，1997 年卫生部部颁标准统一更名为降纤酶。

一、结构与性质

降纤酶是一种糖蛋白酶，它的精氨酸酯酶活力占总酶活力的主体。降纤酶通常含数种同工酶成分，分子量均值一般在 31000～41000 之间（SDS-聚丙烯酰胺凝胶电泳法），其中酸性氨基酸（天冬氨酸和谷氨酸）含量最高，其次是甘氨酸和丝氨酸。酶分子中含有己糖、己糖胺和唾液酸。总糖含量约为 19.3%。降纤酶最适 pH 约为 7.0～7.4，最适温度为 40～45℃左右。

二、生产工艺

1. 工艺路线

从蛇毒提取降纤酶的工艺流程如下。

蝮蛇粗毒 —[灭活金属蛋白酶]EDTA,磷酸盐缓冲液 pH8.0→ 降纤酶粗品溶液 —[透析]EDTA,磷酸盐缓冲液 4℃,pH8.0→ 透析液 —[柱色谱]DEAE-纤维素柱-52,氯化钠-磷酸盐缓冲液 pH8.0,梯度洗脱→ 降纤酶洗脱液 —[冷冻干燥]→ 粗品 —[凝胶过滤]Sephadex G-75,NaCl-NaHCO₃ 溶液→ 精制品 —[制剂]稳定剂、赋形剂→ 成品

2. 工艺过程

（1）灭活金属蛋白酶 取 200mg 蝮蛇粗毒，溶于 0.005mol/L、pH8.0 的磷酸盐缓冲液

中（内含 1×10^{-2} mol/L EDTA），使粗毒中所含的金属蛋白酶失活。

（2）透析 将灭活金属蛋白酶后的蛇毒溶液装入透析袋中，置含 1×10^{-4} mol/L EDTA 的同一磷酸盐缓冲液中，充分透析平衡。

（3）色谱 取 EDTA-纤维素柱-52(1.5cm×14cm)，先用上述磷酸盐缓冲液平衡后，将透析液上柱，加以不同浓度的氯化钠作线性梯度洗脱，流速 20mL/h，每管收集 3.6mL；先用 0.005mol/L、pH8.0 的磷酸盐缓冲液 250mL 与等体积内含 0.1mol/L 氯化钠的同一缓冲液作梯度洗脱，然后用含 0.1~1.0mol/L 氯化钠的同一缓冲液作第二级梯度洗脱。色谱图谱第一个蛋白峰含有磷脂酶 A 活性。此后有 3 个精氨酸酯酶活力峰，收集降纤酶活性部分。将降纤酶洗脱液透析除盐，装瓶、冻干，即得降纤酶粗品。

（4）凝胶过滤 取粗品 20mg 溶于 0.02mol/L 的碳酸氢钠溶液（内含 0.2mol/L 氯化钠）1mL 中，上 Sephadex G-75 柱 （1.3cm×150cm），以同一溶液洗脱，流速 20mL/h，每管收集 1.6mL。合并含降纤酶活性的洗脱液，得精品。

（5）制剂 在降纤酶溶液中加适量稳定剂和赋形剂，冻干，得注射用降纤酶。

3. 工艺讨论

（1）用做蝮蛇粗毒的原料有多种，部颁标准所列蝮蛇蛇毒均可分离降纤酶。

（2）为了综合利用蛇毒中各种活性组分，可先用 Sephadex G-25 色谱分离，先洗脱的为大分子蛋白质，供下一步纯化降纤酶等，后洗脱的为活性肽，可供用于提取激肽增强因子等。

（3）DEAE-纤维素-52 色谱后的降纤酶洗脱液也可用饱和硫酸铵反透析沉淀，沉淀用 0.005mol/L、pH8.0 的磷酸盐缓冲液透析平衡，再重上 DEAE-纤维素-52 柱色谱 1 次，可去除部分杂蛋白，利于以后的凝胶过滤。

（4）上面介绍的工艺，只是多种方法中的一种，按部颁标准对产品的要求，各生产单位近年都有改进。

三、质量检测

（一）质量检查

中华人民共和国卫生部标准规定：本品系长白山白眉蝮蛇 [*Agkistrodon halys* (*ussuriensis Emelianor*)] 或尖吻蝮蛇 [*Agkistrodon acutus* (*Guenther*)] 毒中提取的蛋白水解酶，每 1mg 蛋白含降纤酶活力不得少于 1200U。

1. 性状
本品为白色非结晶粉末，有引湿性，易溶于水。

2. 鉴别
取本品约 1mg，加水 1mL，振摇溶解后，依照下述方法试验。

（1）取人柠檬酸血浆 0.3mL，加肝素钠 （400IU/mL)0.05mL，加入上述溶液 0.05mL，37℃保温，1min 内，血浆产生凝固，加入 1%氯乙酸溶液 1mL 振荡，凝块全部溶解，呈澄清透明溶液。

（2）取上述溶液 0.2mL，加入 L-BAPA 液 [取盐酸苯酰-L-精氨酰-*p*-硝基苯胺 5mg，加入三羟甲基氨基甲烷缓冲液 （pH8.2)5mL，溶解]0.2mL，置 37℃保温 30min，溶液呈黄色。

3. 纯度
（1）取本品适量 （约相当于蛋白质量 10μg），依照 SDS-聚丙烯酰胺凝胶电泳法检查，仅出现一条电泳带。

（2）依照高效液相色谱法 [《中国药典》(2015 年版) 通则 0512] 测定。

① 色谱条件与系统适用试验：用凝胶为填充剂；以磷酸盐缓冲液（pH6.8）（取磷酸氢二钠 175.4g 与磷酸二氢钠 79.56g，溶解于 900mL 水中，调节 pH 至 6.8，加水至 1000mL）配制的 0.05％叠氮钠溶液用水稀释 5 倍为流动相；检测波长为 280nm。保留时间 7～8min，重复进行，相对标准差（RSD）不得过 2.0％。

② 测定方法：取供试品适量，精密称量，用流动相制成每 1mL 中含 1mg 的溶液，取 20μL 注入液相色谱仪，记录色谱图，按峰面积归一法计算相对百分含量不得低于 90％。

4. 分子量

取本品适量，依照 SDS-聚丙烯酰胺凝胶电泳法检查，其分子量均值应为 36000±5000。

5. 出血毒

取本品，用氯化钠注射液制成每 1mL 中含 75U 的溶液，取体重为 18～500g 的鸽子 3 只，剂量按体重每 1kg 注射 0.5mL，静脉给药，观察 24h，动物不得出现抽搐、死亡，如 3 只鸽子中有一只出现抽搐或死亡，应另取鸽子 5 只复试，均不得出现死亡。

（二）比活力测定

1. 效价测定

（1）标准品溶液的制备　取降纤酶标准品适量，加三羟甲基氨基甲烷缓冲液（pH7.4），分别制成每 1mL 中含 20U、10U、5U、2.5U 的溶液。

（2）供试品溶液的制备　取本品适量，用三羟甲基氨基甲烷缓冲液（pH7.4）溶解，混匀并稀释成标准曲线范围内的浓度。

（3）测定方法　取内径 1cm、长 10cm 试管 4 支，各精密加入 0.4％纤维蛋白原溶液 0.2mL，置（37±0.5）℃水浴中保温 2min，分别精密量取 4 种浓度的标准品溶液各 0.2mL，迅速加入上述各管中，立即摇匀，同时计时，于（37±0.5）℃水浴中观察纤维蛋白原的初凝时间，每种浓度测 5 次，求平均值（5 次测定之最大与最小值的差不得超过平均值的 10％，否则重测）。在双对数坐标纸上，以每管中标准品实际单位数（U）为横坐标，凝结时间为纵坐标绘制标准曲线。

取供试品溶液按上法测定，在标准曲线上或用直线回归方程求得单位数。

2. 蛋白质含量

（1）标准品溶液的制备　取牛血清白蛋白标准品适量，用磷酸盐缓冲液（取磷酸氢二钠 9.4565g，磷酸二氢钠 0.5615g，加水溶解并稀释至 1000mL，pH7.8）制成每 1mL 中含 0.3mg 蛋白的溶液。

（2）供试品溶液的制备　取本品适量，用上述磷酸盐缓冲液（pH7.8）溶解，并制成与标准品溶液相同的浓度。

（3）测定方法　取试管 6 支，依次在各管中精密加入标准品溶液 0、0.1mL、0.3mL、0.5mL、0.7mL、0.9mL，上述磷酸盐缓冲液（pH7.8）1.0mL、0.9mL、0.7mL、0.5mL、0.3mL、0.1mL 及碱性铜溶液 1mL，混匀，室温放置 10min，加福林稀释液各 4mL，于（55±0.5）℃水浴中准确加热 5min，于冷水浴中冷却 10min，在 650nm 的波长处测定吸光度，以标准品溶液浓度为横坐标，吸光度为纵坐标，绘制标准曲线（回归相关系数需大于 0.990）。

精密量取供试品溶液适量，按上法测定，在标准曲线上或用直线回归方程求得供试品溶液中的蛋白含量。并计算每 1mg 供试品中的蛋白毫克数。

3. 比活力

按下式计算比活力：

$$比活力 = \frac{每 1mg 供试品中效价单位数}{每 1mg 供试品中蛋白质毫克数}$$

四、药理作用与临床应用

(一) 药理作用

1. 降低血浆纤维蛋白原

纤维蛋白原由 3 对不同的肽链即 α、β、γ 组成，每条 α 链上包含一个 A 肽，β 链上包含一个 B 肽，故纤维蛋白原可写成 [α(A)β(B)γ]₂。在凝血酶作用下，纤维蛋白原释放出 2 条 A 肽和 2 条 B 肽，成为纤维蛋白单体 (αβγ)₂，后者相互聚合成可溶性多聚体。凝血酶同时激活凝血因子 ⅩⅢ (纤维蛋白稳定因子) 促使纤维蛋白分子间形成共价键，以 γ-γ-二聚体和 α-多聚体方式交联，成为稳定的、不溶的纤维蛋白多聚体。降纤酶则仅作用于纤维蛋白原的 α 链，释放出 A 肽，[α(A)β(B)γ]₂ 转变成纤维蛋白单体 [αβ(B)γ]₂，后者也可聚合成可溶性多聚体，但不能进一步交联成不溶性纤维蛋白；降纤酶还可使丧失 A 肽的 α 链进一步断裂，甚至消化至尽，与凝血酶不同，降纤酶不激活凝血因子 ⅩⅢ。在电子显微镜下，凝血酶催化生成的纤维蛋白为粗大交织的纤维，而降纤酶催化生成的则为十分纤细的丝状物，后者很不稳定，易被体内纤溶及网状内皮系统清除。降纤酶还能激活纤溶系统，加速纤维蛋白溶解清除。降纤酶通过降低纤维蛋白原水平，促进纤溶活动，增加抗凝血酶 Ⅵ [纤维蛋白原的降解产物 (FDP) 如 X、Y、D、E 等] 含量，从而起到抗凝血作用。降纤酶具有强大的降纤效应，很小剂量即能使人或动物的纤维蛋白原降低到极低水平。

2. 降低血液黏度和血小板聚集

纤维蛋白原是决定血液黏滞度的重要因素之一。降纤酶降低了纤维蛋白原水平，从而能降低全血和血浆黏度，增加血流速度，改善微循环，增加心肌营养性供血。降纤酶还能显著降低血小板的黏附力和凝聚力，因而表现出抗凝作用。

(二) 临床应用

(1) 降纤酶用于临床治疗血栓形成及栓塞疾病取得了良好效果，特别是对目前尚无满意治疗方法的脑血栓形成恢复期及后遗症期疗效甚佳。有资料报道：降纤酶治疗脑血栓急性期病人，总有效率为 91%；治疗脑血栓后遗症期患者，有效率为 80%。

(2) 本药可用于治疗大动脉炎、血栓闭塞性脉管炎、深部静脉炎及高凝血症等。

(3) 治疗血液高黏滞性疾病，如镰刀形红细胞性贫血、类风湿性关节炎等。

(4) 由于老年期痴呆与老年人血凝功能亢进、有血栓形成倾向造成的血液黏度升高及脑血流量不足有关，许多学者提出用抗凝剂预防老年性痴呆的设想。解放军 238 医院报道 48 例，证明本药是较为安全、有效的抗衰老及预防老年期痴呆的药物。

(5) 其他：治疗肺心病、肾小球肾炎、系统性红斑狼疮、糖尿病、高血压等。

第六节　凝血酶

凝血酶 (thrombin) 根据来源有动物血凝血酶、人凝血酶 (human thrombin) 及蛇毒凝血酶 (hemocoagulase) 等。目前国内主要从动物血浆及人血浆中制备凝血酶原，再用激活剂激活而成为凝血酶。

一、结构与性质

凝血酶是机体凝血系统中的天然成分，由前体凝血酶原（凝血因子Ⅱ）经凝血酶原激活剂激活而成。该酶由两条多肽链组成，多肽链之间以二硫键连接，为蛋白质水解酶，可作用于血纤维蛋白原使之转变成不溶性血纤维蛋白凝块。

从牛血浆分离的凝血酶为无定形白色粉末，分子量约 335800。溶于水，不溶于有机溶剂。干粉于 2～8℃贮存十分稳定；其水溶液室温下 8h 内失活。遇热、稀酸、碱、金属等活力降低，忌同氧化纤维素合用。

二、生产工艺

（一）工艺路线

从动物血提取凝血酶的工艺流程如下。

动物血 —[原料处理]柠檬酸三钠 3000r/min,15min→ 血浆 —[提取]水,乙酸 pH5.3→ 凝血酶原 —[酶原激活]NaCl,CaCl₂ 30℃(15min),4℃(1.5h)→ 上清液 →

精制凝血酶 ←[沉淀,干燥]丙酮,乙醇,乙醚 4℃— 盐析物 ←[除杂质]NaCl,乙酸 0℃— 凝血酶粗品 ←[分离沉淀]丙酮,乙醚 4℃— 上清液

（二）工艺过程

1. 原料处理、提取

取动物血液，按每 1kg 血加 3.8g 柠檬酸三钠投料，搅拌均匀，抗凝，3000r/min 离心 15min，分出沉淀（沉淀物是红细胞和血小板，可供制备 SOD、血红素等），收集上清液（血浆）。将血浆加入 10 倍量的蒸馏水中，用 1%浓度的乙酸调节 pH 至 5.3，离心 15min，弃去上清液，收集沉淀得凝血酶原。

2. 凝血酶原的激活

在 30℃下，将凝血酶原溶于 1～2 倍量的 0.9%氯化钠溶液中，搅拌均匀，加入凝血酶原质量 1.5%的氯化钙，搅拌 15min，在 4℃下放置 1.5h 左右，使酶原充分转化成酶。

3. 分离、沉淀

将激活的酶溶液离心 15min，弃去沉淀的纤维蛋白。上清液加入等量的预冷至 4℃的丙酮，搅拌均匀，在冷处静置过夜，离心分离，收集沉淀。沉淀用丙酮洗涤并研细，在冷室放置 3d 左右，过滤，沉淀用乙醚洗涤，真空干燥，即得凝血酶粗品。

4. 除杂质、沉淀、干燥

把粗品溶于适量（1 倍左右）的 0.9%氯化钠溶液中，在 0℃放置 6h 以上，滤纸过滤，沉淀按上法重复操作 1 次。两次滤液合并，用 1%乙酸溶液调节 pH 为 5.5。离心弃去沉淀，收集上层清液。在清液中加入 2 倍量预冷至 4℃的丙酮，静置 3h，离心 30min，收集沉淀。沉淀再浸泡于冷丙酮中静置 24h，过滤，沉淀分别用无水乙醇、乙醚各洗涤 1 次，真空干燥，即得精制凝血酶。

（三）工艺讨论

（1）通常以牛血浆制备凝血酶，也可用来源丰富的猪血制备。猪血中，血浆与红细胞之体积比为 55：45，一般 1L 全血离心只能得 500mL 血浆。新鲜猪血不能立即进行分离，需尽快冷至 15℃以下再进行分离。温度愈低，血浆与红细胞愈容易分离。用本工艺每 1L 血浆可制得凝血酶粗品约 10g，精制品约 0.4g。

（2）采用一般方法制备的凝血酶通常为灰白色粉末，溶于生理盐水中常呈半透明胶状悬

浊液。若制备工艺中采取透析及硫酸铵分级分离等处理，则凝血酶纯度将大大提高，高纯度精品为雪白色，极易溶于水而澄清透明。

（3）原料血液要新鲜，防止凝血、溶血。提取用器具要清洁，以防影响酶纯度。工艺过程中严格控制 pH 和温度对提高产品质量也很重要。

三、质量检测

（一）质量检查

本品为牛血或猪血中提取的凝血酶原，经激活而得凝血酶的无菌冻干品。每 1mg 效价不得少于 10U。含凝血酶应为标示量的 80％以上。

1. 性状

本品为白色或类白色的冻干块状物或粉末。每 1mL 中含 500U 本品的 0.9％氯化钠溶液微显浑浊。

2. 干燥失重

取本品约 0.05g，精密称量，置五氧化二磷干燥器中，减压干燥 4h，减少质量不得超过 0.3％。

3. 无菌检查

对每批产品取样不少于 2 瓶。分别加 0.9％灭菌氯化钠溶液 5mL 溶解后，按《中国药典》（2015 年版）检查应符合无菌规定。

（二）效价测定

1. 纤维蛋白原溶液的制备

取纤维蛋白原 30mg，精密称量，用 0.9％氯化钠溶解，加凝血酶 0.1mL（约 3U），快速摇匀，室温放置约 1h 至完全凝固，取出凝固物，用水洗至洗出液加硝酸银试液不产生浑浊，在 105℃干燥 3h，称取质量，计算纤维蛋白原中含凝固物的百分含量。然后用 0.9％氯化钠溶液制成含 0.2％凝固物的纤维蛋白原溶液，用 0.05mol/L 磷酸氢二钠溶液或磷酸二氢钠溶液调节 pH 至 7.0～7.4，再用 0.9％氯化钠溶液稀释成含 0.1％凝固物的溶液，备用。

2. 标准曲线的制备

取凝血酶标准品，用 0.9％氯化钠溶液分别制成每 1mL 中含 4.0U、6.0U、8.0U、10.0U 的标准品溶液。另取内径 1cm、长 10cm 的试管 4 支，各精密加入纤维蛋白原溶液 0.9mL，置（37±0.5）℃水浴中保温 5min，再分别精密量取上述 4 种浓度的标准品各 0.1mL，迅速加入上述各试管中，立即计时，摇匀，置（37±0.5）℃水浴中，观察纤维蛋白的初凝时间，每种浓度测 5 次，求平均值（5 次测定之最大值与最小值的差不得超过平均值的 10％，否则重测）。标准品溶液的浓度应控制凝结时间在 14～60s 为宜。在双对数坐标纸上，以每管中标准品实际单位数（U）为横坐标，凝结时间（s）为纵坐标，绘制标准曲线。

3. 测定方法

取样品 3 瓶，分别精密称量其内容物的质量，每瓶按标示量分别加 0.9％氯化钠溶液制成与标准曲线浓度相当的溶液，精密吸取 0.1mL，按标准曲线的制备方法平行测定 5 次，求出凝结时间的平均值（误差要求同标准曲线），在标准曲线上或用直线回归方程求得单位数，按下式计算：

$$凝血酶比活力(U/mg) = (U \times 10 \times V)/m$$

$$凝血酶效价(U/瓶) = U \times 10 \times V$$

式中，U 为 0.1mL 供试品在标准曲线上读得的实际单位数；V 为每瓶供试品溶解后的体积，mL；10 为 0.1mL 换算成 1.0mL 的数值；m 为每瓶供试品质量，mg。

并计算出每瓶相当于标示量的百分数。每瓶效价均应符合规定，如有一瓶不符合规定，另取 3 瓶复试，均应符合规定。

四、药理作用与临床应用

牛、猪凝血酶可直接作用于血浆纤维蛋白原，加速不溶性蛋白凝块生成，促进血液凝固。人凝血酶通过催化血纤维蛋白原中血纤维肽 A 和 B 的断裂，从而加速血纤维蛋白原转换成不溶性血纤维蛋白凝块。蛇毒凝血酶兼有凝血活酶样作用，能缩短出血和凝血时间，减少血液损失。蛇毒凝血酶静脉注射后，经 10min 即可发生止血作用，24h 后作用消失；在肌肉、皮下注射后，20～30min 见效，作用可维持 48～60h。其作用特点是在没有钙离子存在时也能使血液凝固，且不会引起血栓和诱发任何血管内凝血现象。

临床上牛、猪等动物血的凝血酶为局部止血药，用氯化钠注射液溶解成每 1mL 中含 50～250U 的溶液或干燥粉末，喷雾或洒于创伤表面。也可用于消化道止血，用温开水（不超过 37℃）溶解成每 1mL 中含 10～100U 的溶液，口服或局部灌注；根据出血部位及程度适当增减浓度、次数。本品严禁注射，不得与酸、碱及重金属等药物配伍。本品必须直接与创面接触，才能起止血作用。临用时新鲜配制。如出现过敏症状时，应立即停药。

蛇毒凝血酶用于预防和治疗各种出血。如手术前后毛细血管出血、咯血、胃出血、网膜出血、鼻出血、肾出血及拔牙出血等。可皮下肌注或静注，每次 1～2U。

不良反应有呼吸困难、局部疼痛，偶有荨麻疹。

本 章 小 结

酶类药物是直接用酶的各种剂型以改变体内酶活力，或改变体内某些生理活性物质和代谢产物的数量等，从而达到治疗某些疾病的目的。

临床应用的酶类药物包括消化酶类，抗炎、黏痰溶解酶，与纤维蛋白溶解作用有关的酶类，抗肿瘤的酶类，其他生理活性酶，复合酶等。

提取酶类药物所选生物材料应以含酶量最多、取材容易、来源丰富、材料价廉为原则，还应注意采集材料的时机，尽量减少杂质对纯化工作的干扰。为保持酶的活力不受温度、pH 和各种抑制剂等因素影响，所取原料应保持新鲜，不能及时处理的应速冻低温保存。胞外酶可以直接提取分离，而对胞内的游离酶以及与细胞器结合的结合酶，一般都需选用适当的方法破碎细胞，促使酶增溶溶解，最大限度地提高抽提液中酶的浓度。在考虑破碎方法时，应根据各种生物组织的细胞特点、性质和处理量，采用不同的技术处理，其方法有：机械法、冻融法、超声波法、酶解法、丙酮粉法等。提取方法主要有水溶液法、有机溶剂法和表面活性剂法三种。酶的纯化需经杂质的去除、脱盐和浓缩、酶的结晶等过程，最后经活力测定与纯度检测获得合格产品。

本章分别介绍了胃蛋白酶、溶菌酶、降纤酶、凝血酶等典型药物的结构与性质、药理作用与临床应用，详述和讨论了从猪胃黏膜中提取胃蛋白酶、以蛋清为原料提取溶菌酶、从蝮蛇蛇毒中提取降纤酶、从动物血提取凝血酶的生产工艺及其质量要求与检测方法。

习 题

1. 酶类药物在临床上主要有哪些用途？
2. 酶类药物生产中，原材料的处理方法主要有哪些？
3. 酶类药物的提取方法主要有哪些类，各有何特点？
4. 酶类药物生产中，常用的除杂质、脱盐、浓缩方法有哪些？
5. 酶的结晶方法有哪些，其原理是什么，有何特点？
6. 什么是酶活力和酶的比活力，测定酶活力有何意义，常用的检测酶纯度的方法有哪些？

第六章

多糖类药物

【学习目标】 掌握多糖类药物的概念；熟悉多糖类药物的质量检测；了解多糖类药物的临床应用；具备分离多糖类药物的技术能力。

【学习重点】 1. 多糖的一般制备技术。
2. 几种重要多糖的药理作用。
3. 香菇多糖、肝素、透明质酸和冠心舒的提取、纯化及检测方法。

【学习难点】 1. 香菇多糖、肝素、透明质酸和冠心舒的提取、纯化及检测方法。
2. 多糖的一般制备技术。

糖类物质的研究已有百年的历史，许多研究成果表明，糖类是生物体内除蛋白质和核酸以外的又一类重要的生物信息分子。糖类作为信息分子在受精、发育、分化、神经系统和免疫系统平衡态的维持等方面起着重要的作用；作为一种细胞分子表面"识别标志"，参与体内许多生理和病理过程，如炎症反应中白细胞和内皮细胞的粘连，细菌、病毒对宿主细胞的感染，抗原抗体的免疫识别等。

糖类化合物是自然界存在的一大类具有广谱化学结构和生物功能的有机化合物。它主要由 C，H 和 O（碳、氢、氧）三种元素组成，由于一些糖分子中氢和氧原子数之比往往是 2：1，刚好与水分子中氢、氧原子数比例相同，故糖类物质又称为碳水化合物，其分子式通常以 $C_n(H_2O)_n$ 表示。实际上，有些糖的氢、氧原子数之比并非 2：1，如脱氧核糖（$C_5H_{10}O_4$）等；也有些非糖类物质氢、氧原子数之比为 2：1，如甲醛（CH_2O）乳酸（$C_3H_6O_3$）等。所以"碳水化合物"只是人们的习惯称呼。糖类物质是含多羟基的醛类或多羟基酮类化合物及其衍生物的统称。

糖及其衍生物广泛分布于自然界生物体中，是一类微观结构变化最多的生物分子，生物体内的糖以不同形式出现，且有不同功能。糖类的存在形式，按其聚合的程度可分为单糖、低聚糖和多糖等形式。

① 单糖 是糖的最小单位，如葡萄糖、果糖、氨基葡萄糖等。

② 低聚糖 通常由 2～20 个单糖分子缩合而成，如蔗糖、麦芽糖、乳糖等。

③ 多聚糖 常称为多糖，由 20 个以上单糖聚合而成，如香菇多糖、右旋糖酐、肝素、硫酸软骨素、刺五加多糖等。

还有一些糖类药物是糖的衍生物，如 6-磷酸葡萄糖、1,6-二磷酸果糖、磷酸肌醇等。单糖和低聚糖的相对分子质量不变，而多聚糖相对分子质量常随来源不同而不同。

多糖是生物体内除蛋白质和核酸外的重要生物信息分子。20 世纪 60 年代以来，多糖类药物研究基本集中在提高免疫功能、降血脂、抗凝血、抗病毒、抗衰老、抗肿瘤和抗辐射等热点领域。主要生理作用有：①调节免疫力，主要表现在影响抗体活性，促进淋巴细胞增生，激活吞噬细胞功能，增强抗体消炎和抗疲劳能力；②抗肿瘤和抗凝血作用，壳聚糖、硫酸软骨素、肝素及其他类似物的分子中具有硫酸基或羧基，在一定条件下分子中带有大量的负电荷，在血液中癌细胞与其结合后不易在同样带负电荷的血管内膜上附着和迁移，并且这些杂多糖能阻止血小板的凝血和破坏，临床上可广泛用于抗血栓和抗肿瘤的治疗；③降血脂和抗动脉粥样硬化功能，硫酸软骨素、小分子肝素、壳聚糖及其衍生物能削弱胃肠道中的胆汁酸和胆固醇的吸收和消化，降低血液中甘油三酯和低密度蛋白含量，升高高密度蛋白与甘油三酯的比值。

多糖的相对分子质量较大，有直链和支链两种，多可溶于水，水溶液具有一定的黏度，能被酸、碱和酶水解成单糖和低聚糖。多糖在细胞内的存在方式有游离型和结合型两种。在结合型多糖中，与蛋白质结合在一起的称为糖蛋白，例如，黄芪多糖、人参多糖和刺五加多糖；与脂类结合在一起的称为脂多糖，如胎盘脂多糖和细菌脂多糖等。糖基在糖蛋白分子中的作用与生理活性有关，如有的与抗原性有关，有的与细胞"识别"功能有关。

多糖广泛存在于动物、植物、微生物（细菌和真菌）和海藻中。常见的糖类药物见表 6-1。

表 6-1　常见糖类药物

类　型	品　名	来　源	作用和用途
单糖及其衍生物	甘露醇	海藻糖提取或葡萄糖提取	降低颅内压、抗脑水肿
	山梨醇	葡萄糖氢化或电解还原	降低颅内压、抗脑水肿、治疗青光眼
	葡萄糖	淀粉水解	葡萄糖输液
	葡萄糖醛酸内酯	葡萄糖氧化	治疗肝炎、肝中毒、解毒、风湿性关节炎
	葡萄糖酸钙	淀粉或葡萄糖发酵	钙补充剂
	植酸钙	玉米、米糠提取	营养剂、促进生长发育
	肌醇	植酸钙制备	治疗肝硬化、血管硬化、降血脂
	1,6-二磷酸果糖	酶转化法制备	治疗急性心肌缺血性休克、心肌梗死
多糖	右旋糖酐	微生物发酵	血浆扩充剂、改善微循环、抗休克
	右旋糖酐铁	右旋糖酐与铁络合	治疗缺铁性贫血
	糖酐酯钠	由右旋糖酐水解酯化	降血脂、防治动脉硬化
	猪苓多糖	真菌猪苓提取	抗肿瘤转移、调节免疫作用
	海藻酸	海带或海藻提取	增加血容量、抗休克、抑制胆固醇吸收、消除重金属离子
	透明质酸	由鸡冠、眼球、脐带提取	化妆品基质、眼科用药
	肝素钠	由肠黏膜和肺提取	抗凝血、防肿瘤转移
	肝素钙	由肝素制备	抗凝血、防治血栓
	硫酸软骨素	由喉骨、鼻中膈提取	治疗偏头疼、关节炎
	冠心舒	由猪十二指肠提取	治疗冠心病
	甲壳素	由甲壳动物外壳提取	人造皮、药物赋型剂
	脱乙酰壳聚糖	由甲壳质制备	降血脂、金属解毒、止血等

①　动物多糖　主要存在于动物结缔组织、细胞间质。重要的动物多糖有肝素、类肝素、透明质酸和硫酸软骨素等。从动物肝脾中得到的肝素具有抗凝血作用；硫酸软骨素则有保护结缔组织弹性的作用，可防治动脉硬化和骨质增生等；从刺参中提取的酸性黏多糖对肿瘤有显著抑制作用；从贝类中提取的壳聚糖也具有抗癌活性成分。

② 植物多糖　主要来源于植物的各种组织，从各种中草药中都可以提取分离出药用多糖。近年来，国内对大量中草药来源的多糖及糖缀合物，如黄芪多糖、牛膝多糖、猪苓多糖以及枸杞子多糖缀合物等近百种多糖进行了化学和广泛的活性研究，相继报道了这些多糖及糖缀合物具有免疫调节、抗肿瘤、降血糖、抗放射等多方面的药理作用，有的已被批准在临床应用，为创制新药迈出了坚实的一步。

③ 微生物多糖　微生物多糖具有广泛而重要的用途，越来越受到人们的重视。微生物多糖是一类无毒、高效、无残留的免疫增强剂，能够提高机体的非特异性免疫和特异性免疫反应，增强对细菌、真菌、寄生虫及病毒的抗感染能力和对肿瘤的杀伤能力，具有良好的防病治病效果。微生物多糖不受资源、季节、地域和病虫害条件的限制，而且生长周期短，工艺简单，易于实现生产规模大型化和管理技术自动化。现从真菌得到的真菌多糖如香菇多糖、云芝多糖、灵芝多糖、银耳多糖等微生物多糖已用于肿瘤治疗。细菌和藻类多糖含量丰富，如透明质酸、醛酸多糖等。

上述几类多糖中，目前对微生物来源的多糖研究较多。

第一节　糖类药物的一般制备技术

糖类药物来源于动植物和微生物，其制备方法根据品种不同可以分为从生物材料中直接提取、发酵生产和酶法转化三种。动植物来源的多糖多用直接提取方法，微生物来源的多糖多用发酵法生产。

一、单糖、低聚糖及其衍生物的制备

游离单糖及小分子寡糖易溶于冷水及无水乙醇，可以用水或在中性条件下以50%乙醇为提取溶剂，也可以用82%乙醇，在70~80℃下回流提取。溶剂用量一般是材料体积的10倍，需多次提取。植物材料磨碎后经乙醚或石油醚脱脂，拌加碳酸钙，以50%乙醇温浸，浸液合并，于40~45℃减压浓缩至适当体积，用中性乙酸铅去杂蛋白及其他杂质，铅离子可通过 H_2S 除去，再浓缩至黏稠状。以甲醇或乙醇温浸，去不溶物（如无机盐或残留蛋白质等）；醇液经活性炭脱色、浓缩、冷却、滴加乙醚，或置于硫酸干燥器中旋转，析出结晶。单糖或小分子寡糖可以在提取后用吸附色谱法或离子交换法进行纯化。

二、多糖的分离与纯化

来源于动物、植物和微生物的多糖的提取方法各不同。植物体内含有水解多糖及其衍生物的酶，必须抑制或破坏酶的作用后，才能制取天然存在形式的多糖。供提取多糖的材料必须新鲜或及时干燥保存，不宜久受高温，以免破坏其原有形式，或因温度升高使多糖受到内源酶的作用而分解。速冻保藏是保存提取多糖材料的有效方法。

提取所用溶剂根据多糖的溶解性质而定。如葡聚糖、果聚糖、糖原易溶于水，宜用水溶液提取；壳聚糖与纤维素溶于浓酸，可以酸溶液进行提取；直链淀粉因易溶于稀碱可用碱溶液提取；碱性黏多糖常含有氨基己糖、己糖醛酸以及硫酸基等多种结构成分，且常与蛋白质结合在一起，提取分离时，通常先用蛋白酶或浓碱、浓中性盐解离蛋白质与糖的结合键后，再将水提取液减压浓缩，以乙醇或十六烷基三甲基溴化铵（CTAB）沉淀酸性多糖，最后用离子交换色谱法进一步纯化。

（一）多糖的提取

提取多糖时，一般先需进行脱脂，以便多糖释放。先将材料粉碎，用甲醇或 1∶1 的乙醇-乙醚混合液，加热搅拌 1～3h；也可用石油醚脱脂。动物材料可用丙酮脱脂、脱水处理。

1. 稀碱液提取

用于难溶于冷水、热水、可溶于稀碱的多糖。此类多糖主要是一些胶类，如木糖醇、半乳聚糖等。提取时可先用冷水浸润材料，使其溶胀后，再用 0.5mol/L NaOH 提取。提取液用盐酸中和、浓缩后，加入乙醇沉淀多糖。如在稀碱中不易溶出者，可加入硼砂，对甘露聚糖、半乳聚糖等能形成硼酸配合物，用此法可得到相当纯的产品。

2. 温热水提取

适用于难溶于冷水和乙醇，易溶于热水的多糖。提取时材料先用冷水浸泡，再用热水（80～90℃）搅拌提取，提取液除蛋白质，离心，得清液。透析或用离子交换树脂脱盐后，用乙醇沉淀得多糖。

3. 酶解法提取

蛋白酶水解法已逐步取代碱提取法而成为提取多糖最常用的方法。理想的工具酶是专一性低的、具有广谱水解作用的蛋白水解酶。蛋白酶不能断裂糖肽键及其附近的肽键，因此成品中会保留较长的肽段。为除去长肽段，常与碱解法合用。酶解时要防止细菌生长，可加甲苯、氯仿、酚或叠氮化钠作抑制剂。常用酶制剂有胰蛋白酶、木瓜蛋白酶和链霉菌蛋白酶及枯草芽孢杆菌蛋白酶。酶解液中的杂蛋白可用 Sevage 法、三氯乙酸法、磷钼酸-磷钨酸沉淀法、高岭土吸附法、三氟三氯乙烷法、等点电法去除，再经透析后，用乙醇沉淀即可制得多糖粗品。

（二）多糖的纯化

多糖的纯化方法很多，但必须根据目的物的性质及条件选择合适的纯化方法，而且往往用一种方法不易得到理想的结果，因此必要时应考虑合用几种方法。

1. 乙醇沉淀法

乙醇沉淀法是制备黏多糖的最常用手段。乙醇的加入改变了溶液的极性，导致糖溶解度下降。其中多糖的浓度以 1‰～2‰ 为佳。如使用过量的乙醇，黏多糖浓度少于 0.1‰ 也可以沉淀完全。向溶液中加入一定浓度的盐，如乙酸钠、乙酸钾、乙酸铵或氯化钠有助于使黏多糖从溶液中析出，盐的最终浓度 5‰ 即可。一般只要黏多糖浓度不低，并有足够的盐存在，加入 4～5 倍乙醇后，黏多糖可完全沉淀。通过这种方法获得的多糖沉淀中不可避免的夹杂有所用的无机盐，为了除去所含无机盐，可以使用多次乙醇沉淀法，也可以用超滤法或分子筛的方法脱除其中的盐类。沉淀物可用无水乙醇、丙酮、乙醚脱水，真空干燥即可得到疏松的粉末状产品。

2. 分级沉淀法

不同多糖在不同浓度的甲醇、乙醇或丙酮中的溶解度不同，因此可用不同浓度的有机溶剂分级沉淀分子大小不同的黏多糖。在 Ca^{2+}、Zn^{2+} 等二价金属离子的存在下，采用乙醇分级分离黏多糖可以获得最佳效果。

3. 季铵盐络合法

黏多糖与一些阳离子表面活性剂如十六烷基三甲基溴化铵（CTAB）和十六烷基氯化吡啶（CPC）等能形成季铵配合物。这些配合物在低离子强度的水溶液中不溶解，在离子强度大时，这种配合物可以解离、溶解、释放。聚阴离子的电荷密度对配合物的溶解情况产生明显影响，黏多糖的硫酸化程度会影响聚阴离子的电荷密度，不同的多糖其硫酸化程度不同，据此，可将其进行配合分离。

（三）多糖药物鉴定检测方法

分离纯化是否达到预期的效果，需进行检测。检测目的是测定纯化产物的多糖含量；确认分离纯化产物是一定分子量范围的均一组分；确认该产物是某种特定的多糖。

1. 定量测定

在进行多糖提取、分离和纯化时，首要的是多糖含量的检测。除测定终产品多糖含量外，还需对工艺过程每一阶段的中间产物进行快速而灵敏的跟踪分析，作为评估方法、操作和成品质量的客观依据。

（1）苯酚-硫酸法 苯酚-硫酸试剂与游离的或寡糖、多糖中的戊糖、己糖、糖醛酸发生显色反应，己糖在490nm处有最大吸收，戊糖和糖醛酸在480nm处有最大吸收。吸收值与糖含量呈线性关系。

（2）蒽酮-硫酸法 糖类与浓硫酸脱水生成糠醛或其衍生物，可与蒽酮试剂缩合产生有色物质，反应后溶液呈蓝绿色，于620nm处有最大吸收，显色与多糖含量呈线性关系。此法可用于单糖、多糖含量测定，但色氨酸含量较高的蛋白质对显色反应有一定的干扰。

（3）氨基己糖的比色测定 糖胺聚糖中的 N-取代（乙酰基或硫酸基）氨基己糖，可以先在盐酸溶液中将氨基己糖经碱性乙酰化后，再与对二甲氨基苯甲酸发生呈色反应，从而进行定量测定。

2. 鉴别

（1）测定糖基组成 组成多糖的单糖种类及其比例在不同多糖中不同，而在同一多糖中一般是相对恒定。因此，可以先对多糖进行完全或不完全水解，然后再通过高效液相色谱、气相色谱及薄层色谱等方法鉴定其中所含单糖的种类和比例，从而确定多糖的成分。

（2）高压电泳法鉴定多糖均一性 多糖因其分子大小、形状及其所带电荷不同，在电场作用下移动的距离不同。中性多糖不带电荷，但其分子中的邻二醇与硼砂形成的复合物带有电荷。不同多糖与硼砂形成不同的复合物，在电场作用下其迁移率也不同，根据这一特性，可用高压电泳结合显色技术对多糖的均一性进行鉴别。

（3）超离心法鉴定多糖均一性 悬浮液中的固体颗粒在离心力作用下，其沉降速度与微粒大小、形状和密度有关。利用这一原理，将待测多糖样品按一定浓度溶于水或相应缓冲液中，置于离心管中，用分析型带照相的超速离心机离心，到一定转速时开始间隔照相（一般5次），以一定速率增加转速。如果5次照相所得峰均为一对称的峰，可判断多糖为均一组分。

（4）凝胶柱色谱法鉴定多糖的均一性 不同形状、大小的多糖分子在具有一定大小孔径的凝胶色谱柱中移动的速度不同，较大分子移动较快，较小分子移动较慢，故在流出液中出现的先后不同。针对不同分子量多糖的适应范围，选择适当规格的凝胶，上样并以洗脱液洗脱，分步收集流出液，经过与记录仪相连的示差仪检测并自动记录。若记录纸上出现单一对称峰，可证明该多糖为均一组分。

（5）分子量测定 常用渗透压法、蒸汽压渗透计法、端基法、黏度法、光散射法、凝胶色谱法和超过滤法等测定多糖分子量。

由于多糖属于高分子聚合物，其分子量不是均一的，而只代表相似链长的平均配布。所谓分子量实际是指大小分子的平均数，即平均分子量。作为分子量较为分散的样品，用不同方法测出的分子量，结果往往存在一定的差异。因此在说明多糖分子量时，应标明测定方法的性质。文献中报道的多糖分子量一般指平均分子量。

第二节　香菇多糖

香菇多糖（lentinan）是高分子葡聚糖，具有 β-(1→3) 糖苷键链接的主链和 β-(1→6) 糖苷键连接的支链，分子量为 500kD。1969 年日本的千原等人从香菇子实体中分离得到香菇多糖，并发现其有很强的抑瘤活性。从香菇中提取分离的多糖组分能提高多种癌症、慢性支气管炎等患者的免疫功能，治疗恶性肿瘤可改善症状。香菇多糖经磺化生成的硫酸酯化多糖有显著抗 HIV 活性，可协同叠氮胸苷（AZT）使用，对 HIV 有抑制作用。

香菇多糖 KS-2 是存在于深层发酵香菇菌丝体中的一种葡萄糖、甘露糖肽，其多糖部分以甘露糖为主，含少量葡萄糖、微量盐藻糖，还有半乳糖、木糖、阿拉伯糖等；其肽链由天冬氨酸、组氨酸、赖氨酸等 18 种氨基酸组成。1978 年由日本学者首先报道了该多糖的分离纯化及生理活性。20 世纪 80 年代国内研制成功，并以香菇菌片投放市场，用做免疫增强剂。

香菇菌丝提取物 LEM 是香菇经固体培养后在菌丝生长到一定阶段时，从中提取分离得到的以木糖为主的多糖。具有显著的免疫调节、抗病毒、抗感染等作用，有报道对 HIV 有抑制作用。

一、结构与性质

香菇多糖的结构见图 6-1。

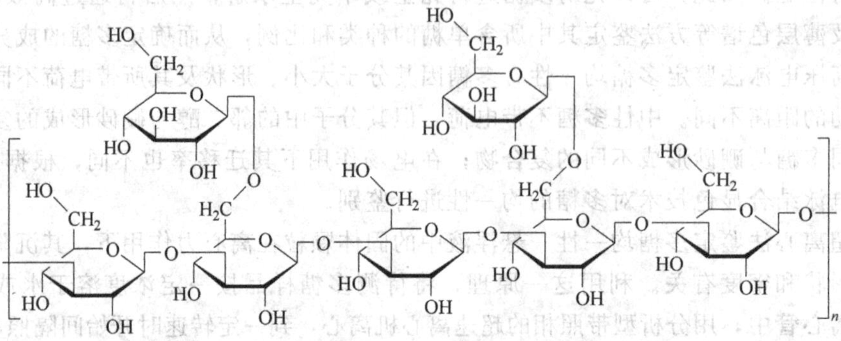

图 6-1　香菇多糖结构示意图

香菇多糖为白色粉末状固体，对光和热稳定。在水中最大溶解度为 3mg/mL，能溶解于 0.5mol/L 的 NaOH 溶液中，溶解度为 50mg/mL，不溶于甲醇、乙醇、丙酮等有机溶剂。香菇多糖具有吸湿性，在相对湿度为 92.5% 的室温环境（25℃）中放置 15d，吸水量可达 40%。香菇多糖是极性大分子化合物，其特定的结构与免疫活性有密切关系。香菇多糖的提取大多采用不同温度的水和稀碱溶液，并尽量避免在过于酸性的条件下操作。强酸性溶液能引起多糖糖苷键的断裂。

二、生产工艺

1. 常规提取法

工艺流程如下：

鲜香菇→捣碎→浸渍→过滤→浓缩→乙醇沉淀→乙醇、乙醚洗涤→干燥→成品

　　新鲜香菇（*Lentinus edodes*）子实体 200kg，捣碎后加水 1000L，100℃加热提取 8～15h，离心或过滤得提取液。减压浓缩提取液至出现轻微浑浊。加入等量乙醇，析出纤维状沉淀物。离心或过滤收集沉淀，干燥，即为粗多糖。

　　得粗多糖 50g，悬浮在 2L 水中，在室温下均质至棕色黏性溶液。添加 20L 水，搅拌 1～2h，得到澄清均质溶液。向溶液滴加 pH13.2、0.2mol/L CTA-OH（十六烷基三甲基溴化铵的碱）水溶液，同时用力搅拌。在 pH7～8 时，形成少量纤维状沉淀后，在 pH10.5～11.5时，出现大量白色沉淀。滴加 CTA-OH 直至无更多沉淀生成（pH12.8）。在 9000r/min 离心 5min 收集全部沉淀物，并用乙醇洗涤，然后悬浮在 1.2L20%乙酸中，在 0℃搅拌 5min，沉淀物分为不溶解部分和可溶解部分。收集不溶解部分，用乙醇洗涤 2 次，乙醚洗涤 1 次，室温真空干燥。

　　真空干燥产物在 Waring 搅拌器中，用 1L50%乙酸在 0℃搅拌洗涤 3min 后离心，分为不溶性和可溶性两部分。不溶部分溶解于 2L6%NaOH 水溶液中，离心除去杂质，上清液加入 4L 乙醇，用乙醚洗涤 1 次，真空干燥，得到粉状物。用 Sevage 法去除蛋白，氯仿和 1-丁醇脱蛋白，以 3 倍体积乙醇沉淀，用甲醇洗涤 2 次，乙醚洗涤 1 次，室温下在氯化钙干燥器中真空干燥，得到香菇多糖。

2. 复合酶提取法

　　香菇粉碎后浸渍，加入适量 1.5%中性蛋白酶，其他条件参考传统提取法。香菇 500g，粉碎，加入适量水，加入 1.5%中性蛋白酶在 50℃和 pH4.8 条件下酶解 60min，加水至 10L，然后升温至 95℃，使生物酶失活，在 95℃下于药物提取器中恒温提取 2h，滤布过滤，收集滤液。用 Sevage 法去掉滤液中的蛋白质，利用蛋白质在三氯乙烷、三氯乙酸等有机溶剂中变性的特点，将提取液与 Sevage 试剂（氯仿∶正丁醇＝5∶1 或 4∶1）5∶1 混合，振荡，离心，变性后的蛋白质介于提取液与 Sevage 试剂交界处。此法条件温和，不会引起多糖的变性。量取多糖提取液，微滤膜预处理后，选择超滤温度、压力和 pH 进行超滤，收集透过液和截留液，加压浓缩至适当体积，乙醇沉淀，冷冻干燥，得三种不同分子量范围的多糖产品。将截留分子量为 300kD 膜的截留液，调节 pH9.2 左右，上 717 型阴离子交换树脂色谱柱，用 0.05～0.5mol/L 的 NaCl 溶液进行梯度洗脱，洗脱速度为 1mL/min，收集多糖流出部分，减压浓缩，透析脱盐，乙醇沉淀，冷冻干燥。

3. 深层培养提取法

　　香菇发酵液由菌丝体和上清液两部分组成。胞内多糖含于菌丝体，胞外多糖含于上清液。因此多糖提取要分上清液和菌丝体两部分来完成。其他提取步骤参考传统提取法。

三、质量检测

采用苯酚-硫酸法

1. 试剂

　　浓硫酸：分析纯，95.5%。80%苯酚：80g 苯酚（分析纯重蒸馏试剂）加 20g 水使之溶解，可置于冰箱中长期贮存。6%苯酚：临用前以 80%苯酚配制。标准葡聚糖、葡萄糖或标准香菇多糖。

2. 方法

　　（1）制作标准曲线　准确称取标准葡聚糖（标准葡萄糖或香菇多糖）20mg 溶于 500mL 容量瓶中加水至刻度，分别吸取 0.4mL、0.6mL、0.8mL、1.0mL、1.2mL、1.4mL、1.6mL 及 1.8mL，各用水补齐至 2.0mL，然后加入 6%苯酚 1.0mL 及浓硫酸 5.0mL，静止

10min，摇匀，室温放置 20min。在 490nm 处测光密度，以 2.0mL 水按同样显色操作作为空白，横坐标为多糖微克数，纵坐标为光密度值，得标准曲线。

（2）样品含量测定　吸取样品液 1.0mL（相当于 40μg 左右的多糖），按上述步骤操作，测光密度，以标准曲线计算多糖含量。

此方法简单，快捷，灵敏，重复性好。对每种多糖制作一条标准曲线，颜色持久。制作标准用相应的标准多糖，如用葡萄糖制作标准曲线，应以校正系数 0.9 校正糖的微克数，对其他多糖亦如此。

四、药理作用与临床应用

1. 药理作用

（1）免疫调节作用　香菇多糖具有免疫调节的作用，它的作用类似一种宿主免疫增强剂，能刺激关键细胞的成熟、分化和增殖，改善宿主机体平衡，达到恢复或提高宿主细胞对淋巴因子、激素及其他生物活性因子的反应性作用。香菇多糖能促进 T 淋巴细胞活性，提高机体免疫功能，具有宿主介导性抗肿瘤、抗病毒作用。香菇多糖能使荷瘤或感染后机体的免疫应答能力得以提高，其制剂在动物体内筛选实验中能明显促进体外淋巴细胞培养物的转化作用。

（2）抗肿瘤作用　尤其对胃癌、肺癌、肝癌、血液系统肿瘤、鼻咽癌、直肠癌和乳腺癌等有抑制和防止术后微转移的效果。香菇多糖对肿瘤细胞没有直接杀伤作用，主要是通过宿主增强诱导活化的巨噬细胞及杀伤 T 细胞，提高 NK 细胞活性和增强抗体依赖性巨噬细胞毒作用来发挥抗肿瘤作用。香菇多糖具有广泛的药理活性，为一种抗肿瘤的免疫增强剂。

（3）抗病毒作用　研究表明香菇多糖对病毒感染，包括 HIV 的感染均有治疗作用。香菇多糖对肝炎病毒、带状疱疹病毒、Abelson 病毒、A2（H_2N_2）病毒、腺病毒 12 型及流感病毒等均有抑制作用。

（4）对感染的治疗作用　香菇多糖能增强宿主对多种传染病的抵抗力，发挥其治疗效果。可抑制抗菌药的耐药性；香菇多糖可显著抑制用链霉素、雷米封和利福平联合治疗的结核的复发。可用于治疗结核杆菌感染，产生耐药性的肺结核病人用香菇多糖治疗一段时间后，病人痰菌转阴性，中性粒细胞吞噬性增加。

香菇多糖还有其他临床作用，如：对慢性乙型肝炎等病毒性疾病的治疗作用、延缓衰老、抗氧化作用等。

2. 临床应用

（1）治疗肝炎　香菇多糖具有增强 T 淋巴细胞功能的作用，已作为新的细胞免疫增强剂应用于病毒性肝炎的治疗。临床应用发现其可改善慢性乙肝患者的乏力、恶心、肝痛和腹胀等常见症状，促进转氨酶和胆红素恢复正常，总有效率达 90%。慢性乙肝患者 CD4+ 细胞减少，CD8+ 细胞增多，CD4+/CD8+ 比值降低，IL-2 受体表达不足。经其治疗后外周血 T 细胞亚群发生变化，CD4+ 细胞增多，CD4+/CD8+ 比值增加，IL-2 受体表达也显著增加，表明其可增加 CD4+ 细胞和 IL-2 受体表达，增强细胞免疫功能，对感染肝细胞的清除和肝细胞的恢复是有益的。

（2）治疗癌症　近年来研究表明免疫治疗辅助化疗的免疫化疗方法已成为肿瘤综合治疗的重要组成部分。20 世纪 90 年代以来在国内外已有多家医院开始将香菇多糖用于治疗恶性肿瘤。

香菇多糖能提高对胃癌化疗的疗效，能提高患者的部分细胞免疫功能，是治疗晚期胃癌的理想辅助药物。香菇多糖与化疗药物应用时，可改善患者的生活质量，延长其生存期，对血象无明显影响。香菇多糖与化疗药物联合应用可显著提高晚期非小细胞肺癌的近期疗效。其对肝癌实体瘤有抑制作用，可提高宿主免疫力，抑制肿瘤的生长。采用热化疗联合香菇多糖胸腔灌注治疗恶性胸腔积液，疗效显著。

香菇多糖对治疗小儿反复呼吸道感染、寻常型银屑病、硬皮病、尖锐湿疣和面部平疣都有比较明显的效果。

第三节 肝 素

肝素（heparin）是典型的天然抗凝血药和降血脂药，能阻止血液的凝结过程，用于防止血栓的形成。

一、结构与性质

肝素是一种含有硫酸基的酸性黏多糖，其分子具有由六碳糖或八碳糖重复单位组成的线形链状结构。三硫酸双糖是肝素的主要双糖单位，L-艾杜糖醛酸是此双糖的糖醛酸；二硫酸双糖的糖醛酸是 D-葡萄糖醛酸。三硫酸双糖与二硫酸双糖以 2∶1 的比例在分子中交替联结。其分子结构的一个六碳糖重复单位如图 6-2 所示。在其六糖单位中，含有 3 个氨基葡萄糖。分子中的氨基葡萄糖苷是 α-型，而糖醛酸苷是 β-型。肝素含硫量约 9%～13%，硫酸基在氨基葡萄糖的 2 位氨基和 6 位羟基上，分别形成磺酰胺和硫酸酯；在艾杜糖醛酸的 2 位羟基也形成磺酰胺，整个分子呈螺旋形纤维状。

葡萄糖醛酸含量与肝素活性有关系，活性高的肝素分子片段含有较高葡萄糖醛酸含量，含有较低的艾杜糖。硫酸化程度高的肝素具有较高的降脂和抗凝活性。而高度乙酰化的肝素抗凝活性降低甚至完全消失，但降脂活性不变。分子量相对较小（4000～5000）的肝素抗凝活性也较低。

肝素及其钠盐为白色粉末，无臭无味，有吸湿性，易溶于水，不溶于乙醇、丙酮等有机

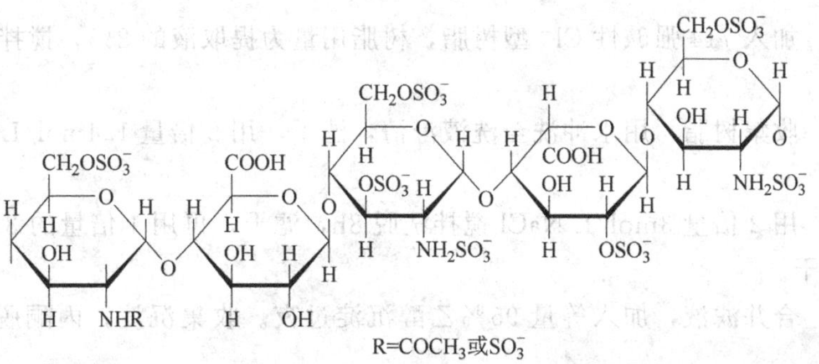

图 6-2 肝素分子结构示意图

溶剂。其游离酸在乙醚中有一定溶解度。

肝素纯品在 185～220nm 波长处有紫外特征吸收峰，在 230～300nm 处无吸收峰。肝素不纯时，最大吸收峰偏移到 265～292nm，最小吸收移至 240～260nm。肝素在红外区 $890cm^{-1}$、$940cm^{-1}$ 有特征吸收峰，测定 1210～$1150cm^{-1}$ 的吸收值可用于快速测定。

肝素的糖苷键不易被酸水解，O-硫酸基对酸水解相当稳定，而 N-硫酸基对酸水解敏感，在温热的稀酸中会失活，温度越高，pH 越低，失活越快。但 N-硫酸基在碱性条件下相当稳定。与氧化剂反应，肝素能被降解成酸性产物，还原剂存在基本上不影响肝素活性。肝素结构中的 N-硫酸基与抗凝血作用密切相关，如遭到破坏其抗凝血则降低；硫酸化程度高的肝素具有较高的降脂和抗凝活性。

用过量的乙酸与乙醇能沉淀肝素失活产物。失活肝素的分子组成与分子量变化不大，但是分子形状变化很大，使原来螺旋形的纤维状分子结构发生改变，分子变短，变粗。

肝素酶能使肝素降解成三硫酸双糖单位和二硫酸双糖单位。乙酰肝素酶Ⅱ能将四糖单位降解为一个三硫酸双糖单位和一个二硫酸双糖单位。

二、生产工艺

肝素多分布于哺乳动物的肝、肺、肠等内脏器官，且常以糖蛋白形式存在。提取肝素多采用钠盐的碱性热水或沸水浸取，然后用酶如胰蛋白酶、胰酶、胃蛋白酶、木瓜蛋白酶和细菌蛋白酶等水解与肝素结合的蛋白质，使肝素解离释放。也可以用碱性食盐水提取，再经热变性并结合凝结剂如明矾、硫酸铝等出去杂蛋白。所得的粗提液仍含有未除尽的杂蛋白、核酸类物质和其他黏多糖，需经过阴离子交换剂或长链季铵盐分离，再经乙醇沉淀和氧化剂（高锰酸钾或 H_2O_2）处理等纯化操作，即得精品肝素。

盐解-离子交换生产工艺如下。

1. 工艺流程

2. 工艺过程及控制要点

（1）提取　取新鲜肠黏膜投入到反应锅内，按加入 3% NaCl，用 30% NaOH 调 pH9.0，于 53～55℃保温提取 2h，继续升温至 95℃，维持 10min，冷却至 50℃以下，过滤，收集滤液。

（2）吸附　加入 714 强碱性 Cl^-型树脂，树脂用量为提取液的 2%，搅拌吸附 8h，静置过夜。

（3）洗涤　收集树脂，用水冲洗至洗液澄清，滤干，用 2 倍量 1.4mol/L NaCl 搅拌 2h，滤干。

（4）洗脱　用 2 倍量 3mol/L NaCl 搅拌洗脱 8h，滤干，再用 1 倍量的 3mol/L NaCl 搅拌洗脱 2h，滤干。

（5）沉淀　合并滤液，加入等量 95% 乙醇沉淀过夜。收集沉淀，丙酮脱水，真空干燥得粗品。

（6）精制　粗品肝素溶于 15 倍量 1% NaCl，用 6mol/L 盐酸调 pH1.5 左右，过滤至清，随即用 5mol/L NaOH 调 pH11.0，按 3% 量加入 H_2O_2（H_2O_2 浓度为 30%），25℃放置。维持 pH11.0，第 2 天再按 1% 量加入 H_2O_2，调整 pH11.0，继续放置，共 48h，用 6mol/L HCl 调 pH6.5，加入等量的 95% 乙醇，沉淀过夜。收集沉淀，经丙酮脱水真空干燥，即得肝素的精品。

三、质量检测

1. 生物检定法

测定肝素生物效价有硫酸钠兔全血法、硫酸钠牛全血法和柠檬酸羊血浆法。兔全血法是将肝素标准品和供试品用健康家兔新鲜血液比较两者延长血凝时间的程度，以决定供试品的效价。抽取兔的全血，离体后立即加到一系列含有不同量肝素的试管中，使肝素与血液混匀后，测定其凝血时间。按统计学要求，用生理盐水按等比级数稀释成不同浓度的高、中、低剂量稀释液，相邻两浓度的比值不得大于 10：7。如高：中：低剂量分别为 5U/mL：3.5U/mL：2.4U/mL。

肝素的标准生物效价是以每毫克肝素（60℃，266.64Pa 真空干燥 3h）所相当的单位数来表示。1U 为 24h 内在冷处可阻止 1mL 猫血凝结所需的最低肝素量。国际常用的标准品是 WHO 的第三次国际标准，以国际单位表示为 173IU/mg。我国使用中国药品生物制品检定所颁发的标准品（如 S.6，158IU/mg）。美国采用美国药典标准，称为美国药典单位（USPU）。曾对我国标准品 S.6（158IU/mg）用羊血浆法测定，结果为美国药典标准 142.2USPU/mg（此数可供参比）。

2. 天青 A 比色法

此法系利用天青 A 与肝素结合后的光吸收值为测定依据。以巴比妥缓冲液固定测定 pH 和离子强度，并以西黄耆胶为显色稳定剂，在 505nm 测定吸收值，结果与生物鉴定法接近，适用于肝素生产研究过程中控制检测。因为变色活性与黏多糖的阴离子强度有关，所以变色测定值也是抗血脂活性的有用参考指标。

（1）试剂　天青 A 贮备液：1mg/mL。巴比妥缓冲液 0.06mol/L（pH6.8）。天青 A 试液：取天青 A 贮备液 2mL，加巴比妥缓冲液 10mL 和蒸馏水 28mL。混合后用蒸馏水做空白，测定混合液在 620nm 处吸收值。以补水或贮备液调整本试液的光吸收值（1cm）为 2.0±0.1，本试液宜临用前配制。

（2）操作

① 肝素标准曲线制备：用微量注射器精密吸取浓度为 0.5mg/mL 的肝素标准 0μL，10μL，20μL，30μL 和 40μL 于直径 1.5cm 内表面光滑的试管中。各管中加水补至 1mL。振摇，加天青 A 试液 1mL。混匀后，以 0 试管作为空白对照，在 505nm 处测读光吸收值并绘制标准曲线。

② 样品测定：用微量注射精密吸取样液，以蒸馏水补加至 1mL，加天青 A 试液 1mL。余同标准曲线制备项操作，测读光吸收值，并计算结果。

四、药理作用与临床应用

1. 药理作用

肝素是典型的抗凝血药，能阻止血液的凝结过程，用于防止血栓的形成。肝素在 α-球蛋白参与下，能抑制凝血酶原转变为凝血酶。肝素还具有澄清血浆脂质，降低血胆固醇和增强抗癌药物功效等作用。肝素具有抗凝血作用；可抑制血小板，增加血管壁的通透性，并可调控血管新生；具有调血脂的作用；可作用于补体系统的多个环节，以抑制系统过度激活；肝素还具有抗炎、抗过敏的作用。

2. 临床应用

肝素是需要迅速达到抗凝作用的首选药物，可用于外科预防血栓形成以及妊娠者的抗凝治疗，对于急性心肌梗死患者，可用肝素预防病人发生静脉栓塞病，并可预防大块的前壁透壁性心肌梗死病人发生动脉栓塞等。肝素能保证在心脏、手术和肾脏透析时维持血液体外循环畅通。用于治疗各种原因引起的弥散性血管内凝血（DIC），也用于治疗肾小球肾炎、肾病综合征、类风湿性关节炎等。在临床上肝素广泛应用于防治血栓栓塞性疾病、弥漫性血管内凝血的早期治疗及体外抗凝。与阿司匹林合用治疗不稳定型心绞痛。

临床广泛用作各种外科手术前后防治血栓形成和栓塞，输血时预防血液凝固和作为保存新鲜血液的抗凝剂。小剂量肝素用于防治高脂血症与动脉粥样硬化。广泛用于预防血栓疾病、治疗急性心肌梗死和用作肾病患者的渗血治疗，还可以用于清除小儿肾病形成的尿毒症。肝素软膏在皮肤病与化妆品中也已广泛应用。

肝素的主要不良反应是易引起自发性出血，表现为各种黏膜出血、关节腔积血和伤口出血等。

第四节 冠心舒

冠心舒是从哺乳动物十二指肠得到的类肝素物质，是多种糖胺聚糖的混合物，经离子交换色谱柱分离后，可得到酸性多糖和中性多糖组分，这类产品称为冠心舒。

一、结构与性质

化学成分含有氨基葡萄糖、葡萄糖醛酸、N-乙酰氨基半乳糖和葡萄糖等。

二、生产工艺

1. 原料处理

猪十二指肠以自来水冲洗，除去附着脂肪，冷冻贮存备用。投料时，解冻后用绞肉机绞成浆状。

2. 提取

猪十二指肠投入耐酸容器中，加原料4倍量水，加入盐酸，使pH为2.5~3.0，在搅拌下浸取6h，静置4h，虹吸上清液。料渣加入原料2倍量的自来水，按每千克原料补加盐酸2mL左右，使pH为2.5~3.0。搅拌提取3h，静置3h，虹吸上清液。全部虹吸液以40%氢氧化钠溶液调至pH中性。

3. 浓缩

将提取液吸入浓缩罐中，减压浓缩至总量约为原料质量的2/3，过滤。

4. 酶解

将浓缩液放冷至45~48℃，加入苯酚使含量为0.35%，以40%氢氧化钠液调至pH8.3~8.5。按原料质量的4%加入胰浆，43~45℃水解24h。开始可加胰浆2.5%，12h后再补加1.5%。也可用胰酶粉代替胰浆，每千克原料用量2g（消化力1：200计）。

5. 除蛋白

用冰醋酸调水解液pH为6.0~6.5，加热至85~90℃，保温约5min后静置，迅速冷却至30℃以下，过滤除去沉淀。滤液减压浓缩至约为原料质量的1/2。

6. 脱脂

浓缩液放冷至30℃以下后，加入液体质量1/4的汽油（120号），搅拌或振荡10min，置分液滤器中，静置8h分层。放出下层液，减压浓缩至原料质量的1/4。

7. 乙醇沉淀

浓缩液放冷后，搅拌下缓慢加入乙醇，使含醇量达55％～60％，静置沉淀，倾出上清液，于沉淀物中加入水使充分溶解，加水量约为上述浓缩液的4/5，帆布过滤，滤液在搅拌下缓慢加入乙醇使含量达60％～65％，静置沉淀，倾去上清液，得冠心舒湿品。

8. 脱水干燥

沉淀物以3倍量的95％乙醇浸泡24h。分离后再以沉淀物3倍量的95％乙醇浸泡24h，抽干。将沉淀物于60～65℃真空干燥至干，供制剂用。

三、质量检测

冠心舒分子含有氨基己糖，可通过盐酸水解成游离的氨基己糖（氨基葡萄糖和 N-乙酰氨基半乳糖），氨基己糖经碱性乙酰化反应后能与对二氨基苯甲醛（PDABA）呈色而进行定量。又由于两种氨基己糖在100℃和25℃下乙酰化程度不同，可进一步对它们做出鉴别定量。

1. 氨基己糖的比色测定

（1）试剂　0.33mol/L 磷酸三钠。0.25mol/L 四硼酸钠。磷酸三钠-四硼酸钠液：取98mL 前者与2mL 后者相混淆即得。乙酰丙酮试液Ⅰ：3.5％，用磷酸三钠-四硼酸钠液配制。乙酰丙酮试液Ⅱ：3.5％，用四硼酸钠液配制。PDABA 试液：取 PDABA 0.16g，溶于1.5mL 12mol/L 盐酸，以10.5mL 异丙醇稀释后供用。

（2）操作

① 标准氨基己糖和样品预处理：分别精密称取盐酸氨基半乳糖（相当于氨基半乳糖1.0mg）和样品（相当0.2mg 氨基己糖）于带有螺旋盖的玻璃罐中，按 1mg：1mL 加6mol/L 盐酸。在100℃下加热3h，冷却后在70℃下脱酸挥干。干后加少量蒸馏水重复2次。氨基半乳糖按 1mg：10mL 用蒸馏水溶解，用作标准溶液用。样品以 1mg：4mL 蒸馏水溶解。

② 标准曲线制备和样品总氨基己糖测定：精密吸取上述标准溶液0、0.1mL、0.2mL、0.3mL 和0.4mL 于带塞试管中，以蒸馏水补加至0.40mL。加入0.3mL 乙酰丙酮试液Ⅰ，混匀，于100℃水浴中加热30min。冷却后加入1mL PDABA 试液。5min 后，以"0"管作对照，测定在535nm 处的光吸收值并绘制标准曲线。另取样品0.4mL，按照标准曲线制备操作。以试剂作对照，测定光吸收值，由标准曲线计算氨基己糖含量。

③ 标准曲线制备和样品氨基半乳糖测定：精密吸取上述标准溶液0、0.1mL、0.2mL、0.3mL 和0.4mL 于带塞试管中，以蒸馏水补加至0.40mL。加入0.3mL 乙酰丙酮试液Ⅱ，混匀，于25℃水浴中保温2h，加入1mL PDABA 试液。混匀后再50℃下保温15min。室温下放置30min 后于530nm 处测读光吸收值，以"0"管作对照。由浓度对光吸收值绘制标准曲线。另吸取样品液0.4mL，与0.3mL 乙酰丙酮试液Ⅱ混合后按标准曲线制备操作。以试剂混合液做对照，测定光吸收，由标准曲线求出样品中氨基半乳糖含量（氨基葡萄糖不呈色）。由样品的总氨基己糖含量与氨基半乳糖含量之差，计算出氨基葡萄糖的含量。

2. N-乙酰氨基己糖的比色测定

冠心舒中的长链经各种 N-乙酰氨基己糖糖苷酶和糖胺聚糖裂解酶作用，水解出的 N-乙酰氨基己糖可利用 Reissig 法比色测定。本法适用于游离的和位于寡糖链还原性端基的 N-乙酰氨基己糖的定量分析。

（1）试剂 四硼酸钾试液：1.5g 四硼酸钾（含 4 分子结晶水）置于 25mL 容量瓶中，加 20mL 水溶解后，加水至刻度。对二甲氨基苯甲酸（PDABA）试液：5g PDABA 溶于 50mL 含 12.5％盐酸的冰乙酸中，为贮备液。临用前取 1 份以 9 倍体积的冰乙酸稀释。N-乙酰氨基己糖标准溶液：80μg/mL。

（2）操作

① 标准曲线制备：精密吸取标准溶液 0、0.05mL、0.10mL、0.15mL、0.20mL 和 0.25mL 于带塞试管中，补加水至 0.25mL。加入四硼酸钾试液 0.05mL。混合液在沸水浴加热 3min，立即用流动水冷却至室温。继续加 1.5mLPDABA 试液。摇匀后在 37℃ 水浴中保温 20min。以 "0" 管作对照，测定各管在 585nm 处光吸收值并绘制标准曲线。

② 样品测定：吸取样品溶液 0.25mL（相当于 4～16μg 乙酰氨基己糖），加入四硼酸钾试液。其余步骤同标准曲线制备操作。以试剂混合液作对照，测定光吸收值，按标准曲线计算含量。

四、药理作用与临床应用

冠心舒有轻度抗凝血、降低血液黏稠度、改善微循环和降血脂等作用。它有降低心肌耗氧量、缓和抗凝血、减少动脉粥样硬化斑块的作用对改善心绞痛症状有较好疗效，对脑动脉硬化、脑血栓、短暂性脑缺血等也有较好疗效。临床观察表明，其对改善或消除心绞痛、心悸、胸闷、气短有较明显的疗效，对心电图的改善和对脑血管疾病有较好的效果，适用于治疗冠状动脉粥样硬化性心脏病。无毒性，副作用小。

第五节 透明质酸

一、结构与性质

透明质酸（hyaluronic acid）是由（1→3)-2-乙酰氨基-2-脱氧-β-D-葡萄糖-(1→4)-O-β-D-葡萄糖醛酸的双糖重复单位所组成的酸性多糖，结构示意图见图 6-3，分子量为 50 万～200 万。

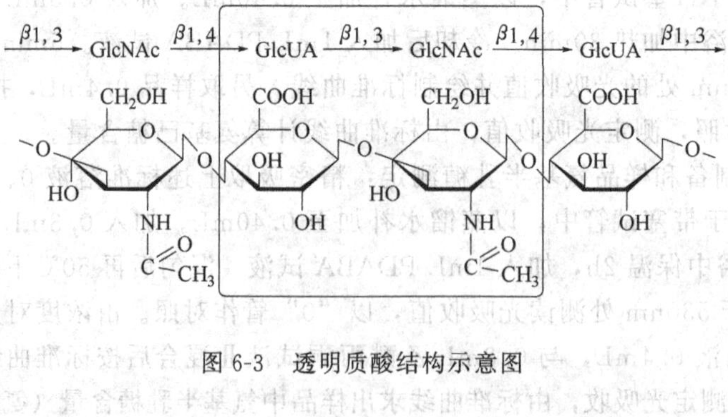

图 6-3 透明质酸结构示意图

透明质酸为白色、无定形固体，无臭无味，有吸湿性，溶于水，不溶于有机溶剂，水溶液具有较高的黏度。一些因素会影响透明质酸溶液的黏度，如 pH 低于或高于 7.0，或有透明质酸酶存在时引起分子中糖苷键的水解。许多还原性物质如半胱氨酸、焦性没食子酸、抗坏血酸，重金属离子和紫外线、电离辐射等也能引起其分子间的解聚而造成黏度下降。

二、生产工艺

(一) 组织提取方法

制备透明质酸的常用原料有公鸡冠、眼球玻璃体、人脐带、猪皮、兔皮等。工艺过程包括提取、除蛋白等杂质、分级分离、有机溶剂沉淀等。纯化方法有 Sevag 法、离子交换色谱法、制备电泳法、凝胶过滤法和吸附法等。

1. 工艺流程

鸡冠 $\xrightarrow[\text{丙酮}]{\text{脱水}}$ 粉碎鸡冠 $\xrightarrow[\text{蒸馏水}]{\text{提取}}$ 提取液 $\xrightarrow[\text{CHCl}_3]{\text{除蛋白}}$ 清液 $\xrightarrow[\text{95\% 乙醇}]{\text{沉淀}}$ 粗品透明质酸 $\xrightarrow[\text{0.1mol/L NaCl, pH4.5～5.5}]{\text{溶解}}$ 溶解酸 $\rightarrow$

$\xrightarrow{}$ 沉淀 $\xleftarrow[\text{95\% 乙醇}]{\text{沉淀}}$ 解离液 $\xleftarrow[\text{0.4mol/L NaCl}]{\text{解离}}$ 沉淀 $\xleftarrow[\text{1\% 氯铂酸}]{\text{配合}}$ 清液 $\xleftarrow[\text{CHCl}_3]{\text{除蛋白}}$ 酶解液 $\xleftarrow[\text{链霉蛋白酶 37℃, 24h}]{\text{酶解}}$

沉淀 $\xrightarrow[\text{干燥}]{}$ 精品透明质酸

2. 工艺过程

(1) 提取　新鲜鸡冠用丙酮脱水后粉碎，加蒸馏水浸泡提取 24h，重复 3 次，合并滤液。

(2) 除蛋白，沉淀　提取液与等体积的 CHCl₃ 混合搅拌 3h，分出水相，加 2 倍量 95％乙醇，收集沉淀，丙酮脱水，真空干燥得粗品透明质酸。

(3) 酶解　粗品透明质酸溶于 0.1mol/L NaCl，用 1mol/L HCl 调 pH 为 4.5～5.0，加入等体积 CHCl₃ 搅拌，分出水层，用稀 NaOH 调 pH7.5，加链霉蛋白酶，于 37℃ 酶解 24h。

(4) 配合、解离、沉淀　酶解液用 CHCl₃ 除杂蛋白后，然后加等体积 1％氯铂酸，放置后，收集沉淀，用 0.4mol/L NaCl 解离，离心，取上清液，加入 3 倍量 95％乙醇，收集沉淀，丙酮脱水，真空干燥，得精品透明质酸。

(二) 液体发酵法

传统方法提取透明质酸受到生物原料来源的限制，不宜用于工业化批量生产；而发酵法产率高，产物分子量大，适于规模化生产，但在提取阶段不易去除杂质。

1. 工艺流程：

菌种 $\xrightarrow[\text{培养}]{\text{筛选}}$ 发酵 $\rightarrow$ 发酵液 $\xrightarrow[\text{pH4.0 以下}]{\text{加 HCl 至}}$ 离心 $\xrightarrow{\text{10min, 弃菌体, 收集上清}}$ 调 pH $\xrightarrow[\text{至中性}]{\text{加 NaOH}}$ 沉淀 $\xrightarrow[\text{95\% 乙醇}]{\text{3 倍体积的}}$ 离心 $\rightarrow$

粗品 $\xleftarrow[\text{淀, 干燥}]{\text{95\% 乙醇沉}}$ 精制 $\xleftarrow[\text{馏水溶解}]{\text{加入适量蒸}}$ 溶解 $\xleftarrow[]{}$ 干燥 $\xleftarrow[\text{清, 收集沉淀}]{\text{10min, 弃上}}$

2. 工艺过程

(1) 培养基的配制　种子培养基成分 (g/L)：蛋白胨 10，酵母粉 10，无水葡萄糖 20，牛肉膏 10，CaCO₃ 5，KH₂PO₄ 0.5，MgSO₄ 0.2，Na₂SO₃ 0.1，小牛血清 0.5，用 NaOH 调 pH 至 7.2。121℃下高温灭菌 20min，葡萄糖在 115℃下灭菌 20min 后再加至上述灭菌后的培养液中，培养基冷却至室温后在消毒柜中加入无菌小牛血清。

发酵培养基 (g/L)：无水葡萄糖 80，CaCO₃ 3，NaNO₃ 20，KH₂PO₄ 0.5，MgSO₄ 0.2，Na₂SO₃ 2，硫脲 20，RMPI1640 2.5。

(2) 菌种的筛选和培养　将变异后的菌种 (兽疫链球菌，*Streptococcus zooepidemicus*)

用无菌生理盐水稀释，再用接种棒接种到羊血平板上，于33℃恒温干燥箱内放置18h，取肥大黏稠的菌落接种到10mL羊血培养基的小试管中，于33℃恒温干燥箱内放置18h，将小试管中的菌种接种到50mL三角瓶发酵培养基中，33℃摇床增菌培养24h，摇床转速控制在100r/min。

（3）发酵和提取　将增菌后的培养液全部转接到含3L发酵液的5L发酵罐中，接种量为2%，发酵条件为33℃，搅拌通气，转速为100r/min，发酵时间为48h。

终发酵液用浓HCl调pH至4.0以下，4000r/min离心10min，去菌体，上清液用NaOH调pH至中性，加入3倍量95%乙醇溶液沉淀多糖，4000r/min离心去上清，沉淀物干燥后加入适量蒸馏水溶解，再加入95%乙醇精提，所得品即为透明质酸粗产品。得到的粗品进一步提取步骤与前述动物组织提取工艺基本一致。

三、质量检测

透明质酸分子为葡萄糖醛酸与氨基葡萄糖双糖单位所组成，因此又可以通过测定分子中的某一残基单糖来计算样品中的透明质酸含量。通常有化学法和生化分析法。化学法主要采用Elson-Morgan法测定氨基葡萄糖含量和用Bitter的硫酸咔唑法测定葡萄糖醛酸的含量。生化分析法是用透明质酸酶水解透明质酸，然后用比色法测定产生的游离还原糖（氨基葡萄糖和葡萄糖醛酸）。本法特异、准确、可靠。还可以用电泳法分析透明质酸，样品经电泳后，用阿利新蓝染色，洗脱透明质酸染色区带，用比色法测定含量，此法结果也比较准确。

1. 试剂

硼砂硫酸液：4.77g溶于浓硫酸500mL。咔唑试液：咔唑0.125g溶于100mL乙醇，棕色瓶保存。

2. 操作

（1）精确称取透明质酸20mg，置于100mL容量瓶中，加水100mL溶解，摇匀，即为标准液备用。精确量取标准液0.5mL、1.0mL、1.5mL、2.0mL、2.5mL，分别加入10mL量瓶中，加水稀释至刻度，得10μg/mL、20μg/mL、30μg/mL、40μg/mL和50μg/mL浓度的对照品溶液。取6支试管分别加入硼砂硫酸液5mL，置冰浴中冷至4℃左右，再分别取蒸馏水和不同浓度的对照品溶液各1mL加入试管中，轻摇至充分混合均匀，此时不断用冰浴冷却，将试管置沸水中加热10min，置水中冷至室温。再加入咔唑试剂0.2mL，混合均匀，置入沸水中再加热15min，再冷至室温。显示粉红色，红色的深浅与吸光值成正比。在530nm波长处测吸收度A，以吸收度A对浓度c作图，可绘出标准曲线。

（2）样品的测定

取样品0.1g/L的溶液1mL，依上述方法测定吸收度，可利用标准曲线得到透明质酸浓度，再依下式计算含量：

$$透明质酸含量＝（透明质酸浓度/样品液浓度）×100\%$$

四、药理作用与临床应用

透明质酸有很大的黏性，对骨关节具有润滑作用；还能促进物质在皮肤中的扩散率，调节细胞表面和细胞周围的Ca^{2+}、Mg^{2+}、K^+、Na^+离子运动。在组织中的强力保水作用是其最重要的生理功能之一，故被称为理想的天然保湿因子，其理论保水值高达800mL/g，在结缔组织中的实际保水值为80mL/g，此外，透明质酸还有促进纤维增生、加速创伤愈合作用。

透明质酸作为药物主要用于眼科治疗手术，如晶体植入和摘除、角膜移植、抗青光眼手术等，还用于治疗骨关节炎、外伤性关节炎和滑囊炎以及加速伤口愈合。透明质酸在化妆品中的应用更为广泛，它能保持皮肤湿润光滑、细腻柔嫩、富有弹性，具有防皱、抗皱、美容保健和恢复皮肤生理功能的作用。

本 章 小 结

糖及其衍生物广泛分布于自然界生物体中。糖类的存在形式，按其聚合的程度可分为单糖、低聚糖和多糖等形式。

糖类药物来源于动植物和微生物，其制备方法根据品种不同可以分为从生物材料中直接提取、发酵生产和酶法转化三种。动植物来源的多糖多用直接提取方法，微生物来源的多糖多用发酵法生产。

游离单糖及小分子寡糖易溶于冷水及无水乙醇，可以用水或在中性条件下以50％乙醇为提取溶剂；也可以用82％乙醇，在70～80℃下回流提取。

提取多糖时，一般先需进行脱脂，以便多糖释放。常用提取方法有：①稀碱液提取。适用于难溶于冷水、热水、可溶于稀碱的多糖。②温热水提取。适用于难溶于冷水和乙醇，易溶于热水的多糖。③酶解法提取。蛋白酶水解法已逐步取代碱提取法而成为提取多糖最常用的方法。理想的工具酶是专一性低的、具有广谱水解作用的蛋白水解酶。多糖的纯化方法很多，如乙醇沉淀法、分级沉淀法、季铵盐配合法等。但必须根据目的物的性质及条件选择合适的纯化方法，往往用一种方法不易得到理想的结果，必要时应考虑合用几种方法。最后经鉴定检测获得合格产品。

本章分别介绍了香菇多糖、肝素、冠心舒、透明质酸等典型药物的结构与性质、生产工艺、质量要求与检测方法、药理作用与临床应用。

习 题

1. 多糖有哪些生物学作用？
2. 定量检测多糖的原理有哪些？
3. 试述香菇多糖、肝素、冠心舒和透明质酸的药理作用及临床应用。
4. 多糖的制备技术有哪些？

第七章

脂类药物

脂类（lipid）是脂肪（fat）、类脂（lipoid）及其衍生物的总称，广泛存在于动物、植物等生物体中。脂肪是三脂酰甘油（又称甘油三酯）。类脂的性质与脂肪类似，体内的类脂有磷脂、糖脂和胆固醇（steroid）等。脂类物质的共同物理性质是不溶于水或微溶于水，易溶于某些有机溶剂如乙醚、氯仿、丙酮等。

脂类药物是具有重要生理生化、药理药效作用的脂类物质，具有良好的营养、防治效果。脂类药物种类很多，结构和性质相差很大，大体可分为以下几类：①胆汁酸类，如胆酸、脱氧胆酸等；②不饱和脂肪酸类，如花生四烯酸、亚麻油酸等；③磷脂类，如卵磷脂、脑磷脂等；④固醇类，如胆固醇、麦角固醇等；⑤色素类，如胆红素、血红素等；⑥其他，如鲨烯等。

第一节 脂类药物的一般制备技术

脂类药物以游离或结合形式广泛存在于生物体的组织细胞中，工业生产中常依其存在形式及各成分性质，通过生物组织提取分离、微生物发酵、动植物细胞培养、酶转化及化学合成等不同的生产方法制取。

一、脂类药物的制备方法

1. 直接抽提法

在生物体或生物转化体系中，有些脂类药物以游离形式存在，如卵磷脂、脑磷脂、亚油酸、花生四烯酸等。因此，通常根据各种成分的溶解性质，采取相应的溶剂系统从生物组织或反应体系中直接抽提出粗品，再经各种相应的分离纯化和精制获得纯品。

2. 水解法

生物体内有些脂类与其他成分形成复合物，这类物质需先水解，然后再分离纯化。如脑干中的胆固醇酯经丙酮抽提、浓缩、用乙醇结晶；再用硫酸水解和结晶才能获得胆固醇。在胆汁中，胆红素绝大多数与葡萄糖醛酸结合成共价化合物，提取胆红素需先用碱水解胆汁，然后用有机溶剂抽提。

3. 化学合成

某些脂类药物可以用相应的有机化合物或生物体中的某些成分为原料，采用化学合成或半合成法制备。如血卟啉衍生物是以原卟啉为原料，经氢溴酸加成反应，再经水解后所得的产物。又如以胆酸为原料，经氧化或还原反应可分别合成脱氢胆酸、鹅脱氧胆酸及熊脱氧胆酸，称半合成法。

4. 生物转化法

微生物发酵、动植物细胞培养及酶工程技术可统称为生物转化法，多种脂类药物均可采用生物转化法生产。如用微生物发酵法或烟草细胞培养法生产 CoQ_{10}，用紫草细胞生产紫草素。

二、脂类药物的分离

脂类药物的品种很多，结构多样化，性质差异甚大，通常用溶解度法、吸附分离法、超临界流体萃取技术进行分离。

1. 溶解度法

溶解度法是依据脂类药物在不同溶剂中溶解度的差异进行分离的方法，如游离胆红素在酸性条件下溶于氯仿及二氯甲烷，故胆汁经碱水解及酸化后用氯仿抽提，其他物质难溶于氯仿，而胆红素则溶出，因此得以分离。又如卵磷脂溶于乙醇而不溶于丙酮，脑磷脂溶于乙醚而不溶于丙酮和乙醇，故脑干丙酮抽提液用于制备胆固醇，不溶物用乙醇抽提得卵磷脂，乙醚抽提物得脑磷脂，从而三种成分得以完全分离。

2. 吸附分离法

吸附分离法是根据吸附剂对各种成分吸附力差异进行分离的方法，如从家禽胆汁提取鹅脱氧胆酸粗品，经硅胶柱色谱及乙醇-氯仿溶液梯度洗脱即可与其他杂物分离。

3. 超临界流体萃取技术

超临界流体萃取技术是利用超临界流体（supercritical fluid，SF）的溶解能力与其密度的关系，即利用压力和温度变化影响超临界流体溶解不同物质能力而进行分离的方法。在超临界状态下，超临界流体与待分离的物质接触，使其有选择性地把极性大小、沸点高低、分子量大小不同的成分一次萃取出来。根据脂类物质不同组分在超临界流体中沸点高低不同和溶解度的差异可分离所需要的有效成分，如不饱和脂肪酸、磷脂、植物甾醇等均可采取该种分离方法。超临界流体萃取技术具有操作温度低、可调性及选择性强、提取分离效率高、产物生物活性好等优点；但有设备投资费用大、工艺技术要求高等缺陷。

三、脂类药物的精制

经分离后的脂类药物中常有微量杂质，需用适当的方法精制，常用的有结晶法、重结晶法和有机溶剂沉淀法。如用色谱法分离的 PGE_2 经乙酸乙酯-己烷结晶；用色谱法分离后的 CoQ_{10} 经无水乙醇结晶得到纯品。

第二节 发酵工程生产脂类药物

发酵工程生产脂类药物是利用微生物在最适宜的条件下把糖等底物转化成脂类化合物的现代生物技术。可以用合适的培养条件，调节微生物代谢途径或通过基因工程手段改造微生物，提高脂类化合物的产量和效率。

一、微生物细胞合成油脂的生化途径

微生物先将培养基中各种碳水化合物分解成单糖如葡萄糖，再通过糖酵解途径即 EMP 途径，在细胞质中将葡萄糖分解成丙酮酸，在移位酶作用下，丙酮酸进入线粒体，在有氧条件下，丙酮酸脱羧生成乙酰 CoA，然后进行三羧酸循环（TCA 循环），生成柠檬酸。在氮源缺乏的情况下，柠檬酸积累转送出线粒体，经裂解成乙酰 CoA，再循环以上各步骤，通过一系列过程合成脂肪酸及油脂（见图 7-1）。

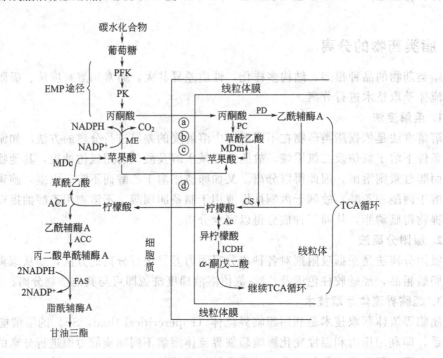

图 7-1 微生物细胞合成油脂的生化途径

图中ⓐ、ⓑ、ⓒ为丙酮酸-苹果酸移位酶系统，ⓓ为柠檬酸-苹果酸移位酶。ACC 为乙酰辅酶 A 羧化酶，Ac 为顺乌头酸酶，ACL 为柠檬酸裂解酶，CS 为柠檬酸合成酶，FAS 为脂肪酸合成酶系，ICDH 为异柠檬酸脱氢酶，MDc 为细胞质内苹果酸脱氢酶，MDm 为线粒体内苹果酸脱氢酶，ME 为苹果酸酶，PC 为丙酮酸羧化酶，PD 为丙酮酸脱氢酶，PFK 为磷酸果糖激酶，PK 为丙酮酸激酶

用微生物生产脂类与动植物生产脂类相比较有许多优点。

① 微生物适应性强，生长繁殖迅速，周期短，代谢活力强，易于培养，易于改良，遗传稳定。

② 微生物生产脂类占地面积小，不受场地、气候、季节限制，能连续化大规模生产，所需劳动力少。

③ 微生物生长所需原材料丰富、价格便宜，如乳清、糖蜜、废糖液、淀粉生产中的废料和废液、木材糖化液、亚硫酸纸浆等，均可利用，又有利于环境保护。

④ 微生物脂类生物安全性好。微生物不是病原菌，不产生毒素或其他不利于人体健康的物质。

二、产脂类微生物

一般油脂积累量超过细胞总量 20% 的微生物称为产脂类微生物。主要包括细菌、酵母菌、霉菌和微藻。据资料，在 590 种酵母菌中，有 25 种积累脂类超过 20%；约 6 万种霉菌中，只有少数能积累脂类，约有 45 种积累的脂类超过细胞量的 25%。积累的脂类的数量由微生物的品种和它所生长的环境所决定。很显然，最大的影响因素是微生物品类；培养条件如温度、pH、供氧量也能影响产生脂类的类型；微生物生长的底物可影响所产的脂类，在不同的碳源底物上生长的微生物可能产生不同的脂肪酸。几类产脂类的微生物见表 7-1。

表 7-1　几类产脂类的微生物

名　　称	干基油脂含量/%	备　　注
节杆菌 AK19	80	正丁烷或葡萄糖作培养基质
Chlorella spp.	10～85	含量因种而异
Monalanlus salina	70	在氮源分离条件下产脂
Olystis polymorpha	30	在高温下油脂增加
弯假丝酵母 D(Candida currate D)	58	用乳清渗透物作培养基质
黏红酵母(Rhodotorula glutinis)	58	间歇或连续培养
斯达酵母(Lipomyces starkeyi)	54	乙醇作为培养基质
斯达酵母(Lipomyces starkeyi)	36	淀粉作为培养基质
产油油脂酵母(Lipomyces lipoferus)	35～37	在豌豆水解物上生长

通过菌种筛选与改良、培养方法与条件、生产工艺等多方面研究的开展，并在基因工程、细胞工程技术的基础上探索提高产油率及产油途径，可开发微生物脂类的大规模生产。

三、微生物油脂或单细胞油脂成分

甘油三酯大约占微生物中脂类的 95%，其他如糖脂、甘油一酯、甘油二酯一般占总脂质的 5%。少数不常见脂质，如硫酸脑苷脂、脑硫酯、肽脂、甾醇、羟基脂、蜡酯、甘油硫酸酯、醚酯，都已在细菌中发现；酵母和霉菌可生产各种类胡萝卜素、甾醇、脂酰基鞘氨醇类神经鞘脂及糖脂；微藻脂质中一般有高比例的多不饱和脂肪酸。酵母的脂肪酸组成一般与植物油脂相似，其中油酸、棕榈酸、亚油酸和硬脂酸占多数；霉菌中脂肪酸种类比酵母多，从短链脂肪酸 C_{10}～C_{14}，一直到多不饱和脂肪酸和羟基脂肪酸都有。

第三节　胆汁酸

我国应用动物胆汁治疗疾病已有 1000 多年的历史。《本草纲目》收载了 20 余种动物的胆汁入药。国内外以胆汁为原料制造的生化药品，不包括牛黄配制的制剂，已达 40 多种。因此，胆汁是生化制药的重要原料。在夏季，采自猪、牛、羊、鸡、鸭、鹅等动物的胆汁，不及时处理，室温放置会腐败发臭，也不便于贮存和运输，故常直接浓缩制成胆膏、干燥制成胆粉或进一步加工制成胆汁酸。

胆汁是脊椎动物特有的，从肝分泌出来的分泌液，其苦味来自所含胆汁酸，黏稠性来自黏蛋白，颜色来自胆色素。胆汁的许多生理生化功能主要是胆汁酸的作用，而胆汁酸又是胆汁的主要成分，也是特征性成分。动物种类不同，胆汁其他成分变化不大，而胆汁酸的种类却有改变。

一、结构与性质

胆汁酸（bile acid）是指来自人体和动物胆汁的具有甾核（即类固醇核）结构的一类大分子酸。在较高级脊椎动物中，大部分天然胆汁酸是胆烷酸的衍生物，结构的基本骨架是甾核。在甾核 C_{10} 和 C_{13} 上连有甲基，C_{17} 位上的侧链为异戊酸。在甾核的不同位置上有羟基，C_3 位上的羟基在环系平面相反一侧，为 α-型。甾核上无双键。常见胆汁酸的羟基位置与构型如下：

	−OH		
胆酸	3α	7α	12α
脱氧胆酸	3α		12α
鹅脱氧胆酸	3α	7α	
熊脱氧胆酸	3α	7β	
猪胆酸	3α	6α	7α
猪脱氧胆酸	3α	6α	
石胆酸	3α		

胆汁酸呈白色粉末，无臭，味苦，其碱金属盐均易溶于水和醇中。动物的胆汁中含有多种胆汁酸。胆汁酸是结合的各种胆酸类物质的总称，通常以肽键与甘氨酸和/或牛磺酸通过酰胺键相结合存在于胆汁中，并与钠、钾结合成胆汁酸盐而具有水溶性。胆盐分子的一端是极性的羧基或磺酸基，另一端则为非极性的固醇环，因而胆盐是一种乳化剂，可在脂肪和水之间形成中间单分子层，使脂肪与水的界面张力降低，而将脂肪乳化为为微粒，分散于水相中。

各种动物胆汁中的胆汁酸含量不同（见表 7-2），故在制备胆汁酸时，必须选择适宜的原料。

表 7-2　动物胆汁中主要胆汁酸的含量　　　　　　　　　　　　　　　　%

动物	胆酸	脱氧胆酸	鹅脱氧胆酸	动物	胆酸	脱氧胆酸	鹅脱氧胆酸
牛	5.5～10	—	0.15	鸭	1	—	40
羊	10	1	0.6	鸡	1	—	4
狗	20	1	—	兔	1	9	—

二、生产工艺

（一）粗胆汁酸的制备方法

新鲜胆汁采集后，应立即冰冻贮存或加适当防腐剂（如甲苯、麝香草酚、氯仿等）防腐。浓缩成胆膏或干燥成胆粉则更便于贮存和运输。家禽等小动物胆汁量少，最好采集后立即倾入沸腾的乙醇中，可防腐和除去蛋白质。下面介绍几种粗胆汁酸的制备方法。

1. 乙醇提取法

取胆膏加入其质量 1/10～1/5 的活性炭，加热，充分搅拌，蒸去水分至固形物能粉碎，用数倍体积的 95％乙醇提取 3～5 次，合并滤液，滤液蒸馏回收乙醇，蒸干，即得淡黄色粗品胆汁酸盐。也可将新鲜胆汁加入其 10～20 倍体积的热乙醇中，不断搅拌，放冷，过滤，滤液蒸馏至干即得。

2. 酸沉淀法

取胆汁加热浓缩至半量，趁热加入 1～2 倍体积的 95％乙醇，回流沸腾数分钟，冷却，过滤，滤液蒸馏回收乙醇，至内容物起泡，倾入稀盐酸中，最终 pH 不低于 3。胆汁酸黏稠物附于器底，放置过夜，倾出上清液，沉淀物用少量酸水洗 1～2 次，再以 95％乙醇加热溶解，用碱调 pH8～8.5，加活性炭脱色，过滤，滤液蒸馏回收乙醇，干燥，即得白色或淡黄色胆汁酸粉末。本法适用于牛、羊、猪的胆汁。鸡胆汁中胆汁酸溶解度较大，沉淀不完全，本法不大适用。

3. 盐析法

取胆汁加乙醇去除蛋白质，残液蒸去乙醇，加入氯化钠使质量浓度达 100～200g/L（10％～20％），低温放置数日，大多数胆汁酸盐析出。自然过滤，沉淀以饱和盐溶液水洗 2 次，干燥，粉碎，再以 95％乙醇加热提取，活性炭脱色，蒸干即得。如胆汁酸盐不析出或盐析不完全，母液酸化至 pH2～3，加热煮沸，胆汁酸析出，取出沉淀溶于乙醇，调 pH8～8.5，活性炭脱色，蒸去乙醇，即得胆汁酸盐。

粗胆汁酸的制备是各种胆汁酸分离、提取的基础。

（二）鹅脱氧胆酸（chenodeoxycholic Acid，CDCA，鹅去氧胆酸）

鹅脱氧胆酸（CDCA）可溶于甲醇、乙醇、氯仿、丙酮和冰醋酸以及稀碱中，不溶于水、石油醚和苯。鸡胆汁中主要含有四种胆汁酸，其中鹅脱氧胆酸（CDCA）约为 80％；胆酸（CA）约为 14％；别胆酸（allo-CA）约为 5％，牛磺酸（TAR）约为 1％。如果能够从鸡胆汁中除去 CA 等其他成分并尽量不使 CDCA 丢失，就可以保证获得含 95％左右的 CDCA。CA 分子含有 3 个羟基，CDCA 含有 2 个羟基的不同，根据它们在乙醇、水、乙酸乙酯中溶解度的差异，pK 值等理化性质的不同以及利用 CDCA 钡盐的生成，可制得较纯的 CDCA。

1. 工艺路线

鸡（或鹅、鸭）胆汁 --[水解]氢氧化钠--> 皂化液 --[酸化]盐酸--> 总胆汁酸 --[脱脂]120 号汽油--> CDCA 粗品 --[成盐]氯化钡--> CDCA 钡盐 --碳酸钠,盐酸 pH2～3--> CDCA 精品 --[结晶]乙酸乙酯--> CDCA 结晶 --[干燥]真空干燥--> 成品

2. 工艺过程

（1）总胆汁酸的制备　取新鲜或冷冻鸡（或鸭、鹅）胆汁，按其体积的 1/10 加入工业氢氧化钠，加热煮沸 20～24h，不断补充蒸发去的水量，冷却后以 1∶1 盐酸调 pH2～3，有膏状物生成，取出，用水充分洗涤近中性，得总胆汁酸。

（2）鹅脱氧胆酸钡盐的制备　取总胆汁酸加入 2 倍量 95％乙醇，加热回流 2h，同时加入 5％～10％的活性炭脱色，趁热过滤，滤液放冷后，用等体积的 120 号汽油萃取 2～3 次脱脂，下层减压浓缩，回收乙醇，得膏状物，倾入大量水，析出沉淀，使沉淀完全，沉淀物水洗至洗涤液近无色。取膏状物，加入 2 倍量 95％乙醇及 5％氢氧化钠醇溶液，加热回流 1～2h，调 pH8～8.5，加膏状物 2 倍量的 15％氯化钡水溶液，加热回流 2h，趁热过滤，滤液回收乙醇，至内容物析出晶膜或浑浊时，停止加热，放冷，即析出针状结晶。待结晶完全后，抽滤，得白色 CDCA 钡盐结晶，以水充分洗涤（必要时以 65％～70％乙醇重结晶），减

压干燥。

(3) CDCA 的制备　将干燥的钡盐研细，悬浮于 15 倍量水中，加计算量稍过剩的碳酸钠（如无水碳酸钠其量为 CDCA 钡盐的 12%），加热使其充分回流溶解，趁热过滤，冷却后再过滤 1 次，除去沉淀，滤液用 10% 盐酸缓缓调到 pH 为 2~3，析出沉淀过滤，用水洗涤，直至水洗液至中性，真空干燥后，以乙酸乙酯重结晶 1~2 次，得精品，熔点 140~143℃。

脱钡时，也可将 CDCA 钡盐悬浮于 10 倍量的 3mol/L 盐酸中，再加入钡盐 10 倍量的乙酸乙酯，搅拌使其完全溶解，静置分层，乙酸乙酯层以水洗涤，浓缩至小体积，放置析晶。过滤，结晶干燥得成品。

3. 工艺讨论

(1) CDCA 也可利用吸附法生产，收率接近钡盐法。

(2) CDCA 在 105℃ 烘干时容易分解。因此，用 80℃ 减压真空干燥可缩短干燥时间，提高产品质量。

（三）猪脱氧胆酸（hyodeoxycholic acid，HDCA）

猪脱氧胆酸（HDCA）为白色或类白色粉末，无臭或微腥，味苦。在乙醇和冰醋酸中易溶，在丙酮中微溶，在乙酸乙酯、乙醚或氯仿中极微溶解，在水中几乎不溶。

1. 工艺路线

2. 工艺过程

(1) 胆色素钙盐制备　新鲜猪胆汁加 3~4 倍量的澄清饱和石灰水，或密度为 2~3Bé 的新制石乳 0.5 倍，搅拌均匀，加热至沸，捞取漂浮在液面的橘红色胆红素钙盐，放入细布滤干。

(2) 猪胆汁酸制备　取猪胆汁制取胆红素钙盐的滤液，趁热加盐酸酸化至刚果红试纸变蓝（pH 约 3.5），静置 12~18h，绿色黏膏状粗胆汁酸沉于器底，取出，用水冲洗后，真空干燥。

(3) 猪脱氧胆酸粗品制备　取上述粗品，加 1.5 倍量氢氧化钠，9 倍量水，加热皂化 16h 以上，冷却后静置分层，虹吸去上部淡黄色液体，沉淀物补充少量水使溶解。此水溶液用稀盐酸或硫酸（2:1）酸化至刚果红试纸变蓝，取出析出物，过滤，水洗至近中性呈金黄色，真空干燥，得猪脱氧胆酸粗品。

(4) 精制　取上述粗品，加 5 倍量乙酸乙酯，活性炭 15%~20%，加热搅拌回流溶解，放冷，过滤。滤渣再加 3 倍量乙酸乙酯回流，过滤。合并滤液，加 20% 无水硫酸钠脱水。过滤后，滤液浓缩至原体积的 1/3~1/5，放冷析晶。抽滤，结晶以少量乙酸乙酯洗涤，真空干燥。熔点为 160~170℃。

若以乙酸乙酯再结晶 1 次，可得精品，熔点可达 195~197℃。

3. 工艺讨论

在精制工艺中，也可用 6 倍量乙酸乙酯、加 5% 活性炭、回流 30min，回流 2 次。

三、质量检测

(一) 鹅脱氧胆酸 (CDCA) 的检测

1. CDCA 的质量标准

本品自家禽胆汁提取，含 CDCA 不得低于 95%。

鉴别：取本品 20mg，加 15∶1 的乙酸乙酯与硫酸的混合液 3mL，使其溶解，加乙酸酐 2mL，溶液先呈红色，后转蓝紫色。

(1) 熔点：136～140℃。

(2) 比旋度：[α] D+11～+13°（乙醇）。

(3) 干燥失重：不得超过 2%。

(4) 炽灼残渣：不得超过 0.2%。

(5) 钡盐：取本品 1g，加等量无水碳酸钠，熔融，炭化灼烧后，加盐酸 5～10mL，溶解，中和过滤，滤液加水至 25mL，加入稀硫酸 1mL，溶液不得发生浑浊。

2. 检测方法

(1) 药典方法

《中国药典》（2015 年版）的含量测定采用酸碱滴定法。即取本品 0.5g，精密称量，加中性乙醇 25mL 溶解后，加酚酞指示液 2 滴，用氢氧化钠滴定液（0.1mol/L）滴定，即得。每 1mL 氢氧化钠滴定液（0.1mol/L）相当于 39.26mg 的 CDCA（$C_{24}H_{40}H_4$）。

(2) 硫酸-乙酸酐法

此法测定 CDCA，专一性较强，重现性及回收率也较高。

吸取 CDCA 无水乙醇溶液，于沸水浴上蒸尽溶剂，冷至室温，加乙酸乙酯-浓硫酸试液（乙酸乙酯∶浓硫酸＝15∶1）3mL，充分振摇使完全溶解。置恒温水浴（21℃）中，向各试管加入乙酸酐 2mL，充分混合。于加入乙酸酐后 15min，用 1cm 具塞比色杯在 615nm 波长处测定吸光度。测定时以空白试剂作对照。CDCA 在 0～2mg 范围内符合 Beer 定律。由于乙酸酐易挥发，且腐蚀性强，易损坏分光光度计元件，故选用具塞比色杯。

其他胆汁酸如胆酸、石胆酸等均无干扰或干扰极微。

(二) 猪脱氧胆酸 (HDCA) 的检测

1. HDCA 的质量标准

(1) 含量测定　取本品约 0.5g，精密称量，加中性乙醇 30mL 溶解后，加酚酞指示液 2 滴，用 1mol/L 氢氧化钠滴定，即得（每毫升 1mol/L 氢氧化钠液相当于 39.26mg 的 HDCA），按干燥品计算含总胆汁酸量，按 HDCA（$C_{24}H_{40}H_4$）计算不得少于 98%。

(2) 熔点　190～201℃（熔距不超过 3℃）。

(3) 比旋度　+6.5°～+9.0°。

(4) 干燥失重　不超过 1.0%。

(5) 炽灼残渣　不超过 0.2%。

2. 检测方法

上海医药工业研究院报道，将猪脱氧胆酸及胆酸配成 60μg/mL 的 0.01mol/L 氢氧化钠溶液，分别精密吸取 0.2～1.0mL，置 10mL 容量瓶中，用 0.01mol/L 氢氧化钠补足至刻度，再加 5mL 78% 硫酸，置容量瓶于冷水浴中，边加边振摇（防止局部过热），混合均匀后，在 60℃ 保温 15min。立即取出，放入冷水浴中，冷却 10min，分别在 385nm 和 320nm

测定。反应液在 2h 以内稳定。同时做空白对照。

测定样品时，约取 3mg 猪脱氧胆酸，依法操作。本法可测定总的脱氧胆酸，准确性比酸碱滴定法为更佳。误差在 3% 以内。

四、药理作用与临床应用

（一）鹅脱氧胆酸的药理作用与临床应用

1. 药理作用

CDCA 主要作用是降低胆汁内胆固醇的饱和度，从而使胆石中的胆固醇溶解、脱落。一般当 CDCA 占胆汁中胆盐的 70% 时，胆固醇就处于不饱和状态。大剂量的 CDCA（每日 10~15mg/kg）可抑制胆固醇的合成，并增加胆石症患者胆汁的分泌，但其中的胆盐和磷脂分泌量维持不变。

2. 临床应用

临床上主要用来治疗胆固醇结石，用于胆囊结石病。

本品需服用较长时间，一般需半年甚至一年以上，才能起到溶解胆石的作用，为避免腹泻等副作用，剂量可渐增。

（二）猪脱氧胆酸的药理作用与临床应用

1. 药理作用

能抑制胆酸的形成及溶解脂肪，降低血中胆固醇和甘油三酯；对百日咳杆菌、白喉杆菌、金黄色葡萄球菌等有一定的抑菌作用；能刺激胆汁分泌，使胆汁变稀而不增加固体量。

2. 临床应用

临床上适用于Ⅰa或Ⅰb型高脂血症、动脉粥样硬化症；可用作消炎药，治疗慢性支气管炎、小儿病毒性上呼吸道炎症等；适用于胆道炎、胆囊炎、胆石症和其他非阻塞性胆汁郁积；也可加速胆囊造影剂排出肝脏，并有助于显影；尚能促进肠道脂肪分解和脂溶性维生素吸收，可用于肝胆疾患引起的消化不良。

第四节　鱼油多不饱和脂肪酸

1978 年，丹麦学者 Dyerberg 等指出爱斯基摩人心血管病发病率极低的原因是他们食用大量海生动物，从中摄取了较多的 EPA 和 DHA 等 ω-3 系多不饱和脂肪酸（polyunsataurated fatty acids，PUFA）。研究证明 EPA、DHA 等 ω-3 系 PUFA 有多种生理功能和药理作用。如抑制血小板聚集、调整血脂、提高生物膜液态性能等，为人体必需脂肪酸。

多不饱和脂肪酸广泛存在于海洋生物中，如海洋鱼类沙丁鱼、鲑鱼、鳕鱼、马面鲀、鲨鱼以及海洋软体动物牡蛎、乌贼、蚝与海藻类等。

一、结构和性质

EPA 和 DHA 为鱼油多不饱和脂肪酸的主要组成成分，EPA 即二十碳五烯酸（all cis 5,8,11,14,17-eicosapentaenoic acid，EPA），分子式为 $C_{20}H_{30}O_2$，分子量为 302.44；DHA 为二十二碳六烯酸（all cis 4,7,10,13,16,19-docosahexaenoic acid，DHA），分子式为

$C_{22}H_{32}O_2$，分子量为 328.47。EPA 和 DHA 的双键都始自甲基端第 3 个碳原子，即属 ω-3 系。不同来源和不同的制备方法获得的产品所含两者的比例有所差别。

鱼油多不饱和脂肪酸为黄色透明的油状液体，有鱼腥臭。与无水乙醇、四氯化碳、氯仿、乙醚能任意混溶，在水中几乎不溶。由于分子中有多个双键的存在，这类脂肪酸对光、氧、热等因素不稳定，易发生氧化分解、聚合、转位重排、异构化等反应。为了提高稳定性，增加生物利用度，通常将鱼油多不饱和脂肪酸进行酯化制成乙酯或甲酯，并制成软胶囊或以某种手段进行固化。

多不饱和脂肪酸分子中的双键可与碘发生加成反应，因此多不饱和脂肪酸的相对含量与碘值有关。每 100g 脂肪或脂肪酸所能吸收碘的克数，即称为碘值，碘值越高不饱和脂肪酸的含量也越高。不饱和脂肪酸在空气中暴露，易被氧化为过氧化物等有害物质，检查其过氧化值也是控制其质量的重要指标。对于多不饱和脂肪酸酯，可被水解成游离脂肪酸，后者可能被氧化为过氧化物，再分解成醛、酮或低级脂肪酸，这些产物都有酸臭味，这种现象称为酸败。常用"酸价"表示含游离脂肪酸的多少。所谓酸价，即中和油脂 1g 中所含的游离脂肪酸所需的氢氧化钾的毫克数。酸价与产品质量的优劣有关。

二、生产工艺

（一）盐溶解度法制备鱼油多不饱和脂肪酸

1. 工艺路线

鲱鱼下脚料 $\xrightarrow[85\sim95℃，压榨，离心]{\text{[鱼油提取] 氯化钠}}$ 鱼油 $\xrightarrow[回流，压滤]{\text{[皂化] 氢氧化钠,乙醇}}$ 滤液 $\xrightarrow[低温，压滤]{\text{[纯化]}}$ 滤液 $\xrightarrow[pH2\sim3，离心]{\text{[酸化分离] 稀盐酸}}$ PUFA

2. 工艺过程

（1）鱼油的提取 取鲱鱼下脚料，绞碎，加 1/2 量水，调 pH8.5～9.0，在搅拌下加热至 85～90℃，保持 45min 后，加 5％的粗食盐，搅拌使溶，继续保持 15min。用双层纱布或尼龙布过滤，压榨滤渣，合并滤液与榨液，趁热离心，分取上层，得鲱鱼鱼油。

（2）皂化 将鲱鱼鱼油加至 5 倍体积 4％氢氧化钠乙醇溶液中，在氮气流下回流 10～20min，放至室温，大量脂肪酸钠盐析出，挤压过滤，得滤液。

（3）纯化 滤液冷却到 -20℃，压滤。滤液加等体积水，用稀盐酸调 pH3～4，2000×g 离心 10min，得上层脂肪酸。将脂肪酸溶于 4 倍体积氢氧化钠乙醇溶液中，-20℃放置过夜，压滤。滤液加少量水，-10℃冷冻，抽滤除去胆固醇结晶。滤液再加少量水，-20℃冷冻 2000×g 离心 5min，倾出上层液，得下层 PUFA 钠盐胶状物。

（4）酸化分离 将 PUFA 钠盐胶状物，用稀盐酸调 pH2～3，2000×g 离心 10min，得上层液即为 PUFA。

3. 工艺说明

（1）在鱼油的提取过程中，将提取物调至碱性并在加热后加入食盐，可使过滤压榨容易进行，但加碱不可过量，否则鱼油将被皂化。在保温后期加入食盐，提取液黏性变小、渣子凝聚。另外食盐还有破乳化作用，有利于油水分离。压榨对鱼油收率影响很大，约有 1/3～1/2 的鱼油存在于压榨液中。

（2）在皂化后用冷冻的办法对 PUFA 进行纯化，其基本原理为脂肪酸不饱和程度低者，其盐易析出，故温度对纯化效率有显著的影响。冷冻温度越低，纯化效率越高，应根据具体情况和需要选用冷冻条件。

（3）乙醇的含量也很重要。实验发现，鱼油在 80％的乙醇中皂化后，冷却到室温时无脂肪酸钠盐析出，再冷却至－20℃，整个皂化液冻结成硬块，无纯化作用。乙醇含量宜在90％以上。

（4）在纯化过程中，将第一次－20℃冷冻、酸化离心后获得的脂肪酸溶于氢氧化钠乙醇溶液，与冷却除钠盐结晶后的滤液相比，脂肪酸钠的浓度大大提高，再冷却还会析出脂肪酸钠盐，除去这部分钠盐，EPA 和 DHA 得到进一步纯化。

（5）通过向 PUFA 的碱性乙醇溶液中加入适量的水，于低温下使胆固醇析出，不仅可除去 PUFA 中的胆固醇，而且还有一定的脱色作用。

（二）尿素包合法制备鱼油多不饱和脂肪酸

1. 工艺路线

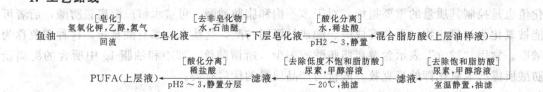

2. 工艺过程

（1）皂化　将氢氧化钾 25kg 溶于 95％乙醇 800L，加入鱼油 100kg，在氮气流下加热回流 20～60min，使完全皂化。皂化程度检查用硅胶 G 薄层色谱法，以三脂酰甘油斑点消失判定皂化完全。

（2）去非皂化物　皂化液加适量的水，用 1/3 体积的石油醚萃取非皂化物，弃去石油醚层。

（3）酸化分离　下层皂化液加 2 倍体积水，用稀盐酸调至 pH2～3，搅拌，静置分层，收集上层油样液，以无水硫酸钠干燥得混合脂肪酸。

（4）去除饱和脂肪酸　取尿素 200kg，加甲醇 1000L，加热溶解后在搅拌下加入混合脂肪酸 100kg，加热搅拌使澄清，置室温继续搅拌 3h，静置 24h，抽滤，弃去沉淀（尿素包合饱和脂肪酸），得滤液。

（5）去除低度不饱和脂肪酸　向滤液再加入尿素甲醇饱和溶液 300L（含尿素 50kg），搅拌，室温静置过夜，于－20℃再静置 2h，抽滤，弃去沉淀（尿素包合饱和脂肪酸和低度不饱和脂肪酸），得滤液。

（6）酸化分离　用稀盐酸将滤液调 pH2～3，搅匀后静置，收集上层液，水洗，无水硫酸钠干燥得 PUFA。

3. 工艺说明

（1）尿素用量对包合物形成的影响　在相同温度条件下，尿素用量小时，饱和度高的脂肪酸优先形成包合物而沉淀；尿素用量大时，一个和两个双键的脂肪酸也形成包合物析出。

（2）温度对包合物形成的影响　在尿素与脂肪酸物质的量之比相同条件下，温度降低有利于包合物的形成。随着温度下降，低度不饱和脂肪酸形成的包合物逐渐增多。

（3）盐溶解度法和尿素包合法除去低度不饱和脂肪酸的机理不同，各有所长。盐溶解度法除去 C_{16}～C_{18} 低度不饱和脂肪酸效果较好，尿素包合法除去 C_{20}～C_{22} 低度不饱和脂肪酸较为优越，故两种方法交替应用进行纯化，可进一步提高产品 EPA 和 DHA。

（三）鱼油多不饱和脂肪乙酯的制备

将 PUFA 加至 4 倍体积 1.5％硫酸乙醇液中，回流 90min，放至室温加等量水，搅拌

2min，3000r/min 离心 10min，洗除片状结晶。如此水洗数次，至洗液呈淡黄色为止，得 PUFA 乙酯（PUFA-E）。

（四）鱼油多不饱和脂肪酸乙酯的分离

从 PUFA-E 中分离 EPA-E 和 DHA-E，一般可通过分子蒸馏、超临界二氧化碳萃取或硝酸银硅胶色谱法进行。

三、质量检测

鱼油多不饱和脂肪酸不稳定，其酯有利于蒸馏分离，故多以其酯的形式作为药用。现以鱼油多不饱和脂肪酸乙酯的一种产品为例，介绍其检测方法。

（一）质量标准

山东省药品标准规定，本品系用鲭鱼油、沙丁鱼油或马面鲀鱼油经乙酯化，浓缩精制，加适量稳定剂制成。含二十碳五烯酸乙酯（$C_{22}H_{34}O_2$）和二十二碳六烯酸乙酯（$C_{24}H_{36}O_2$）的总量不得少于 70%。

1. 性状

本品为黄色透明的油状液体，有鱼腥臭；与氯仿、乙醚能任意混合，在水中不溶；相对密度为 0.905～0.920；折光率为 1.480～1.495；碘值为 300 以上。

2. 鉴别

本品含量测定项下的色谱图中，二十碳五烯酸乙酯和二十二碳六烯酸乙酯的保留时间应与对照品峰的保留时间一致。

3. 检测

（1）酸值　取本品 2.0g，依照《中国药典》（2015 年版）维生素 A 酸值项下的方法检测，酸值不得大于 2.0。

（2）过氧化值　取本品 1.0g，依照《中国药典》（2015 年版）维生素 A 过氧化值项下检测，消耗硫代硫酸钠液（0.01mol/L）不得过 1.5mL。

（3）不皂化物　取本品 5g，精密称量，置锥形瓶中，加入乙醇制氢氧化钾液（2mol/L）50mL，在水浴中加热回流 1～2h，加水 50mL（如浑浊则需继续加热回流），放冷，移置分液漏斗中，用石油醚 50mL 分数次洗涤皂化瓶，洗液并入分液漏斗中，剧烈振摇 1min，待澄清分层后分出皂液，置另一分液漏斗中，继续用石油醚振摇，提取 2 次（每次 50mL），合并醚液，先用中性的 50% 乙醇（对酚酞指示液显中性）50mL 洗涤 1 次，继续以 50% 乙醇洗涤 2 次（每次 25mL），最后用水洗涤（每次 50mL）至洗液对酚酞指示液不显色为止。洗涤后的醚液在水浴上蒸干后，残渣在 105℃ 干燥 1h，精密称量，不得超过 3%。

（二）检测方法

依照《中国药典》（2015 年版）气相色谱法测定。

仪器及性能要求：以聚二乙二醇酯（DEGS）为固定相，涂布浓度为 10%，载体 Chromosorb WAWDMCS 80～100 目，柱长 1.0～1.5m，内径为 3mm，柱温 185℃，进样温度 250℃，最小峰面积 500。

对照品溶液的制备：分别称取二十碳五烯酸乙酯、二十二碳六烯酸乙酯对照品适量，用乙醚稀释成每毫升中约含 8mg 的溶液。

供试品溶液的制备：取本品 0.1g，加乙醚 1mL 溶解。

测定法：取对照品溶液和供试品溶液，分别进样，每次约 $2\mu L$，使二十二碳六烯酸乙酯峰高为满量程的 $80\%\sim100\%$，用对照品保留时间定性，除去溶剂峰面积后，用面积归一化法计算二十碳五烯酸乙酯和二十二碳六烯酸乙酯含量。

四、药理作用和临床应用

1. 药理作用

（1）调血脂　ω-3 系 PUFA-E 能够降低高脂血症实验动物血清三脂酰甘油（TG）、总胆固醇（TC）及极低密度脂蛋白（vLDL），升高高密度脂蛋白胆固醇（HDL-C）。

（2）抗血小板聚集　ω-3 系 PUFA 能取代花生四烯酸（AA）形成血栓素 A_3（TXA_3），TXA_3 是由 AA 产生的 TXA_2 的类似物，TXA_2 有促进血小板聚集作用，而 TXA_3 则无此作用，从而预防血栓形成。

（3）改善血液流变学　ω-3 系 PUFA-E 能使家兔全血黏度、血浆黏度、全血还原黏度、红细胞聚集指数和刚性指数显著降低。

（4）扩张血管　体内血管壁细胞膜上的磷脂可释放 AA，并转化为前列环素（PGI_2），后者有扩张血管和抗血小板聚集的作用，这种作用与 TXA_2 的作用相拮抗。ω-3 系 PUFA 在体内可转化为 PGI_3，PGI_3 的作用与 PGI_2 相同，扩张血管并保护血管内膜，能使血压降低和防止血栓形成。

（5）改善末梢循环　除了上述 PGI_3 和 TXA_3 的扩张血管作用外，由于 ω-3 系 PUFA 能使细胞的可塑性增加，当其沿血管经过末梢毛细血管时，容易变形通过狭窄的管腔，血液不易在末梢淤积。

（6）抗炎作用　ω-3 系 PUFA 通过影响白细胞内 AA 的代谢，抑制了某些炎症介质如白三烯类物质的产生，从而起抗炎作用。

（7）延长凝血时间。

（8）改善大脑功能，促进记忆。

2. 临床应用

鱼油多不饱和脂肪酸乙酯主要用于治疗高脂血症，也可用于心绞痛、高血压、偏头痛、血栓病的防治，还可用作促智药。

第五节　卵 磷 脂

磷脂（phospholipid）是指在分子中含有磷酸基及其衍生物的脂类物质，属于类脂。磷脂是构成细胞膜、核膜、线粒体膜等生物膜的基本材料，在自然界中有广泛的分布。在植物界，以大豆等植物的种子中含量较为丰富；在动物界，神经组织（如大脑）中含量最高。在动物的心、脑、肾、肝、骨髓以及禽蛋的卵黄中含有很丰富的卵磷脂。大豆磷脂则是卵磷脂、脑磷脂、心磷脂等的混合物。不同来源的磷脂由不同的脂肪酸烃链组成。豆磷脂含有约 $65\%\sim75\%$ 的不饱和脂肪酸，动物来源的仅含约 40%。豆磷脂与蛋黄磷脂比较，前者不含胆固醇及高百分比的无机磷。几种不同来源的卵磷脂的脂肪酸成分见表 7-3。临床上，卵磷脂用于动脉粥样硬化、脂肪肝、神经衰弱及营养不良。不同来源的制剂疗效不同，如豆磷脂更适用于抗动脉粥样硬化，也可作静注用脂肪乳的乳化剂。由于卵磷脂是维持胆汁胆固醇溶解度的乳化剂，有希望成为胆固醇结石的防治药物。

表 7-3 大豆、卵黄、贻贝的卵磷脂的脂肪酸组成比较 %

脂肪酸	大豆	卵黄	贻贝
C14:0	0.13	0.19	1.91
C14:1	0.09	0.09	1.78
C16:0	15.86	26.94	12.05
C16:1	0.12	1.37	3.05
C18:0	3.80	16.44	6.68
C18:1	14.34	29.89	3.28
C18:2	51.83	14.15	6.59
C18:3	6.94	—	5.44
C20:0	2.30	—	3.72
C20:1	0.35	—	3.51
C20:2	—	—	0.51
C20:5	—	—	12.98
C22:0	—	—	3.39
C22:2	—	—	1.48
C22:5	—	—	0.31
C22:6	—	—	9.13

一、结构和性质

卵磷脂是磷脂酸的衍生物，是磷脂酸中的磷酸基与羟基化合物——胆碱中的羟基连接成酯，又称磷脂酰胆碱。所含脂肪酸常见的有硬脂酸、软脂酸、油酸、亚油酸、亚麻酸和花生四烯酸等。从化学结构可看出卵磷脂属甘油磷脂。磷脂酸是 1,2-二酯酰甘油的磷酸酯，是 L 型的，磷酸与羟基所形成的磷酸酯是在 3 位上，2 位上的脂肪酰基和 3 位上的磷酰基是两个方向。

R^1，R^2—饱和或不饱和脂肪酸；—$OCH_2CH_2\overset{+}{N}(CH_3)_3$—胆碱

纯卵磷脂为吸水性白色蜡状物，难溶于水，溶于三氯甲烷、石油醚、苯、乙醇、乙醚，不溶于丙酮。卵磷脂分子中兼具亲水和亲脂两种基团。其亲水基团主要是磷酸、胆碱，不离解的甘油部分也有一定的亲水性，故可乳化于水。其亲脂基团为脂肪酸的烃基（—R^1 和—R^2），故又可溶于有机溶剂。但卵磷脂、脑磷脂与胆固醇在有机溶剂中的溶解度差别很大（表 7-4）。根据这个性质，可以将以上几种物质有效地分离。卵磷脂可与蛋白质、糖及金属盐如氯化镉、氯化钙和胆汁酸盐形成配合物，某些水溶性食用色素可与磷脂发生配合而被分

散到油脂中去。卵磷脂具有两性离子结构，等电点 pI 6.7，有两性离子存在，即磷酸上的H 和胆碱上的 OH 皆解离。卵磷脂在沸水和碱性条件下可发生皂化反应，在酸性条件下能水解形成游离脂肪酸、甘油、磷酸及胆碱等。分子中的不饱和脂肪酸容易被氧化，发生酸败。

表 7-4　磷脂与胆固醇在常用有机溶剂和水中溶解度比较

类脂	有机溶剂			水
	乙醇	乙醚	丙酮	
卵磷脂	溶	溶	不溶	不溶
脑磷脂	不溶	溶	不溶	不溶
胆固醇	溶于热乙醇	溶	溶	微溶

　　磷脂在动物的神经组织中含量最高，脑组织含量为 3.1～9.3g/100g 新鲜组织，神经含量为 2.2～10.6g/100g。在组织中，各种磷脂、胆固醇和其他脂质共存。磷脂与胆固醇的分离以及不同磷脂的分离均是基于它们在不同的有机溶剂中溶解度不同来实现的。制备卵磷脂的原料有动物的脑、豆油脚、酵母等。下面仅介绍以动物神经组织或骨髓为原料提取卵磷脂的生产工艺。

二、生产工艺

(一) 以大脑或骨髓为原料提取

1. 工艺路线

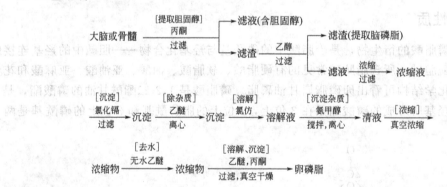

2. 工艺过程

（1）原料处理　取新鲜或冷冻大脑或骨髓 50kg，去膜及血丝等组织，绞碎。

（2）提取胆固醇　原料用丙酮浸泡 5 次，每次用丙酮 60L，时间为 4.5h，不断搅拌。过滤，滤液用于制备胆固醇，滤渣真空干燥。

（3）提取卵磷脂　将干燥渣用 95％乙醇 90L 在搅拌下于 35～40℃提取 12h，过滤后再提取 1 次。滤液用于制备卵磷脂，滤渣于真空干燥器中干燥。

（4）浓缩　将含有卵磷脂的乙醇滤液真空浓缩至原体积的 1/3。浓缩液冷室过夜，过滤，得滤液。

（5）沉淀、去杂质　于滤液中加入足够的氯化镉饱和溶液，致使卵磷脂沉淀完全。静置分层，滤取沉淀物，加 2 倍量乙醚洗涤，离心收集沉淀，如此重复 8～10 次。

（6）溶解、沉淀杂质　取离心沉淀物，悬浮于 4 倍量氯仿中，振摇，直至形成微浑浊液为止。加入含 25％氨水的甲醇溶液（即浓氨水 25mL 溶于甲醇 75mL 中），直至形成沉淀，离心。

（7）浓缩、去水　清液真空浓缩近干。将浓缩物溶于无水乙醚中，真空浓缩，重复 2 次以除去水分。

（8）沉淀、干燥　将浓缩物溶于最少的乙醚中，然后倒入约 3 倍量丙酮中，静置，过滤。沉淀物真空干燥即得。

（二）以脑干为原料提取

1. 工艺路线

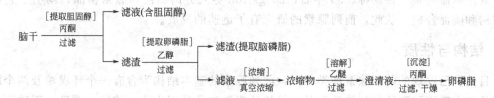

2. 工艺过程

（1）提取、浓缩　取脑干，用 3 倍量丙酮循环浸渍 20～24h，过滤（滤液作制备胆固醇用）。蒸发去除残渣中的丙酮，加 2～3 倍量乙醇提取 4～5 次，合并乙醇提取液（残渣作脑磷脂原料），真空浓缩，趁热放出浓缩液。

（2）溶解、沉淀、干燥　浓缩液加入 1/2 量乙醚，不断搅拌，放置 2h 使白色沉淀物完全沉淀，过滤。取上层乙醚清液，在急速搅拌下倒入丙酮中（丙酮量为粗卵磷脂质量的 1.5倍），析出沉淀，滤去乙醚、丙酮混合液，得油膏状物。以丙酮洗 2 次，真空干燥除去乙醚及丙酮，得成品。

三、质量检测

（1）含磷量　2.5％。
（2）水分　不超过 5％。
（3）乙醚不溶物　小于 0.1％。
（4）丙酮不溶物　不低于 90％。

四、药理作用和临床应用

1. 药理作用

卵磷脂具有乳化、分解油脂的作用，可增进血液循环，改善血清脂质，清除过氧化物，使血液中胆固醇及中性脂肪含量降低，减少脂肪在血管内壁的滞留时间，促进粥样硬化斑的消散，防止由胆固醇引起的血管内膜损伤；是构成生物膜的基本物质，也是构成各种脂蛋白的主要组成成分。能保持血管壁的弹性和渗透性，软化血管，增加高密度脂蛋白的含量，减少或清除血管内壁沉积物，防止血液凝固；使神经系统反应敏锐，提高记忆力；可有效地防止肝功能疾病和缓解糖尿病；可促进人体损伤细胞的更新，提高人体免疫力。

2. 临床应用

辅助治疗动脉粥样硬化、脂肪肝，也用于治疗小儿湿疹、神经衰弱症。在药用辅料中作增溶剂、乳化剂及油脂类的抗氧化剂。

第六节　前列腺素

1930 年发现人的新鲜精液有使生育过的子宫肌肉收缩和松弛的双重作用。1935 年前后分别从人精液和羊精囊的脂质提取物中得到了一种活性物质，可使平滑肌收缩，注入动物体内引起血压下降。当时推测这种物质是由前列腺分泌的，Euler 把它命名为前列腺素（prostaglandin，PG）。后来证明，这种活性物质不是来自前列腺，而是来自贮精囊及其他组织细胞，其来源命名是一种误称。30 年后，Bergstron 等人分离出前列腺素精品，阐明了它的化学结构和酶促合成。从此，前列腺素的研究有了迅速的发展。

一、结构与性质

目前发已发现的前列腺素种类很多，前列腺素的基本结构为含有一个环戊烷及两个脂肪侧链的二十碳脂肪酸的前列烷酸为基本骨架的脂肪酸及其衍生物。按照五碳环及五碳环上各种取代基的不同，前列腺素分为 A、B、C、D、E、F、G、H、I 九类，其中主要有 E、F、A、B 四类。按照侧链上分别含有 1、2 和 3 个双键的不同分为 1、2、3 种。

E 型：C_9 为酮基、C_{11} 含有羟基。

F 型：C_9 和 C_{11} 均含有羟基。

A 型：C_9 为酮基、C_{10} 和 C_{11} 之间有双键。

B 型：C_9 为酮基，C_8 和 C_{12} 之间有双键。

所有的前列腺素在侧链的 C_{13} 和 C_{14} 之间有双键，C_{15} 含有一个羟基。

主要的六种前列腺素为 PGE_1、PGE_2、PGE_3、PGF_{1a}、PGF_{2a}、PGF_{3a}（a 指 9 位的羟基位于环平面后），它们的结构如图 7-2。

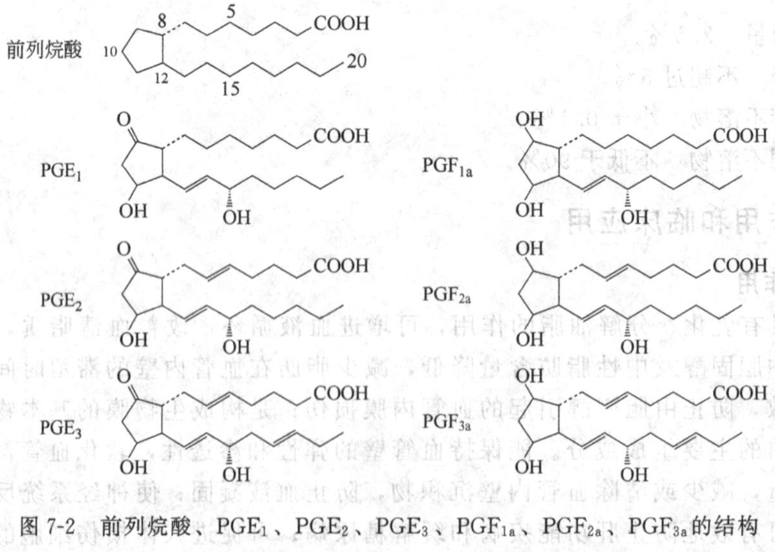

图 7-2　前列烷酸、PGE_1、PGE_2、PGE_3、PGF_{1a}、PGF_{2a}、PGF_{3a} 的结构

前列腺素普遍在于人和动物的组织及体液中，主要是生殖系统中，如精液、雄性副性腺、蜕膜、卵巢、胎盘、月经血、脐带、羊水等。以人的精液含量最高，其总浓度在 0.3mg/mL 以上，其中含 PGE 53.5μg、PGF 8μg、PGA 及 PGB 50μg。在怀孕期满和分娩时，羊水和脐带中含有大量的 PGF_{1a} 和 PGF_{2a}。

不同结构的前列腺素，其功能也不相同，说明前列腺素具有复杂的生理功能。已经证明，前列腺素对生殖、心血管、呼吸、消化和神经系统等都有显著影响作用。例如，能使子宫及输卵管收缩，使血管扩张或收缩，可抑制胃酸分泌等。人体前列腺素的产生和分泌异常是导致许多疾病的重要原因。

在体内合成前列腺素的前体是花生三烯酸、花生四烯酸、花生五烯酸等，促进其合成的酶是前列腺素合成酶。在人和动物的许多组织中都存在着前列腺素合成酶，如精囊、睾丸、肾髓质、肺、胃、肠等，其中以精囊含量最高。目前多采用以羊精囊为酶源，以花生四烯酸为原料生产前列腺素。

二、前列腺素 E_2 的生产工艺

PGE$_2$ 的化学名为 11a，15（S）-二羟基-9-羰基-5-顺-13-反前列双烯酸，分子式为 $C_{20}H_{32}O_5$，分子量为 352。PGE$_2$ 为白色结晶，熔点 63～69℃，溶于乙酸乙酯、乙醇、丙酮、乙醚、甲醇等有机溶剂，不溶于水。在酸性和碱性条件下分别异构化为 PGA$_2$ 和 PGB$_2$，二者最大紫外波长分别为 217nm 和 278nm。

（一）工艺路线

（二）工艺过程

1. 酶的制备

取−30℃冷藏的羊精囊，去结缔组织，按每 1kg 加 0.154mol/L 氯化钾溶液 1L，分次加入。匀浆后，4000r/min 离心 25min，取上层液以双层纱布过滤得清液。残渣再加氯化钾溶液、匀浆、离心、过滤，合并 2 次滤液。以 2mol/L 柠檬酸溶液调 pH（5.0±0.2），4000r/min 离心 25min。弃上清液，用 0.2mol/L 磷酸盐缓冲液（pH8.0）100mL 洗出沉淀，再加入 6.25mol/L EDTA-Na$_2$ 溶液 100mL 搅匀，用 2mol/L 氢氧化钾溶液调 pH（8.0±0.1）作为酶混悬液。

2. 转化

取酶混悬液，按每 1L 加入抗氧剂氢醌 40mg、反应辅助剂谷胱甘肽 500mg，用少量水溶解后加入酶液中，再按每 1kg 羊精囊加花生四烯酸 1g，搅拌通氧，37～38℃保温 1h。加 3 倍量丙酮，搅拌 30min。

3. PG 粗品提取

将上述丙酮液过滤后，压干，残渣再用少量丙酮提取 1 次，合并 2 次丙酮液，于 45℃以下减压浓缩以除去丙酮。浓缩液用 4mol/L 盐酸调 pH3.0，以 2/3 体积的乙醚分 3 次振摇

萃取，弃水层，取醚层，再以 2/3 体积的 0.2mol/L 磷酸盐缓冲液分 3 次振摇萃取，弃醚层取水层。用 2/3 体积石油醚（30～60℃）分 3 次振摇脱脂，弃醚层取水层。以 4mol/L 盐酸调 pH3.0，用 2/3 体积二氯甲烷分 3 次振摇萃取，取二氯甲烷层。以少量水洗酸后，加少量无水硫酸钠，密塞，置冰箱内放置过夜以脱去水分，滤除硫酸钠，在 40℃ 以下减压浓缩得黄色油状物，即 PG 粗品。

4. PGE₂ 的分离

（1）PGE 与 PGA 的分离　按每克 PG 粗品用硅胶 15g，称取 100～160 目活化硅胶，混悬于氯仿，湿法装柱。PG 粗品用少量氯仿溶解上柱，依次以氯仿、氯仿-甲醇（98∶2）、氯仿-甲醇（96∶4）洗脱，以硅胶薄层色谱鉴定追踪，分别收集 PGA 和 PGE 部分，在 35℃ 以下减压浓缩，除尽氯仿、甲醇，得 PGE 粗品。

（2）PGE₂ 与 PGE₁ 的分离　按每克 PGE 粗品称取 200～250 目经活化的硝酸银硅胶（1∶10）20g，混悬于乙酸乙酯∶冰醋酸∶石油醚（沸程 90～120℃）∶水（200∶22.5∶125∶5）展开剂中装柱，样品以少量的同一展开剂溶解后上柱，并以同一溶剂洗脱，以硝酸银硅胶 G（1∶10）薄层鉴定追踪，分别收集 PGE₁ 和 PGE₂。各管于 35℃ 以下充氮减压浓缩至无乙酸味，用适量乙酸乙酯溶解后，以少量水洗酸，生理盐水除银。乙酸乙酯溶液加无水硫酸钠适量，充氮，密塞，置冰箱中过夜，滤去硫酸钠后，在 35℃ 下充氮减压浓缩，除尽乙酸乙酯，得 PGE₂ 纯品。经乙酸乙酯-已烷结晶，可得 PGE₂ 结晶。PGE₁ 可用少量乙酸乙酯溶解，置冰箱得 PGE₁ 结晶（熔点 115～116℃）。

（三）工艺说明

1. 前列腺素合成酶

前列腺素合成酶存在于细胞内质网膜微粒体部分，微粒酶转化率可达 70%。比较几种不同的处理方法从羊精囊获取此酶对生成前列腺素的转化率表明：精囊切片 13%，匀浆粗酶 15%～30%，匀浆上清液 20%～30%，酸沉淀酶比匀浆粗酶和上清液约高 10%～20%，故国内多采用后者。据报道，将绵羊精囊匀浆（加 0.154mol/L 氯化钾）于 4000×g 离心所得上清液，加柠檬酸调 pH4.8～5.0，制得酶沉淀物，用于酶促反应，在反应达到最大限度时，用离心法把它从反应混合物中取出，再加到新鲜介质中，并添加适量新鲜酶，继续进行反应，如此可反复循环使用 10 次。

绵羊精囊采取后，迅速保存于 -30℃ 以下，放置半年可以不失其活力，但在较高温度下活力下降较大。

2. 影响生物转化因素

（1）温度　最适温度为 30～38℃。

（2）pH　绵羊精囊酶系的最适 pH 范围为 pH7.5～8.5。其他来源的酶系最适 pH 有小的差别：牛精囊合成酶系为 pH7.8～8.2；兔肾髓质微粒体为 pH8.0～8.8，全肾微粒体为 pH7.5。

（3）金属离子　Ca^{2+}、Zn^{2+}、Cu^{2+} 在浓度 10^{-5} mol/L 时对酶促反应有抑制作用，而 Fe^{2+}、Fe^{3+}、Co^{2+}、Sn^{2+}、Mn^{2+}、Mg^{2+}、Ca^{2+}、AsO_3^{3-} 在此浓度时无抑制作用。在缓冲液中加入 EDTA-Na₂ 可与存在的金属离子配合，以减小抑制作用。

（4）转化时间　一般在 10min 已趋于完成。但为了最大限度地转化，将时间定为 1h。

（5）其他因素　煮沸的细胞浆部分可以激活绵羊精囊微粒体酶活性；若加入谷胱甘肽和抗氧剂如氢醌或肾上腺素代替细胞浆部分同样能起到激活作用。氢醌以 $2.5×10^{-4}～1×$

10^{-3} mol/L 为宜，加入过多反而有抑制作用。若不加抗氧剂，产量仅有它的 60%。巯基化合物如还原型谷胱甘肽可对转化反应起定向作用，显著增加 PGE_2 产率，同时抑制 PGF 的形成。其浓度一般以 2mmol/L 为宜。其他含巯基化合物如半胱氨酸、巯基乙酸等比谷胱甘肽效果差。

3. 硝酸银硅胶 G 薄层色谱

取硝酸银 1g 和硅胶 G10g，加适量水，铺板、晾干，105℃ 活化 30min。展开剂有：①乙酸乙酯：冰醋酸：异辛烷：水＝34.6：7.7：19.2：38.4；②乙酸乙酯：冰醋酸：石油醚（沸点 90～120℃）：水＝200：22.5：125：5；③苯：二氧六环：乙酸＝20：20：1。用 10% 磷钼酸乙醇溶液于 110℃ 显色 15min。

由于硝酸银能与烯键的电子相互作用，将硅胶与硝酸银的混合物用作柱色谱或薄层色谱的吸附剂，可以改变硅胶的吸附性能，特别适合于多不饱和脂肪酸相关物质的分离。

三、质量检测

（一）前列腺素的检测方法

根据 PGE 的理化性质和生物活性，可采用多种方法进行检验。如，可利用 PGE 有兴奋平滑肌或降低血压的作用进行生物测定；利用高效液相色谱、硝酸银硅胶薄层色谱等进行鉴别；利用红外光谱和紫外光谱分析进行鉴别。PGE 在碱性条件下异构化为 PGB，在 278nm 处产生特征吸收。PGE_2 的摩尔消化系数 ＝ 2.68×10^4，可通过测定在此波长处的吸收度来测定的 PGE_2 含量。

（二）PGE_2 的检测方法

1. 质量检查

PGE_2 溶液为无色或微黄色无菌澄明乙醇溶液，每支内含 PGE_2 2mg，其含量应不低于标示量的 85%。

（1）鉴别

① 取本品适量，溶于无水甲醇中，于 278nm 应无特征吸收峰。若加等体积 1mol/L 氢氧化钾溶液，室温异构化 15min，278nm 处应有特征吸收峰。

② 硝酸银硅胶 G（1：10）薄层鉴别，PGE_2 溶液应只有 PGE_2 点和微量 PGA。

③ 取本品 1 滴，加 1% 间二硝基苯的甲醇溶液 1 滴，再加 10% 氢氧化钾甲醇溶液 1 滴，摇匀，即显红紫色。

（2）检查

① 含银量不得超过 0.02%。

② 安全试验：取 18～22g 健康小鼠 5 只，按 $50\mu g/20g$ 剂量肌内注射，每小时 1 次，连续注射 3 次，观察 72h，应无死亡。若有 1 只死亡，应另取 10 只复测。

③ 热原、无菌试验检查应合格。

2. 含量测定

取本品 1 支，用无水乙醇稀释成 $20\mu g/mL$，加等体积 1mol/L 氢氧化钾甲醇溶液，室温下异构化 15min，以 0.5mol/L 氢氧化钾甲醇溶液作空白对照，于 278nm 处测定吸收度，按下式计算 PGE_2 的含量。

$$PGE_2\ 含量（\%）=\frac{\dfrac{A_{278}}{E_{278}} \times M_r}{样品浓度（mg/mL）} \times 100\% = \frac{\dfrac{E_{278}}{2.68 \times 10^4} \times 352}{0.01} \times 100\%$$

式中，A_{278} 为 PGE_2 测得吸光度；E_{278} 为 PGE_2 的摩尔消化系数（2.68×10^4）；M_r 为 PGE_2 的分子量（352）；样品浓度为 $10 \mu g/mL$，即 $0.01 mg/mL$。

四、药理作用与临床应用

1. 药理作用

前列腺素是一类具有多种生理活性，可调节机体局部功能的重要活性物质。对心血管的平滑肌有显著的抑制作用，可降低血压；对非血管的平滑肌有显著的兴奋作用；与生殖系统有关的前列腺素，如 PGE_2 和 PGF_{2a}，对各期妊娠子宫均有收缩作用，并可直接使宫颈变软，有利于宫颈扩张。

2. 临床应用

（1）PGE_2 临床应用于：①过期妊娠、先兆子痫以及胎儿宫内生长迟缓时的引产；②过期流产、28 周前的宫腔内死胎以及良性葡萄胎时排除腔内容物，常与缩宫药同用。

（2）PGF_{2a} 临床应用于：①妊娠中期人工流产（16～20 周），也适用于过期流产、胎死宫内或较明显的胎儿先天性畸形的引产；②低浓度药液静脉滴注可用于足月妊娠时引产；③动脉造影时可作为血管扩张药动脉注射。

第七节　人工牛黄

牛黄是从牛的胆囊或胆管中取出的结石，又称天然牛黄，是我国应用最早的名贵中药材。由于自然来源十分稀少，从 20 世纪 50 年代初，依据天然牛黄的化学成分，按照一定的比例配制成具有天然牛黄疗效的代用品，称人工牛黄，也称合成牛黄（Artificial Bezoar）。1956 年天津首先研制成功，于 1971 年全国统一配方和质量标准，推动了人工牛黄的广泛使用。据 1971 年天津、北京、上海和广州四城市统计，历年来生产 154 种含牛黄的中成药中，有 140 种用人工牛黄代替，取得与天然牛黄相近似的功效。

一、成分与结构

1. 天然牛黄的化学成分

对牛黄的化学成分，历代许多科学家作了定性、定量分析研究工作，到目前为止，已知牛黄中的化学成分有：游离胆红素、结合胆红素（胆红素钙、胆红素脂）、游离胆汁酸（胆酸、脱氧胆酸、鹅脱氧胆酸、石胆酸、胆酸）、结合胆汁酸（牛黄胆汁酸盐，甘氨胆汁酸盐）、胆固醇（游离胆固醇、胆固醇酯、麦角固醇）、脂肪酸、卵磷脂、黏蛋白、平滑肌收缩物质（肽类）、氨基酸（丙氨酸、甘氨酸、牛磺酸、精氨酸、天冬氨酸、蛋氨酸、亮氨酸）、三种类胡萝卜素、维生素 D、粒状无色结晶（$C_{24}H_{41}NO_9$）、性状不明的荧光物质、油状的强心成分、无机成分（K、Na、Ca、Mg、Fe、Mn、Cu、Cl^-、CO_3^{2-}、SO_4^{2-}、P_2O_5、N 等）。

西村正也分析认为牛黄的主要成分是胆红素及胆酸，其分析结果为：胆红素 72.0%～76.5%，胆汁酸 4.3%～6.1%，胆酸 0.8%～1.8%，去氧胆酸 3.3%～4.3%，胆汁酸盐 3.30%～3.96%，胆固醇（总）2.5%～4.3%，脂肪酸 1.0%～2.1%，卵磷脂 0.17%～0.20%，钙 2.3%～2.6%，其他还有铁、钾、钠、镁等离子。

来源、测定方法和标准物不同，其结果差异很大。但可看出，牛黄中主要成分是胆红素，高达 72%～76.5%，张文侠测定金山牛黄（澳大利亚产）胆红素平均含量为 47.3%，京牛黄（北京和河北北部地区）平均含量为 55.8%；胆汁酸、胆酸及其盐类占 11%～16.2%。胆红素是血红蛋白分解代谢的还原产物，由四个吡咯环通过亚甲基（—CH_2—）和次甲基（＝CH—）连在一起的开链所组成的二烯胆素类。胆红素有多种异构体，工业生产的胆红素除主要是天然的 IX a 异体外，还含有 III a 等异构体。胆红素 IX a 的结构式为：

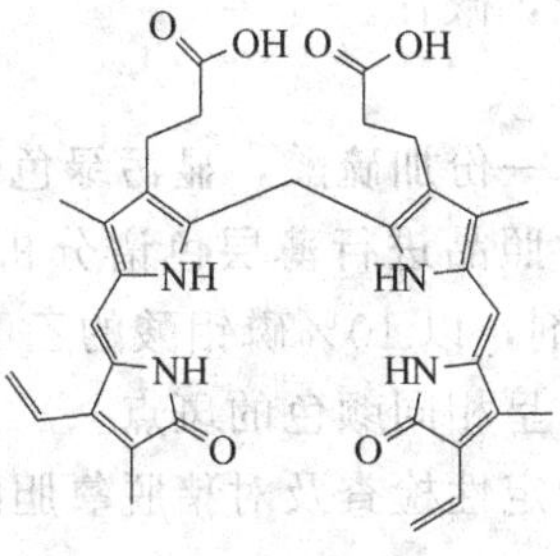

2. 人工牛黄的主要成分

天然牛黄药源有限，远不能满足医疗的需要。从 20 世纪 50 年代我国就参考天然牛黄的化学组成，成功地制备了人工牛黄，并进行了一系列的药理及临床验证工作。为了使人工牛黄的疗效更接近于天然牛黄，70 年代初在对人工牛黄的配方、药理作用及临床应用进行了进一步研究实验的基础上，制定了统一配方和质量标准。1995 年 1 月又发文重新颁布了人工牛黄的新配方及质量标准，并于 1995 年 7 月 1 日正式执行。该文还对生产人工牛黄的企业及生产车间验收标准作了具体规定。

新颁布的人工牛黄的配方组成有：牛胆粉、胆酸、猪脱氧胆酸、胆红素、胆固醇、无机盐及其他与天然牛黄相似的物质配制而成。牛胆粉系由牛胆汁经冷冻干燥或真空干燥制得。胆汁酸的测定结果表明，牛胆粉中主要含牛磺胆酸盐、牛磺脱氧胆酸盐、甘氨胆酸盐、甘氨脱氧胆酸盐等结合胆汁酸，总量为 80% 左右，且牛磺结合型与甘氨结合型胆汁酸的含量接近。其中胆固醇含量很低，以酯结合型为主。胆粉中含有多种无机元素，总计 4% 左右，以 Na、K、Ca、Mg、P 等为主。新颁布的人工牛黄的配方如下：

胆红素（含量按 100% 计算）63%

胆固醇 2.0%

牛、羊胆酸（含量按 100% 计算）2%

猪胆酸（熔点大于 150℃）12%

无机盐 ｛ 硫酸镁 1.5%　硫酸亚铁 0.5%　磷酸三钙 3.0% ｝ 5%

淀粉加至 100%

二、人工牛黄的配制工艺

1. 工艺路线

按处方比例称取各组分 →[配料 氯仿、乙醇] 湿固体 →[干燥 真空减压] 颗料 →[粉碎、过筛 牛胆粉球磨] 细粉 →[检验] 包装得成品

2. 工艺过程

（1）配料与干燥　按处方称取各原料，先将胆红素用氯仿：乙醇（1:3）混合液充分搅

拌混匀，再依次加入各无机盐成分、淀粉、胆酸、胆固醇及猪脱氧胆酸，充分搅拌成糊状，50℃真空干燥除去氯仿和乙醇，再75℃干燥至含水量小于5％为止。

（2）粉碎　上述干燥物加入全量牛胆粉进行粉碎、混合、过筛，检验包装即得成品。

三、质量检测

本品为黄色疏松的粉末，味苦，微甘。

1. 鉴别

（1）取本品适量，分为二份，一份加硫酸，显污绿色；另一份加硝酸，显红色。

（2）以胆酸、猪脱氧胆酸为对照品进行薄层色谱分析，在硅胶G板上，以异辛烷：正丁醚：冰醋酸（8：5：5）为展开剂，以10％磷钼酸的乙醇溶液显色，烘干后，供试品色谱中在与对照品色谱相应的位置上，呈相同颜色的斑点。

（3）利用薄层色谱法对牛胆粉定性检查及对猪脱氧胆酸进行限量检查。

2. 含量测定

胆酸及胆红素的含量测定应符合规定。

（1）胆酸的含量测定　胆酸在硫酸存在下与糠醛产生紫色物质，用分光光度法在605nm波长处测定吸光度，从而计算样品的含量。测定时首先用国家胆酸标准品绘制标准曲线。此法无专一性，并需严格控制糠醛与硫酸浓度以及加热温度和时间，才能获得较稳定的结果。

（2）胆红素的含量测定　人工牛黄含胆红素不得少于63％，胆红素的含量测定有重氮法、显色法和直接分光光度法。后者简便、准确，被卫生部定为标准的胆红素含量测定法。

① 标准溶液的制备：取胆红素标准0.01g，精密称量，置100mL棕色量瓶中，加氯仿30mL使溶解，在60℃水浴中振摇片刻，使充分溶解，取出，冷却后，放至室温，加氯仿稀释至刻度，作为标准储备液（0.1mg/mL）。精密吸取标准储备液10.0mL，置50mL棕色量瓶中，加氯仿稀释至刻度，即为标准溶液（约20μg/mL）。

② 标准曲线的绘制：精密吸取胆红素标准液4.0mL、5.0mL、6.0mL、7.0mL、8.0mL分别置于25mL棕色量瓶中，用氯仿稀释至刻度，即得每1mL含3.2μg、4.0μg、4.8μg、5.6μg、6.4μg胆红素的标准液，在453nm波长处测定吸光度。

③ 测定法：取人工牛黄样品0.08g，精密称量，加氯仿80mL转移至100mL棕色量瓶中，置60℃水浴中振摇片刻，使充分溶解，取出，冷却后，放置室温，加氯仿稀释至刻度，摇匀，滤过，弃去初滤液，取续滤液在453nm波长测定吸光度，按标准曲线计算含量，即得。

四、药理作用与临床作用

1. 药理作用

（1）解热作用　人工牛黄对于致热豚鼠有明显的解热作用。

（2）抗惊厥作用　人工牛黄对因腹腔注射五甲烯四氮唑而引起惊厥的白鼠，有明显的抗惊厥作用。

（3）祛痰作用　人工牛黄有明显的祛痰作用。

（4）抑菌作用　人工牛黄对金黄色葡萄球菌和枯草杆菌有抑制作用。

2. 临床应用

人工牛黄主要用于清热、解毒、祛痰、定惊。用于治疗热病谵狂、神昏不语、小儿急热惊风、咽喉肿痛，外用治疗疔疮、口疮等症。

五、人工培育牛黄

自 20 世纪 70 年代初，在人工培植珍珠的启发下，研究牛黄的成因机制后，实行人工手术，将适宜的异物植入活牛的胆囊里，自然培育牛黄，人们把这样获得的牛黄称为人工培育牛黄。广东省 1979 年接 133 头牛，共产牛黄 518.7g，其中 1 头获得 26g 的好收成。但是，这样培育的牛黄产量低，成本高。有人推荐用羊培育"牛黄"。羊和牛是同科动物，繁殖率高，饲养成本低，胆石发生率高。羊黄的化学成分与牛黄相似，因此，用羊来代替牛培育"牛黄"，是非常有希望的人工培育方法。

成都中医学院用现代检测技术分析川西绵羊黄，含胆红素 25.2%，胆酸 7.5%，胆固醇 9.8%，氨基酸 11 种，微量元素 13 种。经动物药理实验证明与天然牛黄相似，毒理检测无异常反应。

本 章 小 结

脂类药物是一些有重要生理生化功能、药理药效作用的化合物，具有较好的营养作用、防治效果。

根据脂类的种类、理化性质、在细胞中存在的状态，选择适宜的提取溶剂、工艺路线和操作条件，把脂类物质提取出来，是工业生产的主要方法。脂类药物粗品的提取可利用有机溶剂提取法和超临界流体萃取技术进行。脂类药物精品的纯化常用丙酮沉淀法、色谱分离法、尿素包含法、结晶法、蒸馏法、膜分离技术等多种纯化技术。

本章分别介绍了胆汁酸、鱼油多不饱和脂肪酸、卵磷脂、前列腺素、人工牛黄等典型药物的结构与性质、生产工艺、质量要求与检测方法、药理作用与临床应用。

习 题

1. 脂类药物的制备有哪些主要方法？有何特点？
2. 鹅脱氧胆酸和猪脱氧胆酸的生产方法？
3. 卵磷脂的提取方法主要有哪些？各有何特点？
4. 鱼油多不饱和脂肪酸在生产中，其主要工艺过程有哪些？
5. 人工牛黄的组成原理是什么，有何特点？

第八章

动物器官或组织提取制剂

【学习目标】 掌握动物组织有效成分的质量检测；熟悉有关动物组织有效成分药理作用；具备动物组织有效成分的提取能力。

【学习重点】 1. 动物组织类药物的一般制备方法。
2. 典型动物组织类药物的制备工艺流程。

【学习难点】 典型动物组织类药物的制备工艺流程。

第一节 概　述

　　人类应用动物作药治疗疾病，已经取得了丰富的实践经验和知识，发现了许多动物的药用价值。随着生物技术的进步，药用动物的研究不断发展，越来越多的药用品种得到肯定，鉴定方法得以确立，并通过对有效成分的研究，寻找功效类似的代用品，如用水牛角代替犀牛角，狗骨代替虎骨。为保护生态环境，扩大药物来源，开展了药用动物变野生为人工养殖的工作，如人工养殖麝活体取香、鹿的驯化和鹿茸的生产等。

　　动物组织提取制剂是利用动物的脏器或其他组织、器官，经过粗加工获得的，其有效成分尚不完全清楚，但在临床上确有疗效的一类粗提取药物制剂。

一、动物器官或组织提取制剂的一般制备方法

（一）原材料的选择和处理

　　主要选择猪、牛、羊等哺乳动物及家禽和鱼类的器官或组织，包括肝脏、脑、胰脏、胃黏膜、脾脏、小肠、心脏、肺、肾、胸腺、肾上腺、扁桃体、甲状腺、睾丸、胎盘、气管软骨、眼球、鸡冠等。

1. 动物器官或组织的选择

　　选取动物脏器或组织原材料时，需要考虑其来源、价格，目的物的含量以及杂质的种类、数量和性质等，应选用来源丰富的、富含有效成分的品种及其脏器或组织。避免采用所含杂质与目的物性质相似而干扰纯化过程的原料。

2. 原料的处理

动物脏器、组织主要由蛋白质和脂肪等构成，容易受微生物的作用或组织细胞自溶而导致有效成分破坏。因此，原料必须及时处理。常用的处理方法有 3 种。

（1）冷冻 动物器官或组织分离后立即置冷库冷冻。

（2）加防腐剂 将脏器或组织立即投入乙醇或浓氯化钠等溶液中。

（3）干燥 取脏器或组织，除去附着的结缔组织包括脂肪等，切碎，置真空干燥器中，在 60℃ 以下干燥；或用丙酮浸泡脱水，风干，磨为细粉置密闭容器中保存备用。

（二）制剂的一般制备方法

动物器官或组织提取制剂的一般制备方法因剂型而异，简介如下。

1. 干燥粉末状制剂

多供口服。取原料，去除附着的其他组织，洗净，切碎，干燥，研成细粉即得。必要时经过含量测定后稀释到规定标准。

2. 脏器浸膏

取动物脏器等，切碎或绞碎，用适宜溶剂（水、醇、稀酸溶液、丙酮等）浸渍提取，过滤，滤液浓缩至规定标准，即得。必要时脱脂并加入防腐剂。

3. 注射剂

将动物器官或组织提取物制成注射剂，需要精制。提取物中常含有脂肪、蛋白质或无机盐类等杂质，应选用适宜的方法加以去除。脂肪可被有机溶剂除去，或将提取液冷藏若干时间，使脂肪凝集浮于表面后除去。蛋白质的去除方法有多种，如等电点沉淀法、盐析法、有机溶剂处理法、吸附法、酶解法以及重金属盐或生物碱沉淀法、离子交换法等。无机盐类一般可通过透析法除去。

二、动物器官或组织提取制剂的检测

动物器官或组织提取制剂的成分复杂，大多为有效成分未明或是混合成分，而且由于取材不同、制剂工艺或剂型不一、质量控制指标特异性不强等因素，均可能给制剂的质量控制带来不利的影响。为此，为保证用药的安全与有效，必须强调按质量标准规定的原料和批准的工艺生产，并严格按质量标准进行检测。

制剂的检验项目有质量检查和有效成分含量测定等，前者还包括原料来源、生药含量、性状、鉴别试验、pH、杂质限度（包括蛋白质、总金属、氯化物、总固体、炽灼残渣、有机物及重金属离子等）、安全试验、无菌试验、生物活性检测等。

第二节 脑 制 剂

脑是哺乳动物的中枢神经器官。脑组织主要含脂类及蛋白质，脂类占其总量的 13.5%，主要是脑磷脂、肌醇磷脂、神经磷脂、脑苷脂、神经节苷脂和胆固醇；蛋白质含量占脑组织质量的 8%～10%；此外，还含有神经递质、多种神经肽以及黏多糖等。

以动物脑组织为原料而制成的组织制剂统称脑制剂，如脑活素注射液（injection of cerebroprotein hydrolysate）、大脑组织液、促脑素等。

一、脑活素注射液

从 20 世纪 70 年代起，国外已有脑活素类制剂用于临床。根据药理及临床试验表明，脑活素能透过血脑屏障，直接影响神经细胞的核酸代谢、蛋白质合成以及呼吸链功能，从而改善脑组织代谢与功能，临床用于治疗脑血管代偿不足所引起的功能失调、中风及脑外伤引起的功能紊乱、脑震荡后遗症等。目前，我国已成功研制和开发出脑活素的类似物产品，如脑活素注射液，其活性成分分析表明与脑活素完全一致，并于 1995 年获我国卫生部批准为生化新药。此外，国内文献报道所研制的类似物尚有胎牛脑活素注射液、乳猪脑提取物及乳牛脑精素注射液等。

（一）化学组成与性质

脑活素注射液不含蛋白质，而含 85％的游离氨基酸、15％低分子肽以及乙酰胆碱。

1. 氨基酸

本品含 16 中游离氨基酸，其中包括人体所需的 8 种必需氨基酸，各种氨基酸的总量达 28.12～42.18mg/mL，是一种优良的氨基酸补给剂。

2. 多肽

实验表明，本品含有 3～4 种低分子多肽，总含量约为 10mg/mL。

3. 乙酰胆碱

在脑活素的制备过程中，虽然多次加热及酸、酶的降解处理，仍可检测出乙酰胆碱的活性，其含量为 200～1000mmol/L 左右。经分析证实其乙酰胆碱原为结合型，即与束泡蛋白（分子量 1 万的可溶性蛋白）相结合，该复合物对酸、碱、热、胃酶、胰酶均稳定，但易被脑组织的乙酰胆碱酯酶所分解。但乙酰胆碱＞3mmol/L 时，由于神经组织的自我调控机制，乙酰胆碱酯酶则被抑制，故脑活素仍能够充分发挥乙酰胆碱神经递质的作用，抑制慢波睡眠，加强中枢乙酰胆碱能活动，改善学习与记忆能力。

（二）生产工艺

1. 工艺路线

新鲜胎猪脑 $\xrightarrow[\text{水}]{[匀浆]}$ 脑糜 $\xrightarrow[\text{pH3,40～45℃,48h}]{胃蛋白酶}$ 水解物 $\xrightarrow[\text{pH7.2～7.5,48～50℃,1h}]{[酶解]\ 猪胰浆}$ 水解物 $\xrightarrow[\text{pH7.2～7.5,48～50℃,2h}]{3.942 霉菌蛋白酶}$ 水解物 $\xrightarrow[\text{pH10.5,pH3}]{[热变性]}$ 滤液 $\xrightarrow[\text{pH7.2}]{[去热原]\ 活性炭}$ 滤液 $\xrightarrow[\text{超滤、灌封}]{[制剂]}$ 脑活素注射液

2. 工艺过程

（1）匀浆　取新鲜胎猪脑，除去筋膜等杂质，用无菌水洗涤，称重，加 2 倍质量无菌水，高速匀浆，得匀浆液。

（2）酶解　用 10mol/L 盐酸溶液调匀浆液 pH 至 3，加热微沸，冷至 45℃，加投料量 1/50 的胃蛋白酶，恒温 40～45℃，随时搅拌及调整 pH 至 3，酶解 48h 后取出，升温至 48～50℃，加投料量 1/5 的猪胰浆，用石灰乳调 pH 至 7.2～7.5，酶解 1h 后，再按每 1kg 原料加入 1 万单位精制 3.942 霉菌蛋白酶（先溶于少量水），酶解 2h 后取出，加热至微沸，室温放置过夜。酶解过程保持（48±2）℃调 pH3，2h 后取出。

（3）热变性　将酶解物减压过滤，滤液调 pH 至 10.5，加热微沸，放置过夜，次日减压过滤，滤液调 pH 至 3，加热微沸，放置过夜，次日再减压过滤。

（4）去热原　滤液调 pH 至 7.2，按滤液质量加入 0.2％活性炭，充分搅拌，加热微沸，放置过夜，次日减压过滤。

（5）制剂　将滤液超滤，滤膜截留分子量为 10000，调整浓度至相当于含脑组织

0.5g/mL，除菌过滤，灌装，即得。

（三）检测方法

本品为胎猪脑组织经复合蛋白酶水解、分离、精制而得的无菌制剂。每 1mL 中含游离氨基酸总量应为 28.12～42.18mg，含 16 种氨基酸：天冬氨酸、丝氨酸、甘氨酸、丙氨酸、缬氨酸、色氨酸、苯丙氨酸、赖氨酸、谷氨酸、组氨酸、苏氨酸、精氨酸、蛋氨酸、异亮氨酸、亮氨酸、脯氨酸。

质量检查方法如下。

（1）性状　本品为淡黄色澄明液体。

（2）鉴别

① 取测定含量的溶液 10μL，用适宜的高效液相色谱（HPLC）氨基酸分析系统测定，其色谱峰应与氨基酸对照品相应的色谱峰一致。

② 取本品 2mL，加双缩脲试剂 14mL，应显紫红色。

（3）检查

① pH：本品 pH 应为 6.9～7.5。

② 折光率：本品的折光率为 1.340～1.342。

③ 蛋白质：取本品 5mL，加入 20％磺基水杨酸液 1mL，溶液应澄清，不得发生沉淀。

④ 含氮量：取本品，依法检查，总氮量应为 4.68～5.72mg/mL。

⑤ 热原：取本品，依法检查，应符合规定。

⑥ 无菌：取本品，依法检查，应符合规定。

⑦ 其他：应符合注射剂有关的各项规定。

（四）药理作用与临床应用

本品为游离氨基酸和低分子多肽的混合物，含有大量游离的必需氨基酸，易通过大脑屏障，直接作用于神经细胞的核酸代谢和蛋白质合成，激活并改善脑内神经递质和酶的活性，增加脑组织对葡萄糖的利用，同时不断激发激素的复合产生，以保护中枢神经不受毒物损害，具有明显的促进和调节神经递质代谢、调节神经系统功能及抗组织缺氧等作用。

临床用于改善颅脑损伤及脑血管病后遗症有记忆力减退及注意力集中障碍的症状。以静脉滴注给药，但不能与平衡氨基酸注射液同时滴注，因可能导致各种氨基酸比例的不平衡。癫痫持续状态及癫痫大发作期，严重肾功能不良者及孕妇禁用。

二、其他脑制剂

1. 大脑组织液

动物的大脑经热藏处理制备的脑组织液，有效成分是极耐热的多种活性物质，在 100～120℃下不被破坏，可溶于水，总氮含量 0.12％～0.18％。呈黄褐色、澄明或有轻微浑浊的液体，pH 6.5～9.5。没有种属和组织特异性。

本品约 50％～80％游离氨基酸可通过血脑屏障进入神经细胞，分子量在 1 万以下的小分子肽也可透过血脑屏障并影响其呼吸链，具有抗缺氧的保护功能，能激活腺苷酸环化酶、催化激素系统，改善记忆。本品为脑蛋白经水解提取的游离氨基酸及低分子肽的混合注射液。动物实验证实本品可加快小鸡、大鼠的大脑发育和成熟，提高大脑抗缺氧能力，保护有毒物质对神经元的侵害，并增加鼠的识别能力。临床观察可见本品有催醒作用和恢复记忆力功能。

适应证：用于器质性脑性精神综合征，记忆障碍，神经衰弱，轻度婴儿大脑发育不全，脑震荡或脑挫伤后遗症，中风，颅脑手术，脑膜炎及严重脑感染和休克症状等。其疗效有待进一步总结。也可用于老年性及血管性痴呆、和婴儿轻度智力迟钝。

2. 促脑素

促脑素可直接影响神经细胞蛋白质的合成，还具有影响呼吸链、刺激产生各种激素、防止有害物质对中枢神经的损伤、促进神经细胞的生长并增强其生理功能、促进神经的修复与再生、加快创口的愈合等作用。

促脑素是用幼年期哺乳动物的脑及脊髓等神经组织加工制得的，含有神经营养肽和多种氨基酸等，相对分子质量约 30000，为一组低分子的活性肽。

临床用于辅助治疗脑挫伤或脑震荡后遗症、头痛、头晕、记忆力减退、小儿脑发育滞迟、老年痴呆等，对病程短、年龄小的患者效果更明显。口服剂型称促脑素胶囊。

第三节 眼 制 剂

动物眼的内容物，如房水、玻璃体、水晶体等都含多种可溶性成分，经分析测定，含有蛋白质、谷胱甘肽，肌肽，眼酸（由谷氨酸、氨基丁酸和甘氨酸组成的 3 肽），谷氨酸、谷氨酰胺等多种氨基酸，多种核苷酸，乳酸、苹果酸、柠檬酸、丙酮酸等多种有机酸，肌醇、肌酸、维生素 C、烟酸、维生素 B_1、维生素 B_2、细胞色素 C、己糖胺、辅酶 A、葡萄糖以及 Ca、Na、K、Mg、Fe、Cu、Mn、Zn、Ba、Sr、Si、Mo、Ag、Sn、Pb、Ni、B 等元素。20 世纪 50 年代国内报道用鹰眼、猫眼或牛眼为原料提取制备眼科用药，但未正式投产。到 70 年代采用牛、猪、羊等动物的眼球制成眼生素注射液、眼宁注射液、眼明注射液、眼清注射液等治疗眼科疾病的生化药物，陆续投入生产。国外类似产品有罗马尼亚的全眼提取物等，已有专利发表。

一、眼生素注射液

（一）结构与性质

眼生素注射液是以牛或羊的眼为原料提取的混合物，经分析认为主要含有多种氨基酸、多肽如谷胱甘肽和眼酸，核酸及其产物如鸟苷酸、腺苷酸、胞苷酸、尿苷酸、ADP、ATP、核苷等，Na、K、Li 含量较大，还有 Si、Fe、Al、Ca、Mg、Mn、Cu 等元素。具有促进眼组织新陈代谢、增强机体抵抗力、加速伤痕愈合、促进眼角膜上皮组织再生、抗炎等作用。临床主要用于中心视网膜炎、病毒性角膜炎、视神经炎、视神经萎缩、眼疲劳、青少年近视眼、玻璃体浑浊、色素膜炎以及巩膜炎、老年性白内障、角膜瘢痕、视网膜变性等。

（二）生产工艺

1. 工艺路线

牛（羊）眼内容物 →（绞碎）网眼 32 目→ 碎眼内容物 →（提取）95% 乙醇 8h→ 提取液 →（浓缩）→ 浓缩液 →（除蛋白）HAc,滑石粉 pH5,100℃,0～5℃,保存 3～5d →

精制滤液 →（吸附）NaCl,活性炭 pH7～7.5,100℃,30min→ 澄清液 →（制剂）活性炭 pH6.7～7,4℃ 以下,12～24h→ 眼生素注射液

2. 工艺过程

（1）绞碎、提取、浓缩　将冷冻牛眼或羊眼内容物（房水、玻璃体、水晶体、部分视网膜等）用绞肉机绞碎（网眼 32 目），加入相当于内容物 2 倍量的 95％乙醇，搅拌（40～50r/min）提取 8h，帆布过滤，收集滤液，滤渣用上述半量的 85％乙醇再提取 4h，帆布过滤，两次滤液合并得提取液。放入浓缩罐中，减压浓缩约为原体积的 1/4，再加入与浓缩液等体积的蒸馏水，继续浓缩。如此反复进行至无醇为止，得浓缩液。

（2）除蛋白　浓缩液过滤，滤液中加入蒸馏水至投料量的 70％，混匀，用 10％乙酸调节 pH 为 5，加热至沸，趁热过滤，滤液加入 3％的滑石粉，搅拌 15min，0～5℃冷存 3～5d。分离上层液，加 2％的滑石粉，搅拌 15min，静置片刻，观察液体上部近液面处，如仍浑浊，可适量增加滑石粉用量，布氏漏斗铺滑石粉层抽滤，底层浑液可先用滤纸粗滤，滤液按同法加滑石粉搅拌，抽滤，滤液应澄明，得精制滤液。

（3）吸附　取滤液加蒸馏水至投料量的 80％，按总体积加 3g/L（0.3％）氯化钠和 0.5g/L 活性炭，pH7～7.5 加热至 100℃保温 0.5h，冷至 50℃以下，抽滤除炭，得澄清液，检查应无蛋白质。

（4）制剂　将滤液用 40g/L（4％）氢氧化钠溶液调 pH 为 6.7～7，加 0.5g/L（0.05％）活性炭，搅拌 20min，4℃以下冷存 12～24h，过滤去炭，补加水至全量（投料量的 80％），用 G4 垂熔玻璃滤器过滤至澄明，灌装，熔封，100℃30min 灭菌即得成品。规格为每支 1mL 或 2mL。

（三）质量检测

本品为牛眼或羊眼的内容物经提取制成的灭菌水溶液，无色或微黄色澄明液体。用纸色谱上行法展开，应有甘氨酸、谷氨酸、丙氨酸、赖氨酸、缬氨酸等斑点显出。显钠盐与氯化物的鉴别反应。

本品 pH6.5～7.5，总固体 1.0％～1.5％，炽灼残渣 0.7％～1.15％，有机物≥0.3％，氯化物≥0.3％。热原试验合格。

（四）药理作用与临床应用

药理作用：具有增强眼的新陈代谢，促进角膜上皮组织再生等作用。

适应证：适用于非化脓性角膜炎、色素膜炎、中心性浆液性视网膜炎，对玻璃体浑浊、巩膜炎、早期老年白内障、视网膜色素变性、轻度近视、视力疲劳等眼病也有不同程度的疗效。

二、眼宁注射液

取健康猪眼球用绞肉机绞碎，加原料质量 1.5 倍的 95％乙醇和 0.5 倍的蒸馏水浸提，搅拌 24h，过滤，滤渣再加上述半量的乙醇及蒸馏水浸提，搅拌 2h，过滤，两次滤液合并，加磺基水杨酸调节 pH 为 5 左右，过滤，滤液浓缩到原料质量的 38％左右，在浓缩液中加入磺基水杨酸使 pH 达 3.8 左右，加入 10～20g/L（1％～2％）硅藻土，搅拌 10min，离心或过滤，滤液用布氏漏斗反复滤至澄清，再加约原料量 10％的阴离子季铵型 717 树脂，pH 达到 10 以上，不断搅拌 30min。取小样调节 pH6 左右，滴入氯化铁试液，应无水杨酸盐反应，否则应酌加 717 树脂除去。合格后，在滤液中加入适量的阳离子磺酸型 732 树脂使溶液 pH 上升到 6 左右，立即过滤除 732 树脂，交换滤液于布氏漏斗过滤至清，以酸、碱调节 pH 5.6～6.2，取样检查氯化物含量，按所需加入的量使氯化钠达到 8.5～9.5g/L（0.85％～0.95％），加注射用水至投料量的 40％，用 4 号垂熔漏斗过滤，灌封，100℃通蒸汽灭菌

30min，即得成品。

　　猪、羊眼球代替牛眼球为原料，其工艺、疗效均类似。猪眼球中氨基酸含量较牛眼高。制剂 pH6.2 左右为宜，不加防腐剂。

　　本品为几乎无色或微带乳光的澄明液体，用双向色谱展开，应有甘氨酸、谷氨酸、丙氨酸、赖氨酸、亮氨酸等斑点显出。显钠盐与氯化物的鉴别反应。本品 pH6.5～7.5，总固体 1.2%～1.8%，炽灼残渣 0.8%～1.3%，热原试验合格。

　　药理作用：具有增强眼的新陈代谢、促进角膜上皮组织再生等作用。

　　适应证：适用于非化脓性角膜炎、色素膜炎、中心性浆液性视网膜炎，对玻璃体浑浊、巩膜炎、早期老年白内障、视网膜色素变性、轻度近视、视力疲劳等眼病也有不同程度的疗效。

第四节　骨制剂

　　利用动物骨作为药物来治疗疾病已有悠久的历史，早在1500多年前，古医药典籍就有牲畜骨治病的记载。《本草纲目》中，对虎骨、狗骨、猪骨等药用性能均有专门的论述。1976年我国生化制药工作者在祖国传统医药学的启发下，以猪四肢骨为原料，应用现代生物技术提取有效成分，研制成功了新的生化药物——骨宁注射液；相继，还有用狗骨制成的祛风湿注射液，小鳁鲸骨经酸水解、乙醇去杂蛋白等工艺过程制备的鲸骨注射液，根据研究试制的时间又命名为761注射液。1981年报道，用骆驼四肢骨经提取制备的灭菌水溶液，其药理、毒性实验证明具有明显的抗炎、镇痛作用，化学分析初步认为主要成分是多肽。据王振玉等报道，用梅花鹿骨为主要原料，加配葫芦科植物甜瓜干燥种子混合制成灭菌溶液，称松梅乐注射液，有效成分是小分子多肽和多种氨基酸，适用于治疗风湿性关节炎和类风湿性关节炎。

一、骨肽注射液

（一）结构与性质

　　骨肽注射液（ossotide injection）或骨宁注射液是以从新鲜动物长骨中提取的多肽类活性物质精制而成的注射用针剂。主要含有多种调节骨代谢的多肽类生长因子，如骨生长因子（SGF）、转化生长因子（TGF）、骨源性生长因子（BDGF）、骨钙素等。

　　经发射光谱定量分析，证明含有金属元素 Ca、Mg、Al、Fe，还含有微量元素 Mn、Ba、Cu、Pb、Sn、Ti、Zr 等。内含有效成分可溶于水和75%的乙醇，对热稳定。该品具有调节骨代谢，刺激成骨细胞增殖，促进新骨形成，调节钙、磷代谢，增加骨钙沉积及骨钙含量，镇痛、消炎等作用。

（二）生产工艺

　　制备原料选用新鲜猪的四肢骨。

1. 工艺路线

2. 工艺过程

（1）提取、去脂、浓缩　取健康新鲜猪四肢骨，洗净、打碎、称重。每75kg原料加蒸馏水150kg，经117.72kPa热压1.5h，用双层纱布过滤，骨渣再加蒸馏水150kg，同上操作热压1h，过滤，合并两次滤液，立即置于0～5℃冷室中，静置36h，撇去上层脂肪，加温使胨状物融成液体，70℃以下真空浓缩，得体积约50L的浓缩液。

（2）沉淀、浓缩　取浓缩液加入乙醇至浓度为70%，静置沉淀36h，用滤槽过滤，除去杂蛋白，得澄清液。再于60℃以下真空浓缩至体积约20L，加入0.3%的苯酚，补加蒸馏水至50L。

（3）酸性沉淀、碱性沉淀　上述液体在搅拌下加入6mol/L盐酸，调至pH至4，常压加热100℃，45min，布氏漏斗过滤，除去酸性蛋白，收集滤液，于冷室静置。次日取出，用滤纸自然过滤1次，滤液在搅拌下加入500g/L（50%）氢氧化钠溶液，调节pH至8.5，加热100℃，45min，于冷室静置。次日用滤纸自然过滤，除去沉淀，滤液用6mol/L盐酸调节pH7.2，放置于冷室中。

（4）吸附　上述滤液用滤纸自然过滤，滤液加入5g/L（0.5%）活性炭，100℃搅拌加热30min，布氏漏斗过滤，得滤液。

（5）制剂　将滤液按每1mL相当于1.5g猪骨补加蒸馏水至全量，加氯化钠至9g/L（0.9%），调节pH7.1～7.2，100℃加热45min，放冷至室温，静置。送检，合格后，用4号、5号垂熔漏斗各滤1次，灌封，每支2mL，蒸汽100℃灭菌30min，即得骨肽注射液成品。

（三）质量检测

本品为微黄色至淡黄色澄明液体。取本品2mL，加入氢氧化钠溶液2mL，混合均匀，再加双缩脲试液0.2mL，混合均匀，于室温放置15min，溶液应呈蓝紫色或紫色。本品pH6.5～7.5。取本品1mL，加磺基水杨酸溶液1mL，不得发生浑浊。其他应符合注射剂项下的各项规定。

（四）药理作用和临床应用

本品具有抗炎、镇痛作用。用于治疗增生性骨关节疾病及风湿、类风湿性关节炎等。

二、其他骨制剂

1. 祛风湿注射液

取健康狗全骨用蒸馏水反复洗净，加蒸馏水浸没全骨，煮沸2h，双层纱布过滤，滤液除上层油脂后备用。取出全骨剔净残留肉，称重，粉碎成适宜碎块，加入洗净捣碎的甜瓜种子，倾加上述滤液的半量，再加适量蒸馏水浸没，煮沸2h，过滤，滤渣再同上法操作煎煮1次，过滤，合并两次滤液，浓缩至500mL（相当于狗骨500g）。稍冷，加3倍量体积的乙醇，静置72h，使蛋白质等沉淀完全，过滤，滤液回收乙醇至无醇味为止，加入石蜡8～10g，搅拌煮沸10min，充分冷却后过滤脱脂，滤液加2g/L（0.2%）活性炭，煮沸15min，过滤，滤液加入氯化钠，用氢氧化钠溶液调整pH，再加蒸馏水至全量，3号垂熔漏斗过滤，灌封，每支2mL，流通蒸汽灭菌30min，即得祛风湿注射液。

2. 鲨鱼软骨制剂

取鲨鱼软骨300g，粉碎，加入2mol/L的盐酸胍提取48h，过滤，用45%～65%丙酮分级沉淀，经截留相对分子质量为10000和300000的Amicon膜后超滤，得粗提物。

将粗提物于 Sephadex G-75 进行柱色谱，得到两个洗脱峰。收集第 1 峰，再透析、浓缩、冻干，即得鲨鱼软骨制剂-1（Sp-1），呈白色粉末，32.6mg。收集第 2 峰，同上操作，即得鲨鱼软骨制剂-2（Sp-2），呈白色粉末，25.47mg。

经抑制内皮细胞、Hela 细胞、DNA 合成和动物肿瘤抑制生长实验证明，鲨鱼软骨制剂对其均有明显的抑制作用。细胞实验结果提示，Sp-1 对人皮肤成纤维细胞的 DNA 合成有明显的促进作用；Sp-2 在高浓度时有明显的抑制作用，在低浓度时有明显的促进作用。因此，可以说 Sp-1 和合适浓度的 Sp-2 能选择性地抑制血管生成和直接抑制某些肿瘤的生长，而不抑制正常人成纤维细胞生长。Sp-2 还具有提高机体免疫功能的作用。

国外报道，鲨鱼软骨含抑制新血管生长因子、抗病毒及细菌、抗风湿及类风湿等多种活性成分，同时能增进人体内抗体的产生，也是一种生物反应调节剂（BRM）。此外，也用于治疗关节炎。

第五节 鹿茸制剂

鹿茸是雄鹿未骨化而带有茸毛的嫩角，分叉称小二杠或大二杠，再分叉称三叉，以二杠茸最好。梅花鹿的嫩角称花鹿茸，马鹿的嫩角称马鹿茸，为重要的中药材。

一、结构与性质

梅花鹿茸和马鹿茸的主要化学成分见表 8-1，作药用的鹿茸主要采自驯养的梅花鹿和马鹿。鹿茸的化学组分较复杂，含有蛋白质、多肽及人体 8 种必需氨基酸和谷氨酸、精氨酸、甘氨酸、丙氨酸、天冬氨酸、脯氨酸等多种非必需氨基酸；卵磷脂、脑磷脂、神经磷脂、神经节苷脂、磷脂酸、胆固醇、雌酮、雌二醇、睾丸酮；油酸、亚油酸、软脂酸、硬脂酸、棕榈油等；RNA、DNA、ATP 以及硫酸软骨素、维生素 A、糖脂、前列腺素等；多种元素如 Ca、P、Fe、Zn、Mn、Cu、Ba、Sr、Co、Cr、Al、Mo、Ni、Pb、Pd、Ti、Zr、Ag、Sn、Na 等。

表 8-1　梅花鹿茸和马鹿茸的化学成分　　　　　　　　　　　单位：%

品种	水分	蛋白质	脂肪	总磷脂	总胆固醇	RNA	DNA	ATP	灰分	Ca	P
梅花鹿茸	11.64	51.49	2.98	1.16	0.98	0.42	0.12	0.46	31.29	10.28	3.20
马鹿茸	10.90	46.50	2.15	1.09	1.03	0.40	0.11	0.20	32.30	12.30	3.69

二、生产工艺

以鹿茸为原料，经提取其有效成分而制成的无色或淡黄色的灭菌水溶液称鹿茸精注射液，每 2mL 相当于原药材 0.2g，即 10% 的溶液。

1. 工艺路线

鹿茸 —水蒸气蒸软→ 鹿茸碎块 —50% 乙醇回流 5次→ 提取液 —乙醇反复 5次→ 滤液 —蒸馏水 80℃，10℃→ 60% 鹿茸精液 —甲酚、活性炭 pH7.2～7.5→ 10% 鹿茸精注射液

2. 工艺过程

（1）原料处理　取鹿茸用水蒸气蒸软，剥去皮毛，锯成 2～4cm 小段，再劈成厚约 0.5～1cm小块，备用。

（2）提取　取 600g 切好的鹿茸置于回流提取器中，加入 5 倍量的 50％乙醇，在水溶液上回留提取 1h，停止加热，放置 24h，用两层纱布过滤，滤渣和残渣再用 5 倍量的 50％乙醇反复提取，共 5 次，残渣干燥后保存。合并提取液，回收乙醇至无醇味，然后蒸发浓缩至体积与原药材量相等，即 1mL 相当于 1g 原药材。

（3）脱蛋白、稀释　上述浓缩液经两层纱布过滤，滤液进行 5 次脱蛋白，其方法如下表。

次数	浓缩液/原药材	加入乙醇体积	放置时间/h
1	1：1	5 倍量80％乙醇	24
2	0.5：1	7 倍量94％乙醇	12
3	0.33：1	9 倍量94％乙醇	12
4	0.2：1	12 倍量94％乙醇	12
5	浓缩至干	12 倍量95％乙醇	6

每次脱蛋白过滤后，用80％乙醇洗涤浸泡 1 夜，过滤，滤液与下 1 次脱蛋白的乙醇合并，再用95％乙醇洗涤 1 次，过滤，滤液与洗液合并，回收乙醇。浓缩滤液用蒸馏水稀释成 60％的水溶液，80℃热处理30min 后，放置冷冻，用冰冷却到10℃以下，用勺除去油脂，四层纱布过滤，滤渣用蒸馏水洗 1 次，洗液与滤液合并，纸浆棉花漏斗过滤，适量蒸馏水洗净漏斗，滤至澄明，得 60％鹿茸精溶液。

（4）制剂　将 60％鹿茸精溶液加 1.2％甲酚，边加边搅拌，均匀后，100℃热处理30min，放冷，于冰箱中冷冻结冰为止（一般在－20℃左右）。取出融化后，立即向溶液中投入 0.0375％的活性炭，搅拌 10min，布氏漏斗铺炭层 0.1125％（合计为 0.15％）过滤至澄明，再在 100℃热处理30min，放冷，于冰箱中冷冻结冰。取出融化后向溶液投入 0.02％活性炭，搅拌 10min，用 0.03％炭层过滤至澄明，再进行 1 次加热和冷冻处理，直至冷冻后不再有棕色物或仅有少量棕色物析出为合格。一般要处理 5 次。再将处理合格的 60％鹿茸精溶液加适量的注射用水，补加甲酚至药液总量的 0.3％，补加注射用水至需要量，用 20％氢氧化钠溶液调节 pH 至 7.2～7.5，加入 0.01％精制活性炭搅拌 10min，脱碳后，用 3 号垂熔玻璃滤球滤净，灌封于 2mL 安瓿中，100℃灭菌 30min，即得 10％鹿茸精注射液成品。

三、质量检测

本品为无色或几乎无色的澄明液体。pH6.0～7.0。取本品 2mL，加乙酸盐缓冲液 1mL，煮沸 2min，溶液应澄明。取本品 10mL，加稀盐酸 1mL，加温至 50℃，添加水 10mL，通入硫化氢 5～8min，不得发生任何暗黑色浑浊或沉淀。其他应符合注射剂项下有关的各项规定。

四、药理作用与临床应用

鹿茸精注射液具增加机体活力、促进全身细胞代谢等作用。临床用于心脏衰弱、神经衰弱、食欲缺乏、性功能低下和健忘症等。

第六节　蹄甲制剂

以动物蹄甲为原料制备的生化药物统称蹄甲制剂，如妇血宁、氨肽素等，其主要原料为猪蹄甲。妇血宁的生产工艺是参考民间用猪蹄甲煅炭治疗功能性子宫出血症的经验和现代有关猪蹄甲组分的提取方法，并结合近代医学对猪蹄甲药理作用的研究，经实验后确定的。

一、妇血宁

（一）结构与性质

猪蹄甲的化学本质是角蛋白（keratin）。妇血宁则是部分水解的角蛋白，分子量约为6000～30000，化学组分为多肽，主要含谷氨酸、亮氨酸、天冬氨酸以及苯丙氨酸等近20种氨基酸。

用 Sephadex G－100 柱色谱分离妇血宁在 pH7 的水溶性部分，可得分子量为 30000 以上（F_1）、分子量约 10000（F_2）、分子量约 3500（F_3）的三个组分，各组分均呈淡褐色，但深浅程度略有不同。F_3 具有明显吸湿性。紫外分光光度计扫描显示，各组分在 195～220nm 和 280～285nm 处有最大吸收峰，在 275nm 处有较低吸收峰，说明各组分均为多肽或蛋白质。化学分析表明：F_1 为蛋白质混合物；F_2 和 F_3 各含数种分子大小相近而带电不同的多肽。

（二）生产工艺

1. 工艺路线

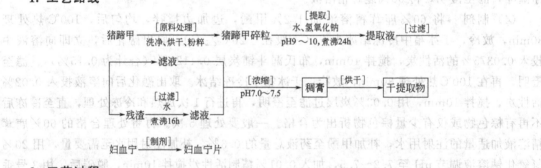

2. 工艺过程

（1）原料处理　取新鲜或干燥的猪蹄甲，筛选剔除杂物、毛发等杂质，清水冲洗 2 次后用水浸泡，加工业盐酸调至酸性，静置过夜。将浸泡液弃去，用清水反复冲洗蹄甲至中性，并反复搓洗干净，烘干、粉碎成粗粒。

（2）提取　将猪蹄甲粗粒置不锈钢反应罐中，加原料 18 倍量的自来水，并用氢氧化钠调至 pH 为 9～10，煮沸提取 24h，滤取药液。滤渣再用 10 倍量自来水，煮沸提取 16h 左右，滤取药液，合并滤液。提取时必须使溶液保持沸腾状态，且不可溢出。如用夹层锅提取，蒸汽压力一般为：夏季 0.08MPa，冬季 0.1～0.15MPa。

（3）中和　提取液采用 80 目网趁热过滤，倾入不锈钢桶中，等冷却后用盐酸调 pH 至 7.0～7.5，静置过滤。

（4）浓缩　过滤后的提取液，置夹层锅内，采用蒸汽压为 0.15MPa，浓缩至稠膏状，约需 2h 左右。

（5）干燥　将稠膏均匀地摊放在铝盘中，一般厚度为 4mm，置真空干燥箱内，在 75～83℃干燥约 2h 左右。

（6）粉碎、包装　采用 100 目万能粉碎机或球磨机粉碎。粉碎后迅速用双层防潮塑料袋包装，外加纸箱，置阴凉干燥处贮藏。

（7）制剂　取检验合格的妇血宁细粉，按以下配方制成片剂。

取妇血宁细粉，用 70%～80%乙醇湿润制成软材，过 14 目筛选粒，湿粒于 60～70℃干燥，加入硬脂酸镁混匀，再过 12～14 目筛，用 10mm 糖衣冲模压片，每片重为 0.3g。

（三）质量检测

1. 性状

本品为淡黄褐色的无定形粉末，味微咸、腥，有引湿性。

2. 检查

（1）pH　取本品适量，加水温热并使之成 1%的溶液，pH 为 7.0～8.5。

（2）干燥失重　取本品在 105℃干燥至恒重，测得减失质量不得超过 4.0%。

（3）炽灼残渣　不得超过 13.5%。

3. 鉴别

取本品 0.5g，加水 50mL，振摇、滤过。

（1）显色反应　取滤液 5mL 加双缩脲溶液显紫红色。

（2）沉淀反应　取滤液 2mL 加三氯乙酸试液，即生成白色沉淀。

4. 含量测定

精密称取本品 0.2g，依照氮测定法测定，按干燥品计算，含总氮量不得少于 13.5%。

（四）药理作用与临床应用

妇血宁具兴奋子宫、调节内分泌、促凝血、促血小板凝集及抗炎作用。

临床上可用于功能性子宫出血、月经过多。可用于鼻衄、血小板减少性紫癜和血友病等。还可用于风湿、类风湿性关节炎及子宫内膜炎、子宫颈炎等。

二、氨肽素

氨肽素是以猪蹄甲为原料，经提取、精制而得的制剂，含有多种氨基酸、多肽以及微量元素。用于治疗慢性原发性血小板减少性紫癜、白细胞减少症、过敏性紫癜、再生障碍性贫血，对寻常型银屑病也有良好疗效。无不良反应，针对性强。这是我国丹东生化药厂独创的生化产品。

猪蹄甲古方制法为酒浸半日，炙焦用。现代中医对猪蹄甲的炮制基本上与穿山甲炮制相同。

炮猪蹄甲：炮制用热碱水洗净，晾干，投入用武火加热全翻动滑利灵活的沙中，炒至整体鼓起，表面呈金黄色或棕黄色，取出，筛去沙，放凉，用时捣碎。

醋猪蹄甲：将按上法炒好的炮猪蹄甲趁热投入醋中浸淬，捞出，干燥。用时捣碎。每 100kg 猪蹄甲用米醋 20～30kg。

猪蹄甲质地坚韧，并有腥气，不利于煎煮和服用，沙炒后，质地酥脆，可矫其腥气，易于粉碎和煎出有效成分。醋淬后增强入肝散瘀消肿作用，用于痈肿等的治疗。

适应证：用于原发性血小板减少性紫癜、再生障碍性贫血、白细胞减少症；也可用于银屑病。

本 章 小 结

　　动物组织提取制剂是利用动物的脏器或其他组织、器官，经过粗加工获得的，其有效成分尚不完全清楚，但在临床上确有疗效的一类粗提取药物制剂。

　　选取动物脏器或组织原材料时，需要考虑其来源、价格、目的物的含量以及杂质的种类、数量和性质等，应选用来源丰富的、富含有效成分的品种及其脏器或组织。避免采用所含杂质与目的物性质相似而干扰纯化过程的原料。

　　动物脏器、组织主要由蛋白质和脂肪等构成，容易受微生物的作用或组织细胞自溶而导致有效成分破坏。因此，原料必须及时处理。常用的处理方法有三种：冷冻、加防腐剂、干燥。

　　动物器官或组织提取制剂包括干燥粉末状制剂、脏器浸膏、注射剂。动物器官或组织提取制剂的成分复杂，大多为有效成分未明或是混合成分，而且由于取材不同、制剂工艺或剂型不一、质量控制指标特异性不强等因素，均可能给制剂的质量控制带来不利的影响。为此，为保证用药的安全与有效，必须强调按质量标准规定的原料和批准的工艺生产，并严格按质量标准进行检验。

　　制剂的检验项目有质量检查和有效成分含量测定等，前者还包括原料来源、生药含量、性状、鉴别试验、pH、杂质限度（包括蛋白质、总金属、氯化物、总固体、炽灼残渣、有机物及重金属离子等）、安全试验、无菌试验、生物活性检测等。

　　本章重点介绍了脑制剂、眼制剂、骨制剂、鹿茸制剂、蹄甲制剂等的结构与性质、制备工艺、质量检测、药理作用及临床应用。

习 题

1. 简述动物器官或组织提取制剂的一般制备方法。
2. 生产脑活素注射液的工艺过程主要有哪些？
3. 眼制剂主要有哪些？各有何用途？
4. 简述骨肽注射液的工艺路线。
5. 鹿茸制剂在临床上有哪些用途？
6. 生产妇血宁主要有哪些工艺过程？

第九章

植物药用成分的提取

【学习目标】 掌握银杏黄酮的提取工艺；熟悉植物药用成分的验证与检测；具备制备植物药用成分的能力。

【学习重点】 1. 溶剂提取的方法。
2. 银杏黄酮的提取工艺及药理作用。
3. 挥发油的提取及检测方法。

【学习难点】 1. 植物药物的提取工艺。
2. 植物药物的纯化及检测方法。

第一节 概 述

地球上存在数百万种高等植物，目前使用中的许多种药物以及绝大多数香精油均来自天然植物。植物的化学成分比较复杂，有些成分是植物所共有的，如纤维素、蛋白质、油脂、淀粉、糖类、色素和无机盐等，有的成分仅是某些植物所特有的，如生物碱类、苷类、萜类（包括挥发油）、有机酸、鞣质等。在这些成分中，有一部分具有明显生物活性并有医疗作用，常称为有效成分，如生物碱、苷类、挥发油、氨基酸等。另一些成分则在天然植物中普遍存在，但通常没有什么生物活性，不起医疗作用，称为"无效成分"，如糖类、蛋白质、色素、树脂、无机盐等。但是，有效与无效只是相对的，一些原来认为是无效的成分因后来发现它们具有生物活性而成为有效成分。例如蘑菇、茶叶所含的多糖有一定的抑制肿瘤作用；海藻中的多糖有降血脂作用，天花粉蛋白质具有引产作用；鞣质一般对治疗疾病不起主导作用，常视为无效成分，但在五倍子、虎杖、地榆中却因鞣质含量较高并有一定生物活性而是有效成分；又如黏液通常为无效成分，而在白芷中却为有效成分等。因此，在研究和利用天然植物的工作中，为了确定有效成分，首先必须了解天然植物活性物质化学成分提取、分离、纯化方面的技术知识。

天然植物药效成分的提取方法主要是经典的溶剂提取法，其次还有水蒸气蒸馏法、升华法、压榨法等。

一、溶剂提取法

1. 溶剂提取法的原理

溶剂提取法是根据天然植物中各种成分在溶剂中的溶解性质，选用对活性成分溶解度大，对不需要溶出成分溶解度小的溶剂，而将有效成分从药材组织内溶解出来的方法。当溶剂加到天然植物原料（需适当粉碎）中时，溶剂由于扩散、渗透作用逐渐通过细胞壁透入到细胞内，溶解了可溶性物质，而造成细胞内外的浓度差，于是细胞内的浓溶液不断向外扩散，溶剂又不断进入药材组织细胞中，如此多次往返，直至细胞内外溶液浓度达到动态平衡时，将此饱和溶液滤出，继续多次加入新溶剂，就可以把所需要的成分近于完全溶出或大部溶出。

天然植物药用成分在溶剂中的溶解度直接与溶剂性质有关。溶剂可分为亲水性和亲脂性。例如甲醇、乙醇是亲水性比较强的溶剂，它们的分子比较小，有羟基存在，与水的结构很近似，所以能够和水任意混合。丁醇和戊醇分子中虽都有羟基，与水有相似处，但分子比甲醇、乙醇大，与水互溶性降低，在互溶达到饱和状态之后，丁醇或戊醇就与水分层。氯仿、苯和石油醚是烃类或氯烃衍生物，分子中没有氧，属于亲脂性溶剂。

根据天然药用植物所含成分，估计选用提取溶剂。例如葡萄糖、蔗糖等分子比较小的多羟基化合物，具有亲水性，极易溶于水。淀粉虽然羟基数目多，但分子太大，所以难溶解于水。蛋白质和氨基酸都是酸碱两性化合物，有一定程度的极性，所以能溶于水。即所谓"相似者相溶"的规律，就是选择适当溶剂提取天然植物有效成分的依据之一。

2. 溶剂的选择

采用溶剂提取法的关键，是选择适当的溶剂。溶剂选择适当，就可以比较顺利地将需要的成分提取出来。选择溶剂要注意以下三点：①溶剂对有效成分溶解度大，对杂质溶解度小；②溶剂不能与有效成分起化学反应；③溶剂要经济、易得、使用安全等。常见的提取溶剂可分为以下三类。

（1）水 水是一种强的极性溶剂。中草药中亲水性的成分，如无机盐、糖类、分子不太大的多糖类、鞣质、氨基酸、蛋白质、有机酸盐、生物碱类、苷类等都能被水溶出。为了增加某些成分的溶解度，也常采用酸水及碱水作为提取溶剂。酸水提取，可使生物碱与酸生成盐类而溶出；碱水提取可使有机酸、黄酮、蒽醌、内酯、香豆素以及酚类成分溶出。但用水提取易酶解苷类成分，且易霉坏变质。某些含果胶、黏液质类成分的中草药，其水提取液常常很难过滤。沸水提取时，植物中的淀粉可被糊化，增加过滤的困难。

（2）亲水性的有机溶剂 一般是指与水能混溶的有机溶剂，如乙醇、甲醇、丙酮等，以乙醇最常用。乙醇的溶解性比较好，对植物细胞的穿透能力较强。亲水性的成分除蛋白质、黏液质、果胶、淀粉和部分多糖外，大多能在乙醇中溶解。难溶于水的亲脂性成分，在乙醇中的溶解度也较大。还可以根据被提取物质的性质，采用不同浓度的乙醇进行提取。用乙醇提取比用水量较少，提取时间短，溶解出的水溶性杂质也少。乙醇为有机溶剂，虽易燃，但毒性小，价格便宜，来源方便，有一定设备即可回收反复使用，而且乙醇的提取液不易发霉变质。由于这些原因，用乙醇提取的方法是历来最常用的方法之一。甲醇的性质和乙醇相似，沸点较低（64℃），但有毒性，使用时应注意。

（3）亲脂性的有机溶剂 一般是指不能与水混溶的有机溶剂，如石油醚、苯、氯仿、乙醚、乙酸乙酯、二氯乙烷等。这些溶剂的选择性能强，不能或不容易提出亲水性杂质。但这类溶剂挥发性大，多易燃（氯仿除外），一般有毒，价格较贵，设备要求较高，且它们透入植物组织的能力较弱，往往需要长时间反复提取才能提取完全。如果药材中含有较多的水分，用这类溶剂就很难浸出其有效成分，因此，大量提取时，直接应用这类溶剂有一定的局限性。

3. 提取方法

用溶剂提取天然植物药用成分，常用浸渍法、渗漉法、煎煮法、回流提取法及连续回流提取法等。同时，原料的粉碎度、提取时间、提取温度、设备条件等因素也都能影响提取效率，必须加以考虑。

(1) 浸渍法　浸渍法系将植物粉末或碎块装入适当的容器中，加入适宜的溶剂（如乙醇、稀酸或水），浸渍药材以溶出其中成分的方法。本法比较简单易行，但浸出率较差，且如用水为溶剂，其提取液易于发霉变质，须注意加入适当的防腐剂。

(2) 渗漉法　渗漉法是将植物粉末装在渗漉器中，不断添加新溶剂，使其渗透过药材，自上而下从渗漉器下部流出浸出液的一种浸出方法。当溶剂渗进药粉溶出成分比重加大而向下移动时，上层的溶液或稀浸液便置换其位置，造成良好的浓度差，使扩散能较好地进行，故浸出效果优于浸渍法。但应控制流速，在渗漉过程中随时自药面上补充新溶剂，使药材中有效成分充分浸出为止。当渗滴液颜色极浅或渗滴液的体积相当于原药材 10 倍体积时，便可认为基本上提取完全。在大量生产中常将收集的稀渗液作为另一批新原料的溶剂之用。

(3) 煎煮法　煎煮法是我国最早使用的传统的浸出方法。所用容器一般为陶器、砂罐或铜制、搪瓷器皿，不宜用铁锅，以免药液变色。直火加热时最好时常搅拌，以免局部药材受热太高，容易焦煳。有蒸汽加热设备的药厂，多采用大反应锅、大铜锅、大木桶或水泥砌的池子中通入蒸汽加热。还可将数个煎煮器通过管道互相连接，进行连续煎浸。

(4) 回流提取法　应用有机溶剂加热提取，需采用回流加热装置，以免溶剂挥发损失。小量操作时，可在圆底烧瓶上连接回流冷凝器。瓶内装药材约为容量的 $30\%\sim50\%$，溶剂浸过药材表面约 $1\sim2cm$。在水浴中加热回流，一般保持沸腾约 1h 后放冷过滤，再在药渣中加溶剂，作第二次、第三次加热回流，分别约半小时，至基本提尽有效成分为止。此法提取效率较冷浸法高，大量生产中多采用连续提取法。

(5) 连续回流提取法　应用挥发性有机溶剂提取天然植物药用成分，不论小型实验或大型生产，均以连续提取法为好，而且需用溶剂量较少，提取成分也较完全。实验室常用脂肪提取器或称索氏提取器。连续提取法一般需数小时才能提取完全。提取成分受热时间较长，遇热不稳定、易变化的成分不宜采用此法。

(6) 超临界流体萃取　超临界流体萃取法是利用超临界状态下的流体为萃取剂，从液体或固体中萃取天然植物药用成分并进行分离的方法。CO_2 因其本身无毒、无腐蚀、临界条件适中的特点，成为超临界流体萃取法最为常用的超临界流体。

(7) 酶法提取　植物有效成分往往是包裹在细胞壁内，利用纤维素酶、果胶酶、蛋白酶等，破坏植物的细胞壁，以利于有效成分最大限度地溶出，这是一项很有前途的新技术。

4. 影响提取效率的因素

溶剂提取法的关键在于选择合适的溶剂及提取方法，但是在操作过程中，原料的粒度、提取时间、提取温度、设备条件等因素也都能影响提取效率，必须加以考虑。

(1) 原料的粒度　粉碎是植物前处理过程中的必要环节，通过粉碎可增加药物的表面积，促进药物的溶解和吸收，加速药材中有效成分的浸出。但粉碎过细，药粉比表面积太大，吸附作用增强，反而影响扩散速度，尤其是含蛋白、多糖类成分较多的中药，粉碎过细，用水提取时容易产生黏稠现象，影响提取效率。原料的粉碎度应该考虑选用的提取溶剂和药用部位，如果用水提取，最好采用粗粉，用有机溶剂提取可略细；原料为根茎类最好采用粗粉，全草类、叶类、花类等可用细粉。

(2) 提取的温度　温度增高使得分子运动速度加快，渗透、扩散、溶解的速度也加快，所以热提比冷提的提取效率高，但杂质的提出也相应有所增加。另外，温度过高会使有些有效成分氧化分解。一般60℃左右为宜，最高不宜超过100℃。

（3）提取的时间　在药材细胞内外有效成分的浓度达到平衡以前，随着提取时间的延长，提取量也随着增加。所以，提取的时间没必要无限延长，只要合适、提取完全就行。一般来说，加热提取3次，每次1h为宜。

（4）料液配比　料液配比也是一个重要的影响因素，一般按照1∶8、或1∶10等，具体要根据实际情况而定。

二、其他提取法

1. 水蒸气蒸馏法

水蒸气蒸馏法只适用于难溶或不溶于水、与水不会发生反应、能随水蒸气蒸馏而不被破坏的中草药成分的提取。此类成分的沸点多在100℃以上，与水不相混溶或仅微溶，当温度接近100℃时存在一定的蒸气压，与水在一起加热时，当其蒸气压和水的蒸气压总和为一个大气压时，液体就开始沸腾，水蒸气将挥发性物质一并带出。例如药用植物中的挥发油，某些小分子生物碱如麻黄碱以及某些小分子的酚性物质如牡丹酚、丁香酚、丹皮酚等，都可应用本法提取。

2. 升华法

固体物质受热直接汽化，遇冷后又凝固为固体化合物，称为升华。药用植物中有一些成分具有升华的性质，故可利用升华法直接自中草药中提取出来。例如樟木中升华的樟脑，茶叶中的咖啡碱在178℃以上就能升华而不被分解。游离羟基蒽醌类成分、一些香豆素类、有机酸类成分，有些也具有升华的性质，例如七叶内酯及苯甲酸等。升华法虽然简单易行，但药用植物炭化后，往往产生挥发性的焦油状物，黏附在升华物上，不易精制除去；其次，升华不完全，产率低，有时还伴随有分解现象。

3. 压榨法

某些植物中药用成分含量较高且存在于植物的液汁中时，可将新鲜原料直接压榨，压出汁液，再进行提取，如从香料植物中提取精香油时，可采用本法。如橙皮油、柠檬油等多采用本法榨取。

第二节　银杏黄酮

黄酮类化合物是以黄酮（2-苯基色原酮）为母核而衍生的一类黄色色素。泛指两个芳环（A与B）通过三碳链相互联结而成的一系列化合物，基本结构为C_6-C_3-C_6。多具有颜色，且为浅黄色或黄色结晶，其不同的颜色为天然色素家族添加了更多的色彩。黄酮类化合物在植物界分布很广，在植物体内大部分与糖结合成苷类或碳糖基的形式而存在，也有以游离形式存在的。其基本结构如下：

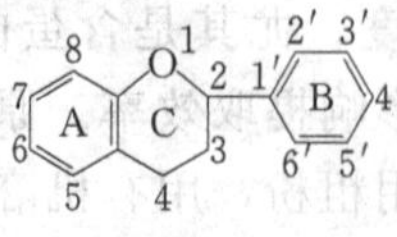

黄酮类化合物生理活性多种多样，据不完全统计，其主要生理活性表现在：①对心血管系统的作用；②抗肝脏毒作用；③抗炎作用；④雌性激素样作用；⑤抗菌及抗病毒作用；

⑥泻下作用；⑦解痉作用等。

一、结构与性质

银杏中黄酮类化合物含量较高，特别是叶中。据分析测定，银杏叶提取物浸膏中含有160多种成分，主要是黄酮苷及银杏内酯、白果内脂等。其中黄酮类化合物就有44种，到目前为止，已从中分离出20多个黄酮类化合物，其结构可大体上分为6种类型。银杏叶中的黄酮类化合物有黄酮、黄酮醇及其苷类、双黄酮和儿茶素类等。银杏叶黄酮苷主要有槲皮素苷、山奈酚苷及双黄酮类化合物，银杏叶中的双黄酮成分为银杏双黄酮、异银杏双黄酮及7-去甲基银杏双黄酮。国内外多将槲皮素及其苷、山奈酚及其苷、木犀草素及其苷类作为银杏黄酮质量的控制标准。

黄酮和黄酮醇是黄酮类化合物中的第一类，也是银杏黄酮中主要表现形式。

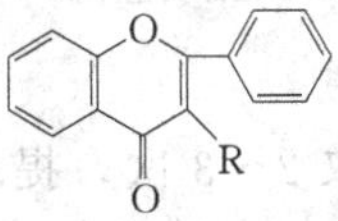

R=H 黄酮
R=OH 黄酮醇

这里指的是狭义的黄酮，即2-苯基色原酮（2-苯基苯并-γ'-吡喃酮）类，此类化合物数量最多，尤其是黄酮醇。如芫花中的芹菜素、金银花中的木犀草素属于黄酮类；银杏中的山奈素和槲皮素属于黄酮醇类。

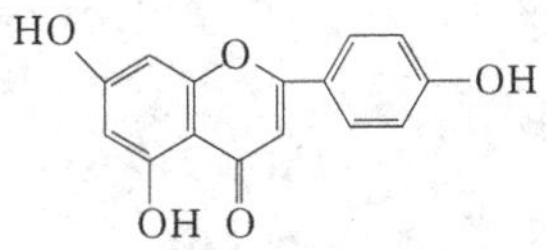

芹菜素 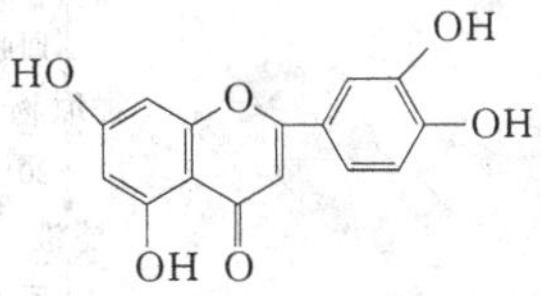　　木犀草素

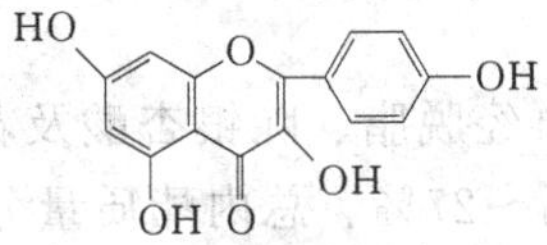

山奈素 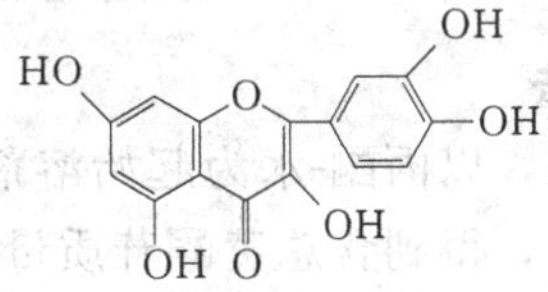　　槲皮素

另外，银杏素，又称白果双黄酮，银杏双黄酮。黄色结晶，熔点347～349℃（分解）。盐酸-镁粉反应呈橙红色，三氯化铁反应呈绿色，浓硫酸中呈黄色（无荧光），氢氧化钠中呈黄色。存在于银杏科植物银杏的叶、外种皮中，粗榧科植物粗榧等植物中。

白果素，又称白果黄素。黄色针状结晶，熔点245～250℃软化，约278℃重新固化，320℃熔化分解。在100℃（66.7Pa）加热2h后，熔点345～347℃。存在于银杏科植物银杏的叶、罗汉松科植物长罗汉松的叶。

二、生产工艺

由于银杏的主要药用成分为黄酮类化合物，下面简单介绍一下黄酮类化合物的提取方法。

1. 水提取法

取破碎后的银杏叶，加入6倍左右的水微沸2～3h，过滤后上D101树脂吸附床，用乙醇洗脱后，经浓缩干燥后所得产品中黄酮的质量分数约为38%，产品收率为银杏叶干重的1.2%～1.5%。还可用水抽提后，用聚酰胺树脂吸附柱进一步精制，得率为1.55%。工艺流程如下。

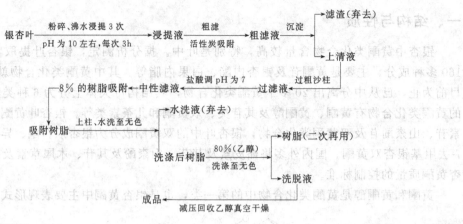

2. 乙醇提取法

银杏叶用中等浓度的乙醇回流 1～2h，提取 2～3 次，提取液用树脂纯化是最常采用的方法，具体流程如下。

银杏叶
↓ 95％乙醇提取 3 次,过滤提取液
滤液
↓ 回收乙醇,静置,过滤
提取物
↓ 20％乙醇溶解,过滤
滤液
↓ 回收溶剂至干
提取物(总黄酮)

3. 丙酮提取法

据国内外报道，以丙酮-水为起始溶剂提取，再经脱脂、除银杏酸及花青素、富集萜类内酯和黄酮等工序，得到含总黄酮苷质量分数 22％～27％、总内酯质量分数 5％～7％（银杏内酯质量分数 2.8％～3.4％、白果内酯 2.6％～3.2％）的提取物。国内生产厂家基本上未采用丙酮作提取剂，胡敏等人比较了丙酮和乙醇的不同提取效果，以为丙酮优于乙醇，但丙酮价格较贵，且含有毒成分。

三、质量检测

1. 鉴别

取银杏叶粉末 4g，加 50％丙酮 100mL，加热回流 3h，放冷，用脱脂棉滤过，滤液蒸去丙酮，放冷，残液用乙酸乙酯提取 2 次，每次 50mL，合并提取液，蒸干，残渣用 15％乙醇溶解，加入聚酰胺柱上，用 5％乙醇洗脱，收集洗脱液 200mL，浓缩至 50mL，放冷，浓缩液用乙酸乙酯提取 2 次，每次 50mL，合并提取液，蒸干，残渣用丙酮 5mL 使溶解，作为供试品溶液。另取银杏内酯 A、银杏内酯 B、银杏内酯 C 及白果内酯对照品，加丙酮制成每 1mL 各含 0.5mg 的混合溶液，作为对照品溶液。用薄层色谱法吸取上述两种溶液各 5μL，分别点于同一含 4％乙酸钠的羟甲基纤维素钠溶液制备的硅胶 H 薄层板上，以甲苯-乙酸乙酯-丙酮-甲醇（10∶5∶5∶0.6）为展开剂，在 15℃以下展开，取出，晾干，在 140～160℃加热约 30min，置紫外光灯（365nm）下检视。供试品色谱中，与对照品色谱相应的位置上显示相同颜色的荧光斑点。

2. 含量测定

2015 版《中国药典》采用高效液相色谱法，以槲皮素、山奈素、异鼠李素为对照，测定总黄酮苷的含量。

色谱条件与系统适用性试验：以十八烷基硅烷键合硅胶为填充剂；以甲醇-0.4%磷酸溶液（50∶50）为流动相；检测波长为 360nm。

对照品溶液的制备：分别精密称取经五氧化二磷干燥过夜的槲皮素、山奈素、异鼠李素对照品，各加甲醇制成每 1mL 分别含 0.03mg、0.03mg、0.02mg 的溶液，作为对照溶液。

测定时精密吸取对照品溶液与供试品溶液各 10μL，注入液相色谱仪，测定，分别计算三种黄酮苷元的含量。

四、药理作用与临床应用

我国用银杏制药历史悠久，随着医药工业的发展，使银杏制剂由药用部分水煎发展到丸剂、片剂、针剂、冲剂等多种剂型。

1. 银杏黄酮的药理作用

随着药物提取工艺标准化和药理作用活性研究的深入，银杏提取物（GBE）广泛用于治疗呼吸系统、心脑血管系统等疾病。

（1）GBE 有防治高血脂的功效　银杏叶中所含的双黄酮，黄酮-3 醇等类黄酮物质具有扩张冠状动脉、降低血中胆固醇、降低血脂的作用。

（2）改善脑循环　GBE 能显著增加脑血流量，改善脑的代谢，保护脑免受缺血引起的低氧损害。黄酮类可降低脑血管阻力，改善脑循环，使脑血流量增加，改善脑的营养，有助于改善记忆和脑功能不全包括健忘、乏力、疲劳、体力下降等。

（3）抗脂质过氧化作用　GBE 可消除氧自由基，防止过氧化脂质引起的损伤，改善血液流变学，降低体内过氧化脂质和提高超氧化物歧化酶的活力，对延缓衰老、延年益寿有益。

（4）其他　GBE 还可明显地拮抗血小板活化因子，降低血浆黏度和全血黏度，抑制血栓形成。总黄酮还有明显降低四氯化碳和乙醇所致血清谷丙转氨酶的升高等作用。

2. 银杏黄酮的临床应用

银杏叶中主要有效成分为黄酮类，银杏黄酮具有扩张血管、抑制血小板活化因子、抗氧化、调血脂等作用，可用于治疗心脑血管疾病、肾病综合征、糖尿病、血管性痴呆等。

（1）治疗心脑血管疾病　银杏黄酮苷能改善脑终末动脉的顺应性及血流，对缺血性脑病的恢复起到很好作用。在改善临床症状、心电图方面和改善血液流变方面有较好的作用。

（2）银杏黄酮苷治疗原发性肾病综合征（PNS）　银杏黄酮苷片治疗 PNS 高凝状态疗效显著，能有效地降低全血黏度，改善微循环。

（3）治疗血管性痴呆　银杏黄酮苷能持续改善血管性痴呆患者的认知及社会功能，能延缓痴呆的发展。

（4）眼科应用　银杏黄酮可减少脂质过氧化反应产物，使外周的玻璃体脉络膜视网膜营养不良和视网膜脱离患者的血浆和眼泪中的抗氧化物质活性增强，提高了术源性视网膜脱离患者的视力。

第三节 挥 发 油

挥发油（volatile oil）也称为精油（essential oil），是一类广泛存在于植物中具有生物活性的成分，是用水蒸气蒸馏所得到的与水不相混溶的挥发性油状成分的总称。其所含的化学成分比较复杂，可由十几种到一百多种成分组成，来源不同的挥发油所含的化学成分也不一致。挥发油大多在常温下为流动性液体，比水轻，也有的在低温下可析出固体成分，在常温下较易挥发。挥发油在植物体中主要存在于腺毛、油管、油室、分泌细胞或树脂道中，大多数成油滴状，也有与树脂、黏液质共存的。植物中挥发油的含量一般在1%以下，少数较高如丁香含14%～20%。

一、结构与性质

1. 结构

挥发油成分随着植物科属品种、采摘季节等不同而不同；往往同一植物，由于生长环境、采用部位存在差异，挥发油的成分与含量也不同。挥发油所含有的化学成分比较多，是一种混合物，其组成主要包括下面几类。

（1）萜类化合物　挥发油中的萜类成分，主要是单萜（$C_{10}H_{16}$）、倍半萜（C_5H_{24}）及含氧衍生物。挥发油中的萜类化合物可以含氧或不含氧，含氧衍生物多具有较强的生物活性或芳香气味。对于大多数挥发油来说，不含氧的烃类成分多，但多数香气不佳，不是重要成分。含氧衍生物有醇、醛、酮、醚、酸、酚、酯等，含量虽较少但大多具有优异芳香气，是挥发油中的重要成分。

（2）非萜类化合物

① 芳香族化合物　挥发油中常见有小分子的芳香族成分，主要为萜源衍生物，如麝香草酚、α-玉金烯等。有些是苯丙烷类衍生物，多具有C_6-C_3骨架，多为苯酚化合物或其酯类，如桂皮醛等；也有C_6-C_1骨架，如香草醛等。这些化合物在植物中常以苷或酯的形式存在。

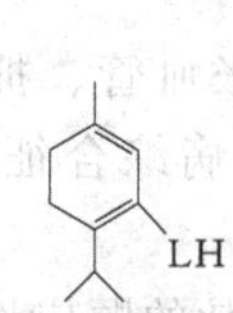

麝香草酚 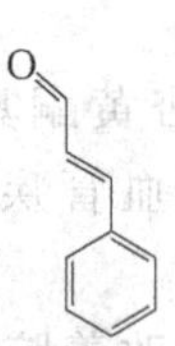　　　桂皮醛 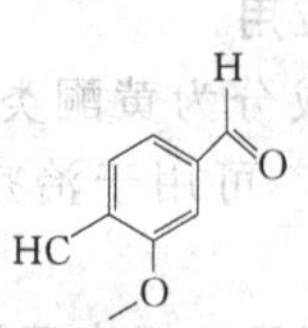　　　香草醛

② 脂肪族化合物　在挥发油中也存在某些小分子脂肪族化合物，有挥发性，广泛存在于水果中，如正癸烷、辛醛、丁酸乙酯、鱼腥草素等。

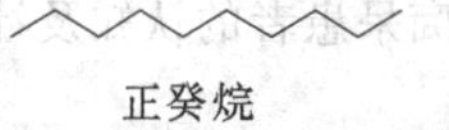

正癸烷 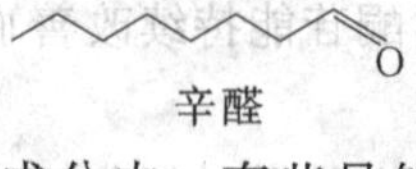　　　　辛醛 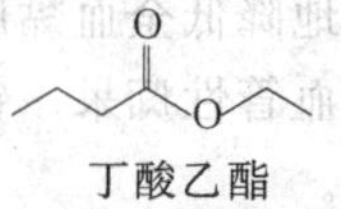　　　　丁酸乙酯

③ 其他类化合物　在药用植物化学成分中，有些虽然不是以挥发油状态存在，但经过酶解后，产生了一些具有挥发特性的化合物，且能随水蒸气蒸馏，以油状呈现，往往也被称作"挥发油"，但与挥发油的概念不符，如挥发杏仁油中的苦杏仁苷酶解产生的苯甲醛，大

蒜中大蒜氨酸酶解产生的大蒜油则为大蒜辣素等含硫混合物。

大蒜辣素　　　　　苯甲醛

2. 性质

（1）性状　大多数挥发油为无色或微黄色透明油状液体，低温放置时挥发油所含主要成分可以结晶析出，称之为"脑"，如薄荷脑、樟脑等。挥发油均具有特殊气味（多为香气味），一般在室温下可挥发得无影无踪。

（2）溶解性　挥发油难溶于水而易溶于亲脂性有机溶剂，在高浓度乙醇中全溶，在低浓度乙醇中只能溶解部分。将挥发油的温度降到一定程度可"析脑"。挥发油在水中能少量溶解而使其具有该挥发油的特有香气，因此常被用来制作芳香水和注射剂，如薄荷水、柴胡注射剂等。

（3）稳定性　挥发油对空气、光、热均具有敏感性，经常与空气、光线接触会逐渐氧化失去原有香味，甚至变质（树脂化），使挥发油密度增加、黏度增大、颜色变深，因此挥发油应装入棕色瓶内低温保存。

二、生产工艺

（一）提取

挥发油的提取有以下几种方法。

1. 水蒸气蒸馏法

将药用植物切碎后，加水浸泡，然后采用直接蒸馏或水蒸气蒸馏法将挥发油蒸馏出来。前者方法简单，但受热温度高，有可能会使挥发油温度升高，影响产品质量；后者可避免过热或焦化，但设备稍复杂。馏出液水油共存，可采用盐析法促使挥发油自水中析出，然后用低沸点有机溶剂萃取即得挥发油。

2. 溶剂提取法

用低沸点有机溶剂连续回流提取或冷浸提取，提取液可蒸馏或减压蒸馏除去溶剂，即可得到粗制挥发油，此法得到的挥发油含杂质较多，其他脂溶性成分会与其共存，故必须进一步精制提纯。

3. 压榨法

将含挥发油较丰富的原料（如柑、橘等）经撕裂粉碎压榨，将挥发油从植物组织中挤压出来，然后静置分层或用离心机分出油分，即得粗品。此法所得的产品也不纯，且很难将挥发油全部压榨出来，但可保持挥发油原有的新鲜香味。

4. CO_2 超临界流体萃取法

应用超临界 CO_2 流体萃取植物原料中的挥发油，此法适用于提取不稳定、易氧化、受热易分解的挥发油成分。具有提取效率高、产品纯度高等优点，但相对生产成本也较高，存在投资较大等不利因素。

5. 吸收法

对于某些对热敏感的贵重原料的挥发油，如玫瑰油、茉莉花油等，往往用特制的脂肪涂布于玻璃板两侧，在玻璃之间再放装有鲜花瓣的金属缸，挥发油会逐渐被脂肪吸收，每隔1~2d更换一次鲜花，待脂肪充分吸收芳香成分后，刮下脂肪即为"香脂"，可直接作为化妆品原料。

（二）分离

从植物中提取得到的挥发油是混合物，欲要得到单一化学成分必须进一步分离，常用的分离方法有以下几种。

1. 冷冻法

将挥发油置于 0℃ 以下，必要时可将温度降至 −20℃，使其中某种含量高的物质析出，取出析出的结晶，再经重结晶可得纯品。此法简单，但分离不完全，如薄荷脑的提取分离。当然不是所有的挥发油低温放置后都能出现析晶。

2. 分馏法

挥发油的组成成分由于类别不同，它们的沸点也有差别，故采用减压分馏法。经过分馏所得的每一馏分仍可能是混合物，再进一步精馏或结合冷冻、重结晶、色谱等方法，可得到单一成分。

3. 化学分离法

根据挥发油中各组成成分的结构或官能团的不同，用化学方法进行处理，使各组分得到分离的方法。

（三）制备实例

1. 薄荷挥发油

薄荷是一味常用中药，具有疏散风热、清头利目、利咽和透疹等功效，全草含挥发油 1% 以上，其油和脑（薄荷醇）为芳香药、调味品及祛风药。薄荷挥发油为无色或淡黄色液体，有强烈的薄荷香气，其质量优劣主要依据其中薄荷醇（薄荷脑）含量的高低而定，一般含量占 50% 以上，最高可达 85%。

2. 莪术挥发油

莪术为常用中药，有破血祛瘀、行气止痛功效。含挥发油 1%～2.5%，现代药理证明它有一定的抗菌、抗癌活性，油中以莪术醇和莪术烯酮为主要成分。莪术提取工艺流程如下。

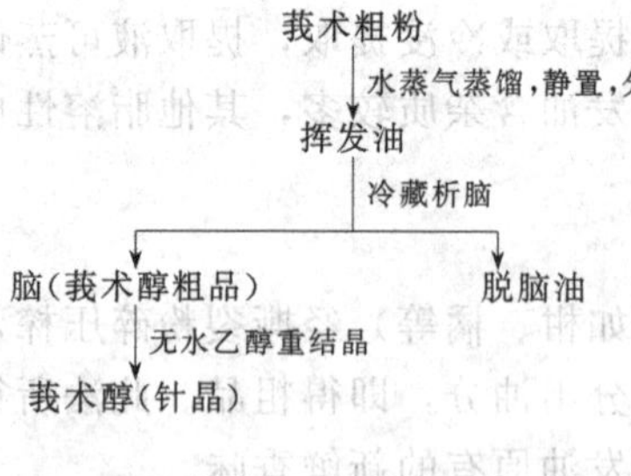

莪术粗粉
水蒸气蒸馏，静置，分离
挥发油
冷藏析脑
脑（莪术醇粗品）   脱脑油
无水乙醇重结晶
莪术醇（针晶）

3. 吴茱萸挥发油

吴茱萸为芸香科植物，临床具有散寒止痛、疏肝下气和燥湿之功效，其挥发油含量较高。云南昭通产的吴茱萸含挥发油 0.52%，具有特殊香气，该挥发油用 GC-MS 法进行化学分析，共检出了 22 种成分，并测定了含量。

4. 陈皮挥发油

陈皮为芸香科植物橘的干燥成熟果皮，具有理气、调中、燥湿、化痰等功效。药理试验表明：陈皮挥发油有刺激性祛痰作用，对胃肠道有温和的刺激作用，能促进消化液分泌和排除肠内积气，对细菌有较强的抑制作用。其挥发油含量达 1.5%～2%；油中主要成分为右旋柠檬烯，占 80% 以上；此外还含有其他成分。

三、质量检测

1. 化学常数的测定

挥发油的化学常数是指示挥发油质量的重要手段，故化学常数的测定十分必要。化学常数的测定包括酸值、酯值和皂化值的测定。

（1）酸值　是代表挥发油中游离羧酸和酚类成分含量的指标。以中和 1g 挥发油中游离酸性成分所消耗 KOH 的毫克数表示。

（2）酯值　是代表挥发油中酯类成分含量的指标。用水解 1g 挥发油中所含酯所需要的 KOH 毫克数表示。

（3）皂化值　是代表挥发油中所含游离羧酸、酚类成分和结合态酯总量的指标。它是以皂化 1g 挥发油所需 KOH 的毫克数表示。实际上皂化值是酸值与酯值之和。

2. 薄层鉴定

薄层色谱鉴定挥发油成分较一般试管法鉴定灵敏，而且由于分离后显色干扰也较少，有利于分析、判断结果，故常采用薄层鉴定。常用吸附剂为硅胶或氧化铝，展开剂为石油醚和石油醚-乙酸乙酯（85∶15）。

3. 气相色谱和气相色谱-质谱联用法鉴定

由于气相色谱（GC）分离效率和灵敏度都高，样品用量少，分析速度快，应用广泛，而且还可制备高纯度物质等优点，所以被广泛应用于挥发油成分的分离、鉴定和含量测定，是研究挥发油成分的重要手段。而气质联用技术则充分克服了气相色谱定性、定量分析的困难，目前已广泛应用于挥发油的定性、定量方面。

四、药理作用与临床应用

在临床上挥发油具有止咳、平喘、祛痰、发汗、解表、祛风、镇痛、解热、利尿、健胃、抗菌、消毒和杀虫等的功效。个别的挥发油尚有特殊的生理功效，如麝香酮具有兴奋中枢神经的作用，樟脑具有强心的作用。又如麝香草酚具有消毒抗菌作用，既可杀灭细菌又可杀灭真菌，比苯酚有更强的杀菌力，且毒性小。由于其水溶性极低，故应用受到限制。在龋齿腔中具有防腐、局麻和镇痛作用，口腔科制剂如牙髓慢失活剂、牙髓快失活剂等均含有麝香草酚。外用用于消炎、止痛、止痒。

第四节　强心苷

强心苷是具有强心作用的苷类，是具有强心生理活性的甾体化合物。由苷元和糖结合而成；苷元含有一个甾核和一个不饱和内酯环。强心苷主要从植物中提得，如洋地黄及铃兰等。

一、结构与性质

（一）结构

强心苷的基本结构是由甾醇母核和连在 C_{17} 位上的不饱和共轭内酯环构成苷元部分，然后通过甾醇母核 C_3 位上的羟基和糖缩而合成。根据苷元部分 C_{17} 位上连接的不饱和内酯环的类型分为甲型（蟾蜍甾烯型）和乙型（强心甾烯型）两类。

两种强心苷结构式如下。

蟾蜍甾烯型　　　　　　强心甾烯型

（二）性质

1. 通性

强心苷类成分多为无色结晶或无定形粉末，味苦，对黏膜有刺激性。可溶于水、丙酮及醇类等极性溶剂，略溶于乙酸乙酯、含醇三氯甲烷，几乎不溶于醚、苯、石油醚等非极性溶剂。它们在极性溶剂中的溶解性，随分子中糖数目增加而增加。苷元难溶于极性溶剂而易溶于三氯甲烷、乙酸乙酯中。强心苷的溶解性随着分子中所含糖基的数目、糖的种类以及苷元中所含的羟基多少和位置不同而异。强心苷的苷键可被酸、酶水解，分子中具有酯键结构的还能被碱水解。

2. 脱水反应

强心苷混合强酸（3%～5%HCl）加热水解反应的同时，苷元往往发生脱水反应，生成缩水苷元。比较容易脱水的羟基有：C_{14}—OH、C_{16}—OH、5β—OH 等。

3. 水解反应

水解法是研究强心苷组成的常用方法，分化学方法和生物方法两大类。化学方法主要有酸水解、碱水解和乙酰解；生物方法主要有酶水解。强心苷的苷键水解难易因组成糖的不同而异，水解产物也不同。

（1）酸水解法　温和酸水解用稀酸如 0.02～0.05mol/L 的盐酸或硫酸在含水醇中经短时间（自半小时至数小时）加热回流，可使Ⅰ型强心苷水解成苷元和糖。

（2）碱水解法　常用来水解强心苷中酰基的碱有碳酸氢钠、碳酸氢钾、氢氧化钙、氢氧化钡，前两个碱主要使 α-脱氧糖上的酰基水解，而 α-羟基糖及苷元上的酰基往往不被水解；后两个碱可以使 α-脱氧糖上的、α-羟基糖上的、苷元上的酰基水解。氢氧化钠的碱性太强，不但能使糖基和苷元上的酰基全部水解，而且还使内酯环破裂，故不常用。

（3）乙酰解法　在研究强心苷的结构时，乙酰解常用来研究糖与糖之间的连接位置，如葡萄糖之间的 1,6-糖苷键很容易乙酰解，而 1,4-糖苷键较难乙酰解。

（4）酶水解法　在含强心苷的植物中，有水解葡萄糖的酶，无水解 α-脱氧糖的酶，所以能水解除去分子中的葡萄糖而保留 α-脱氧糖。除了植物中与强心苷共存的酶外，其他生物中的水解酶也能使某些强心苷水解，尤其是蜗牛酶（是一种混合酶）几乎能水解所有的苷键，能将强心苷分子中的糖逐步水解，直至获得苷元，常用来研究强心苷的结构。

二、生产工艺

（一）提取

从中药中提取分离强心苷是比较困难的，主要原因是强心苷含量比较低，且同一植物中常含有许多结构相近，性质相似的强心苷，每一种苷又有原生苷、次生苷之分；其次是因为强心苷常与许多糖类、皂苷、鞣质等杂质共存，从而影响了强心苷的溶解度；第三是在提取分离中强心苷易受酸、碱或共存酶的作用，发生水解、脱水、异构化等反应，使生理活性降低，因此在提取时要控制酸碱性和抑制酶的活性。

一般常用的提取溶剂为 $70\% \sim 80\%$ 的甲醇或乙醇，油脂及叶绿素多者要先进行脱脂；再用铅盐沉淀法或聚酰胺吸附法除去与其共存的杂质；最后再用 $CHCl_3$ 和 $CHCl_3$: $MeOH$ 不同比例混合液依次萃取，将强心苷按极性大小分为几个部分，以备进一步分离用。

（二）分离

分离混合强心苷，通常采用溶剂萃取法、逆流分溶法和色谱分离法等。对于少数含量高的成分，可采用反复重结晶的方法得到单体。但在多数情况下往往需要多种方法配合使用，反复分离才能得到单一成分。

1. 溶剂萃取法

该法是利用强心苷在两相溶剂间的分配系数不同而达到分离，如毛花洋地黄总苷（混合苷）中苷甲、苷乙、苷丙的分离。

利用毛花洋地黄苷甲、苷乙、苷丙在氯仿中溶解度不同，采用甲醇-氯仿-水混合溶剂系统，可将苷丙与苷甲、苷乙分离。

2. 逆流分溶法

该法也是利用强心苷在两相溶剂间的分配系数不同而达到分离。

3. 吸附色谱法

吸附色谱法一般用于分离亲脂性强心苷（单糖苷或次生苷），常用中性氧化铝（或硅胶）作吸附剂，苯、苯-氯仿、氯仿、氯仿-甲醇作洗脱剂。但 C_{16} 位有酰氧基的不能用氧化铝色谱，用氧化铝常引起酰氧基消去反应，形成 $\Delta^{16(17)}$ 不饱和化合物。

弱亲脂性强心苷常先进行乙酰化，将乙酰化强心苷的混合物进行氧化铝吸附色谱，获得乙酰化苷的单体，再以碳酸氢钾水解去乙酰基而得原苷。

4. 液滴逆流色谱法（DCCC）

DCCC 也是分离弱亲脂性强心苷的一种有效方法，它是利用混合物中各组分在两液相间的分配系数差别，由流动相形成液滴，通过作为固定相的液柱而达到分离纯化的目的。

（三）制备实例

见下页流程图。

三、质量检测

1. 生药中强心苷的鉴别反应

首先将生药中的强心苷用稀乙醇提取，若样品中含叶绿素等色素，可先用石油醚除去色素后进行试验。

（1）作用于甾体母核的反应　一般在无水条件下，经强酸（如硫酸、磷酸、高氯酸）、中等强度的酸（如三氯乙酸）的作用，甾体化合物经脱水形成双键，双键移位，分子间缩合形成共轭双键系统，并在浓酸溶液中形成多烯阳碳离子的盐而呈现一系列的颜色变化。

（2）作用于 α-脱氧糖的反应

① Keller-Kiliani（K-K）反应：生药粉末 1g，加 70% 乙醇，水浴回流 30min，滤过，

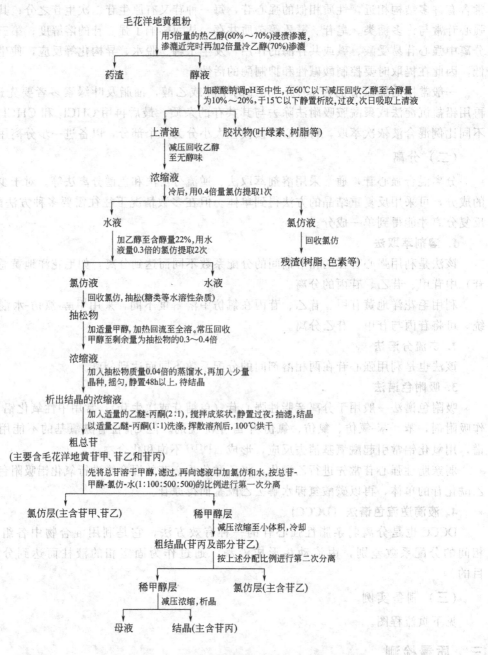

毛花洋地黄粗粉

用5倍量的热乙醇(60%～70%)浸渍渗漉，渗漉近完时再加2倍量冷乙醇(70%)渗漉

药渣　　　醇液

加碳酸钠调pH至中性，在60℃以下减压回收乙醇至含醇量为10%～20%，于15℃以下静置析胶，过夜，次日吸取上清液

上清液　　　胶状物(叶绿素、树脂等)

减压回收乙醇至无醇味

浓缩液

冷后，用0.4倍量氯仿提取1次

水液　　　氯仿液

加乙醇至含醇量22%，用水液量0.3倍的氯仿提取2次　　　回收氯仿

残渣(树脂、色素等)

氯仿液　　　水液

回收氯仿，抽松(糖类等水溶性杂质)

抽松物

加适量甲醇，加热回流至全溶。常压回收甲醇至剩余量为抽松物的0.3～0.4倍

浓缩液

加入抽松物质量0.04倍的蒸馏水，再加入少量晶种，摇匀，静置48h以上，待结晶

析出结晶的浓缩液

加入适量的乙醚-丙酮(2:1)，搅拌成浆状，静置过夜，抽滤，结晶以适量乙醚-丙酮(1:1)洗涤，挥散溶剂后，100℃烘干

粗总苷
(主要含毛花洋地黄苷甲、苷乙和苷丙)

先将总苷溶于甲醇，滤过，再向滤液中加氯仿和水，按总苷-甲醇-氯仿-水(1:100:500:500)的比例进行第一次分离

氯仿层(主含苷甲、苷乙)　　　稀甲醇层

减压浓缩至小体积，冷却

粗结晶(苷丙及部分苷乙)

按上述分配比例进行第二次分离

稀甲醇层　　　氯仿层(主含苷乙)

减压浓缩，析晶

母液　　　结晶(主含苷丙)

滤液蒸干，残渣溶于1mL0.5％三氯化铁-冰醋酸溶液后倾入小试管中，再沿管壁加浓硫酸1mL。上层乙酸液呈蓝至蓝绿色，二液层交界处由于浓硫酸对强心苷元的作用而呈棕色。

② 对二甲氨基苯甲醛反应：将含有α-脱氧糖组成的强心苷醇溶液滴在滤纸上，干燥后，喷对二甲氨基苯甲醛试剂（1％对二甲基苯甲醛乙醇溶液4mL，加浓盐酸1mL），并于90℃加热30s，可显灰红色斑点。

2. 结构测定

研究强心苷的结构包括研究苷元和糖的结构以及二者之间的结合方式，除上述的水解反应外，色谱法、波谱法和各种化学反应对鉴定强心苷结构也是很有价值的。

（1）色谱法是分离鉴定强心苷的一种重要手段，最早使用的是纸色谱法。一般将滤纸预先用甲酰胺或丙二醇处理作为固定相，用亲脂性有机溶剂作流动相可分离亲脂性较强的强心苷，用含水有机溶剂系统作流动相可分离亲水性较强的强心苷。强心苷的薄层色谱法有吸附薄层色谱法和分配薄层色谱法两种，以后者分离效果较好。

（2）吸附薄层常用的吸附剂有硅胶、氧化铝、氧化镁等，分配薄层常用的支持剂有硅藻土、纤维素、滑石粉等，最常用的固定相是甲酰胺。二者常用混合溶剂作移动相，用活性亚甲基试剂或三氯乙酸-氯胺 T 试剂作显色剂。这些试剂均需新配制。

四、药理作用与临床应用

1. 药理作用

（1）加强心肌收缩力　强心苷可选择性地作用于心肌，特点为：①使心肌收缩力加强，缩短速度加快，导致收缩期缩短，舒张期相对延长，有利于冠状动脉对心肌供血；②降低衰竭心肌耗氧量，用药后因心排空完全、室壁张力降低和心率减慢，导致心肌耗氧量降低远远超过因收缩力加强而引起的心肌耗氧量增加；③增加心输出量，提高工作效率。

（2）利尿　强心苷通过增加心排出量，使肾血流量增加而对慢性心力衰竭（CHF）患者有明显利尿作用，还可通过抑制肾小管上皮细胞膜 Na^+，K^+-ATP 酶而抑制肾小管对 Na^+ 的重吸收，排 Na^+ 利尿。

（3）对神经系统的作用　①治疗量的强心苷降低心率和减慢房室传导，与兴奋迷走神经中枢作用有关。②中毒量的强心苷可兴奋延脑催吐化学感受区而引起呕吐，还可增强交感神经兴奋性导致快速心律失常。

（4）抑制肾素-血管紧张素-醛固酮系统（RAAS）　强心苷可使血浆肾素活性降低，减少血管紧张素Ⅱ的生成及醛固酮的分泌，从而产生对心脏的保护作用。

2. 临床应用

目前强心苷临床应用的有二三十种，用于治疗充血性心力衰竭及节律障碍等心脏疾病，如西地兰、地高辛、洋地黄毒苷等。但强心苷类能兴奋延髓催吐化学感受区而引起恶心、呕吐等胃肠道反应；且有剧毒，若超过安全剂量时，可使心脏中毒而停止跳动。

（1）慢性心功能不全　慢性心功能不全对强心苷的反应取决于心肌的功能状况及心衰的病因，在疗效上差距很大。强心苷对伴有心房扑动、颤动的心功能不全疗效最好。对心脏瓣膜病、先天性心脏病及心脏负担过重（如高血压）引起的心功能不全疗效好。

（2）心律失常　强心苷抑制房室传导和减慢心率的作用，可用于治疗心房颤动、心房扑动和阵发性室上性心动过速。

（3）强心苷的用药方法为口服或静脉注射　按其作用的快慢分为两类。①慢作用类。作用开始慢，在体内代谢及排泄也慢，作用时间长。本类均为口服药，包括洋地黄叶末、洋地黄毒苷等。②快作用类。作用开始快，在体内代谢及排泄也快，作用时间短。适用于急性心力衰竭及慢性心力衰竭急性加重时。

第五节　香豆素

香豆素是邻羟基桂皮酸的内酯，其分子通式为 $C_9H_6O_2$。发现于 1820 年。广泛分布于高等植物中，尤其以芸香科和伞形科为多，少数发现于动物和微生物中。在植物体内，它们往往以游离状态或与糖结合成苷的形式存在，是一大类衍生物的母体，这些衍生物中有些存在于自然界，有些则通过合成方法制得；有的游离存在，有的与葡萄糖结合在一起，其中不少具有重要经济价值。

一、结构与性质

（一）结构

香豆素（coumarins）又称香豆精，为顺式邻羟基桂皮酸的内酯，具特异香气，基本结构如下：

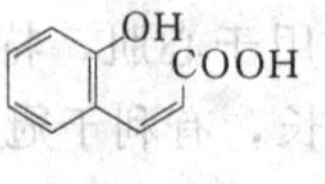

顺式邻羟基桂皮酸 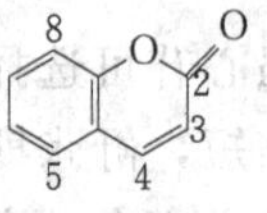　　　　香豆素

香豆素类与糖结合而成的苷叫香豆素苷（coumaringlycosides）。香豆素以游离状态及其苷类存在于生物体内。香豆素的母核为苯骈 α-吡喃酮。根据其结构特征可分为四大类，即羟基香豆素类，呋喃香豆素类、吡喃香豆素类及其他香豆素类。

1. 羟基香豆素类

绝大部分在苯核上有取代基，几乎所有的 C_7 位都带有含氧基团，因此可认为它们是简单香豆素的母体。各种香豆素主要区别是指不同位置的取代基的差别。如七叶苷（aesculin）、东莨菪苷、东莨菪内酯。

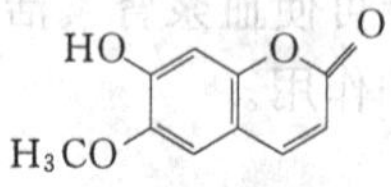

七叶苷 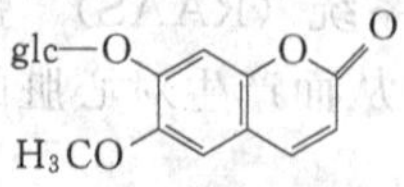　　　　东莨菪苷 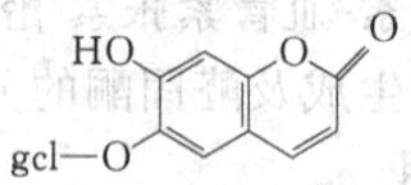　　　　东莨菪内酯

2. 呋喃香豆素类

香豆素核上异戊烯基常与邻位酚羟基环合成呋喃环，又可分为 6,7-呋喃骈香豆素（简称呋喃骈香豆素）和 7,8-呋喃骈香豆素（又称异呋喃骈香豆素，isofurocoumarin），如补骨脂内酯（psoralen）。

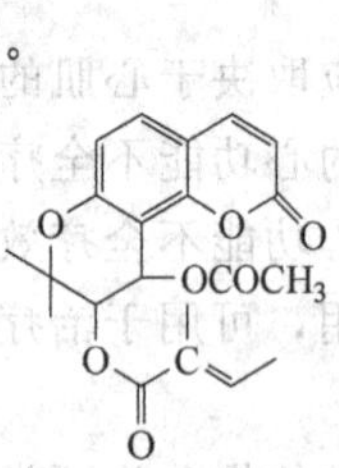

花椒内酯 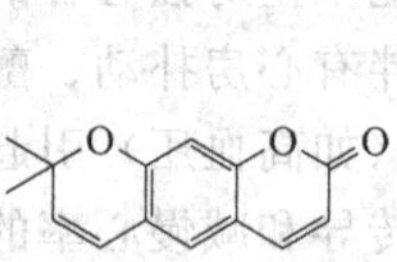　　　　白花前胡甲素 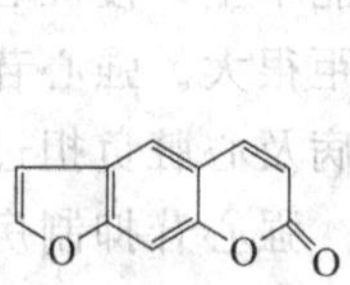　　　　补骨脂内酯

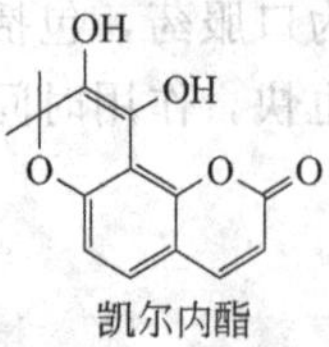

凯尔内酯 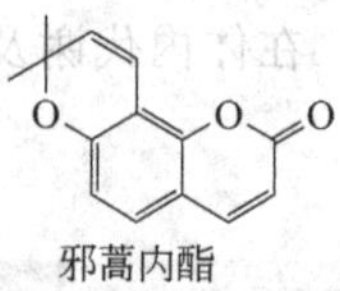　　　　邪蒿内酯 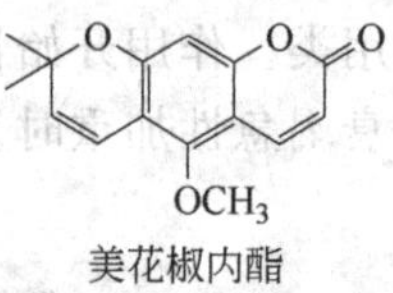　　　　美花椒内酯

3. 吡喃香豆素类

香豆素苯环上异戊烯基和邻羟基形成 2,2-二甲基-α 吡喃环后，形成吡喃香豆素，和呋喃香豆素一样可以分为 6,7-吡喃骈香豆素，如花椒和美花椒中花椒内酯（xanthyletin）、美

花椒内酯（xanthoxyletin）；7,8-吡喃骈香素，如印度邪蒿果实中邪蒿内酯（seselin），凯刺果实中凯尔内酯（khellactone），白花前胡中白花前胡甲素（praeuptorin A）。

4. 其他香豆素类

双香豆素类（biscoumarins）是香豆素的二聚体，如双七叶内酯，还有的是香豆素的三聚体。

双七叶内酯　　　　　　　　　岩白菜内酯

异香豆素类（isocoumarins）异香豆素是香豆素的异物体，在植物体中存在的多数是二氢香豆素的衍生物，如岩白菜内酯（bergenin）等。

其他类，指在香豆素的 α-吡喃酮环上具有取代基的一类香豆素，取代基接在 C_3 或 C_4 位置上，常见有苯基、羟基、异戊烯基等基团。

（二）性质

1. 性状

游离的香豆素多为无色棱状晶体，味苦，具有新割干草的特有气味；熔点71℃，沸点301.7℃；小分子的香豆素能升华，而多数香豆素苷无香气，也不能升华。香豆素苷可溶于水、甲醇、乙醇与碱液，难溶于苯、乙醚等有机溶剂。苷元难溶于冷水，能溶于沸水，易溶于甲醇、乙醇、三氯甲烷、乙醚及碱液。某些香豆素及其衍生物具有荧光，在碱性溶液中荧光更显著。荧光的有无与强弱，与分子中取代基的种类和取代位置有关，如7-羟基香豆素有强烈的蓝色荧光，而7,8-二羟基香豆素几无荧光。

2. 与碱作用

香豆素具有 α,β-不饱和 δ 内酯的结构，在稀碱溶液中可渐渐水解开环生成顺式邻羟基桂皮酸的盐，但它不稳定，一经酸化，又可复原。7-羟基香豆素由于在碱液中立即形成带有负电荷的酚盐离子，反而更难水解。利用这种性质来处理复杂的植物提取物，可使香豆素类与中性、酸性和酚性的其他成分分离开。

3. 化学反应

（1）环合反应　香豆素分子中若酚羟基的邻位有不饱和侧链时，常能相互作用环合成含氧的杂环结构，生成呋喃香豆素或吡喃香豆素类。

（2）加成反应　香豆素分子中的双键可分为 C_3—C_4 间双键、呋喃或吡喃环中双键及侧链双键等不同存在形式。在控制条件下，一般以侧链上的双键先行氢化，然后是呋喃或吡喃环上的双键，最后才是 C_3—C_4 双键加氢。

二、生产工艺

游离香豆素大多是低极性和亲脂性的，提取时先用系统溶剂法较好。香豆素分子较稳定，利用其内酯性质用酸碱处理，或利用它的挥发性以真空升华或水蒸气蒸馏的方法来分离纯化。

1. 香豆素的提取分离方法

（1）水蒸气蒸馏法 小分子的香豆素类因具有挥发性，可采用水蒸气蒸馏法进行提取。

（2）碱溶酸沉法 由于香豆素类可溶于热碱液中，加酸又析出，故可用 0.5％氢氧化钠水溶液加热提取，提取液冷却后再用乙醚除去杂质，然后加酸调节 pH 至中性，适当浓缩，再酸化，则香豆素类及其苷即可析出。

（3）系统溶剂法 从中药中提取香豆素类化合物时；可采用系统溶剂提取法。常用石油醚、乙醚、乙酸乙酯、丙酮和甲醇顺次萃取。石油醚对香豆素的溶解度不大，其萃取液浓缩后即可得结晶。乙醚是多数香豆素的良好溶剂，但也能溶出其他能溶性成分，如叶绿素、蜡质等。其他极性较大的香豆素和香豆素苷，则存在于甲醇或水中。

2. 含香豆素中药提取实例——蛇床子素的提取

蛇床子为伞形科植物蛇床的干燥成熟果实，具有温胃壮阳、燥湿、祛风杀虫之功效。现代化学研究表明其主要成分为香豆素类化合物，蛇床子素为其代表成分之一，具有广谱抗菌作用，对须发、脚趾、肛周癣菌有较强的抑制作用，对阴道滴虫有抑制作用，并具有抗真菌、抗变态反应、抗肿瘤作用。蛇床子素相对含量较高，且在一般制备过程中不易提出，从而影响药物的质量和临床疗效。

（1）工艺 I 采用 6 倍量的水提取 3 次，每次 1.5h，合并药液，浓缩至相对密度 1.30～1.35（70℃），加乙醇使含醇量达到 70％，静置过夜，取上清液，回收乙醇，浓缩成稠膏，70℃烘干，得干膏。

（2）工艺 II 采用 6 倍量 95％乙醇提取 3 次，每次 1.5h，合并药液，浓缩相对密度 1.20～1.25（70℃）的浸膏，加 5 倍浸膏量的饮用水，过滤滤饼 70℃烘干，得干膏。

（3）工艺 III 用 6 倍量 70％乙醇提取 3 次，合并药液，回收乙醇，浓缩，烘干，得干膏 I，加 3 倍干膏 I 量的氯仿回流提取 2 次，每次 0.5h，合并氯仿提取液，回收氯仿，60℃干燥，得干膏 II。

工艺 I 水煎醇沉法收率低、含量低，不适宜作为蛇床子素大生产或实验室制备方法；工艺 II 醇提水沉法含量、收率都较高，操作简便，适合作为蛇床子素大生产或实验室提取方法，且含量也能达到一般制剂的要求；工艺 III 含量高，收率也较高，适合制备高含量的蛇床子素，并可以此为原料进一步提纯蛇床子素单体作相关药理学研究。

三、质量检测

（一）荧光性质及显色反应

1. 荧光性质

香豆素类在可见光下为无色或浅黄色结晶。香豆素母体本身无荧光，而羟基香豆类在紫外光下多显出蓝色荧光，在碱溶液中荧光更为显著。香豆素类荧光与分子中取代基的种类和位置有一定关系：一般在 C_7 位引入羟基即有强烈的蓝色荧光，加碱后可变为绿色荧光；但在 C_8 位再引入一羟基，则荧光减至极弱，甚至不显荧光。呋喃香豆素多显蓝色或褐色荧光，但较弱。荧光性质常用于色谱法检识香豆素。

2. 显色反应

（1）异羟肟酸铁反应 香豆素具有内酯环，能与异羟肟酸铁反应，产生紫红色，可被用来鉴别和比色测定。生药粉末用甲醇提取，滤液中加 7％盐酸羟胺的甲醇溶液与 10％NaOH 的甲醇溶液各数滴，水浴微热，冷后，用稀盐酸调节 pH 至 3～4，加 1％三氯化铁试液，溶液显红色或紫色。

（2）酚类试剂反应 该类化合物多具酚羟基，能和常规酚类试剂反应，如三氯化铁、硝酸银的氨溶液、三氯化铁-铁氰化钾。如果香豆素化合物的 C_6 位上（即酚羟基的对位）没有取代基，则能和 Emerson 试剂反应显橙红色。

（3）GibbS 反应 GibbS 试剂是 2,6-二氯（溴）苯醌氯亚胺，它在弱碱性条件下可与酚羟基对位的活泼氢缩合成蓝色化合物。

（4）Emerson 反应 Emerson 试剂是氨基安替吡啉和铁氰化钾，它可与酚羟基对位的活泼氢生成红色缩合物。

Gibbs 反应和 Emerson 反应都要求必须有游离的酚羟基，且酚羟基的对位要无取代才显阳性，如 6,7-羟基香豆素就呈阴性反应。判断香豆素的 C_6 位是否有取代基的存在，可先水解，使其内酯环打开生成一个新的酚羟基，然后再用 Gibbs 或 Emerson 反应加以鉴别，如为阳性反应表示 C_6 位无取代。

以上荧光及各种显色反应用于检识香豆素的存在和识别某位有取代的香豆素。

（二）色谱检识

1. 纸色谱

由于香豆素分子中多含有酚羟基，显弱酸性，故其在进行纸色谱时，在碱性溶剂系统中的 R_f 值相对较大，在中性溶剂系统中则易产生拖尾现象。

常用的溶剂系统为含水有机溶剂系统，色谱后的滤纸可先在紫外灯下观察香豆素特有的荧光，再喷以 10% 氢氧化钾醇溶液或 20% $SbCl_3$ 氯仿溶液显色。

2. 薄层色谱

香豆素化合物多具有酚羟基结构，在薄层色谱中多选硅胶作吸附剂，并用一定 pH 的缓冲溶液处理，可以得到较好的分离效果。酸性氧化铝也可选作吸附剂用。展开后的斑点除在紫外灯下观察荧光外，还可喷三氯化锑等显色剂。

3. 分光光度法

香豆素在紫外光的照射下显蓝色荧光，可作为定性鉴别和定量测定的依据。香豆素类化合物羟基和芳香环形成的共轭体系具较强的紫外特征吸收，不同的香豆素类化合物在不同 pH 条件下表现出不同的光谱特征，因此可用紫外-可见分光光度法测定生药中总香豆素的含量。

4. 高效液相色谱法

高效液相色谱法是生药中单体香豆素常用的定量分析方法，如《中国药典》（2005 年版）补骨脂中补骨脂素和异补骨脂素的高效液相色谱测定（呋喃香豆素），前胡中白花前胡甲素的高效液相色谱测定（吡喃香豆素）。香豆素类化合物还可用气相色谱法测定，如蛇床子中香豆素类成分的分析。

（三）结构测定

1. 紫外光谱（UV）

未取代的香豆素可在 274nm 和 311nm 有两个吸收峰，分别为苯环和 α-吡喃酮结构所引起。取代基的导入常引起吸收峰位置的变化。一般烷基取代影响很小，而羟基导入常使吸收峰红移。其峰位常随测试溶液的酸碱性而变化。

2. 红外光谱（IR）

香豆素类成分属于苯骈 α-吡喃酮，因此在红外光谱中应有 α-吡喃酮的吸收峰（1745～1715cm^{-1}）及芳香环共轭双键的吸收峰（1645～1625cm^{-1}）的特征。如果有羟基取代，还可有 3600～3200cm⁻¹ 的羟基特征吸收峰，另外还可见到 C ═C 的骨架振动。

四、药理作用与临床应用

香豆素的生理活性多种多样，对植物有双重生理活性；对人体更是具有抗高血压、抗凝血、抗菌、抗病毒、抗癌等多种理作用。现代药理实验证明，我国传统中药中的蛇床子、白芷、前胡、独活、补骨脂、茵陈蒿等的主要药效成分均是香豆素或其衍生物。

（一）药理作用

1. 对心血管系统的作用

（1）抗高血压　某些香豆素具有扩张血管、Ca^{2+} 拮抗作用，因而可以降血压。

（2）抗心律失常　某些香豆素通过阻断心肌细胞膜的快钠通道和钙通道，抑制钠电流和钙电流，阻碍心肌细胞去极化，则心肌异位节律不易发生。

（3）抗心肌缺血再灌注性损伤　某些香豆素具有阻滞钙内流、开放钾通道等作用，而钙内流受阻和钾通道开放均能缓解缺血再灌注所引起的胞浆 Ca^{2+} 超载，维持细胞内外钙平衡以及线粒体的稳定性，从而防止活性氧自由基大量生成。

（4）抗凝血　某些香豆素及其衍生物的化学结构与维生素 K 相似，在肝脏中与维生素 K 竞争性地结合酶蛋白，抑制酶蛋白的活性，从而抑制了凝血酶原及依赖维生素 K 的凝因子（Ⅶ、Ⅸ、Ⅹ）的合成。

2. 抗菌作用

由链霉菌产生的一族香豆霉素（coumermycin）是抗生素类药物，香豆素是通过与 ATP 竞争结合到 DNA 促旋酶上来抑制该酶的催化功能，从而阻碍细菌 DNA 的复制。研究发现直链型呋喃香豆素可抑制单核细胞增多性李斯特菌的生长，补骨脂素和 8-甲氧基补骨脂素可抑制大肠杆菌和藤黄微球菌的生长，其中补骨脂素是最有效的抗菌剂，对上述三种细菌起抑制作用的浓度不大于 5mg/L。

3. 抗癌作用

补骨脂素类香豆素对人黏液表皮样癌 MEC-1 细胞系、宫颈鳞癌 Hela 细胞系等均有抑制和杀灭作用；8-甲氧基补骨脂素可以增加癌细胞中 P16 和 Nm23-H₁ 蛋白的表达，减少 CDK4 和 H₂-ras 蛋白的表达，从而阻碍癌症的发生和转移；临床上对恶性黑色素瘤、肾癌、前列腺癌有效的 7-羟基香豆素则通过降低细胞细胞周期素（cyclin）D1 的表达来抑制癌细胞增殖；香豆素还可通过增强机体免疫功能来产生抗癌作用。有研究表明，香豆素能增强巨噬细胞的作用，活化并增强单核细胞的数量，调解单核细胞与巨噬细胞对淋巴细胞的活化以及增强白细胞介素等以发挥抗癌作用。

4. 其他作用

（1）抗 HIV 作用　某些香豆素具有抑制 HIV 反转录酶活性，同时能够保护人类 T 淋巴细胞不受攻击，并且具有抗耐药性。还有些香豆素具有抑制 HIV-1 复制和扩散的能力。

（2）止咳平喘作用　香豆素通过降低细胞内 Ca^{2+} 来直接抑制气管平滑肌依内钙性收缩，使其有松弛平滑肌的作用，由此不难推测出其具有平喘功效。

（3）消炎止痛作用　蛇床子中的花椒毒酚对二甲苯所致小鼠耳壳肿胀有明显抑制作用，能减轻角叉菜胶和鸡蛋清引起的大鼠足跖肿胀，还能明显抑制大鼠滤纸片肉芽肿，表明对急、慢性炎症具有抑制作用。在临床上，用于治疗风湿性、类风湿性关节炎的祖师麻注射剂的主要成分就是瑞香素，作为中草药单体，也常用于治疗血栓闭塞型脉管炎。

（二）临床应用

香豆素类药物的作用是抑制凝血因子在肝脏的合成。香豆素类药物与维生素 K 的结构相似。香豆素类药物在肝脏与维生素 K 环氧化物还原酶结合，抑制维生素 K 由环氧化物向氢醌型转化，维生素 K 的循环被抑制。可以说香豆素类药物是维生素 K 拮抗剂，或者是竞争性抑制剂。含有谷氨酸残基的凝血因子Ⅱ、Ⅶ、Ⅸ、Ⅹ 的羧化作用被抑制，而其前体是没有凝血活性的，因此凝血过程受到抑制。但它对已形成的凝血因子无效。

香豆素类药物是一类口服抗凝药物，它们的共同结构是 4-羟基香豆素。同时，双香豆素还可以用于对付鼠害（啮齿类动物）。当初人们在研究牧场牲畜因抗凝作用导致内出血致死的过程中发现的双香豆素，意识到了这一类物质的抗凝作用，引起了之后对香豆素类药物的研究和合成，从而为医学界提供了一种重要的凝血药物。

常见的香豆素类药物有双香豆素（dicoumarol）、华法林（warfarin，苄丙酮香豆素）和醋硝香豆素（acenocoumarol，新抗凝）。

本 章 小 结

天然植物中含有明显生物活性并有医疗作用的成分常称为有效成分，如生物碱、苷类、挥发油、氨基酸等。有效成分的提取方法主要是溶剂提取法，其次是水蒸气蒸馏法、升华法、压榨法等。溶剂提取法是根据天然植物中各种成分在溶剂中的溶解性质，其技术关键是选择适当的溶剂。溶剂选择的原则是溶剂对有效成分溶解度大，对杂质溶解度小；溶剂不能与药用苷成分起化学反应；溶剂要经济、易得、使用安全等。

本章重点介绍了银杏黄酮、挥发油、强心苷、香豆素等典型药物的结构与性质、工艺路线、质量检测、药理作用与临床应用。

习 题

1. 天然植物药物主要有哪些提取方法？
2. 银杏黄酮的生产主要有哪些方法？其有何临床应用？
3. 挥发油的萃取主要有哪些方法？各有何特点？
4. 强心苷的生产中主要有哪些方法？其药理作用有哪些？
5. 香豆素提取有哪些方法？其有何临床应用？

第十章

现代生物技术药物

【学习目标】 掌握现代生物技术药物的概念，熟悉生物技术药物的特点与检验；了解
生物技术药物的结构与性质；具备生物技术药物的一般制备能力。

【学习重点】 1. 生物技术药物的一般制备方法。
2. 典型生物技术药物的制备工艺流程。

【学习难点】 各种生物技术药物的制备工艺流程。

第一节 概　述

现代生物技术是以重组 DNA 技术和细胞融合技术为基础，包括基因工程（含蛋白质工程）、细胞工程、酶工程和发酵工程等组成的现代高新技术。

一、生物技术药物

生物药物泛指包括生物制品在内的生物体的初级和次级代谢产物及以生物体的某一组成部分，甚至整个生物体用作诊断和治疗疾病的医药品。例如，从动、植物中提取的生化药物，利用微生物发酵或动植物细胞组织培养、转化生产的药物。而生物技术药物是将一些难以规模化提取生产的微量生命活性物质，经分离纯化研究确证其结构、功效后，利用 DNA 重组技术和单克隆抗体技术等方法进行规模化生产而获得的蛋白质、多肽、酶、激素、疫苗、单克隆抗体和细胞生长因子等药物。包括基因工程药物、酶工程药物、动植物细胞工程药物等。其品种主要包括用于预防疾病的疫苗、疫情检测和临床诊断的试剂、治疗疾病的药物等。当然，生物技术药物也属于生物药物。

生物技术制药与传统的生化制药有内在联系，同时又有明显区别。传统的生化制药是采用生化技术从动物或植物中提取的生化药用物质。利用生物技术生产的生化药品，无论在质量、数量方面，还是性能等方面都显示出更多的优越性。

二、生物技术制药的特点

① 可以大量生产过去难以获得的生理活性蛋白和多肽，为临床应用提供有力的保障。

② 可以提供足够数量的生理活性物质，以便对其生理和生化结构进行深入的研究，从

而扩大这些物质的应用范围。

③ 应用基因工程技术可以发现、挖掘更多的内源性生理活性物质。

④ 内源性生理活性物质在作为药物使用时存在的不足之处，可以通过基因工程和蛋白质工程进行改造和去除。

⑤ 利用基因工程技术可获得新化合物，扩大药物筛选来源。

三、生物技术药物的种类

1. 细胞因子类

（1）干扰素（interferon，IFN）类　具有抗病毒活性的一类蛋白，包括 α-干扰素（IFN-α），β-干扰素（IFN-β）和 γ-干扰素（IFN-γ）。

（2）白细胞介素（interleukin，IL）　是淋巴细胞、巨噬细胞等细胞间相互作用的介质，已发现的 IL 多达 23 种，分别命名为 IL-1，IL-2…IL-23。

（3）集落刺激因子（colony stimulating factor，CSF）类　促进造血细胞增殖和分化的一类因子，如粒细胞-巨噬细胞-CSF（GM-CSF）、粒细胞-CSF（G-CSF）、巨噬细胞-CSF（M-CSF）等。

（4）生长因子（growth factor）类　对不同细胞生长有促进作用的蛋白质，如表皮生长因子（EGF）、成纤维细胞生长因（FGF）、肝细胞生长因子（HGF）等。

（5）趋化因子（chemokine）类　对噬中性粒细胞或特定的淋巴细胞等炎性细胞有趋化作用的一类小分子。

（6）肿瘤坏死因子（tumor necrosis factor，TNF）类　抑制肿瘤细胞生长、促进细胞凋亡的蛋白质，如 TNF-α、TNF-β 等。

2. 激素类

激素类药物有胰岛素、生长激素、心钠素、人促肾上腺皮质激素等。

3. 治疗心血管及血液疾病的活性蛋白类

（1）溶解血栓类　如组织纤溶酶原激活剂（tPA）、尿激酶原（pro-UK）、链激酶（SK）、葡激酶（SAK）等。

（2）凝血因子类　如凝血因子Ⅶ、凝血因子Ⅷ、凝血因子Ⅸ等。

（3）生长因子类　如促红细胞生成素（EPO）、血小板生成素（TPO）、血管内皮生长因子（VEGF）等。

（4）血液制品　如血红蛋白、白蛋白。

4. 治疗和营养神经的活性蛋白类

此类活性蛋白有神经生长因子（NGF）、脑源性神经营养因子（BDNF）、睫状神经营养因子（CNTF）、神经营养素 3、神经营养素 4 等。

5. 可溶性细胞因子受体类

如 IL-1 受体、IL-4 受体、TNF 受体等。

6. 导向毒素类

（1）细胞因子导向毒素　如 IL-2 导向毒素、IL-4 导向毒素、EGF 导向毒素。

（2）单克隆抗体导向毒素　如抗-B4-封闭的蓖麻毒蛋白。

7. 基因工程疫苗

（1）基因工程亚单位疫苗　如乙肝疫苗。

（2）基因工程载体疫苗　如麻疹疫苗。

（3）核酸疫苗 如单纯疱疹病毒疫苗、流感疫苗等。

第二节 几种重要的生物技术药物简介

一、干扰素

干扰素（interferon，IFN）是一类小分子糖蛋白，病毒感染或诱生剂可以促使一些细胞产生。根据细胞来源和抗原特异性不同，可分为三种类型：由人白细胞产生的 α-干扰素（IFN-α），人成纤维细胞产生的 β-干扰素（IFN-β）和人 T 细胞产生的 γ-干扰素（IFN-γ）。α-干扰素有二十多种亚型。现在可以利用基因工程技术在大肠杆菌中发酵、表达获得大量重组的干扰素。

目前已批准生产的品种有 IFN-α1b、IFN-α2a、IFN-α2b、IFN-γ 四种。IFN-α2a 与 IFN-α2b 相比仅相差一个氨基酸，但 IFN-α2b 来自正常细胞系，而 IFN-α2a 来源于恶性化细胞系，故其免疫源性较强，与 IFN-α2b 相比，其作用机理、疗效相似，但毒副作用较小，临床应用中产生中和抗体的概率为 12%，而 IFN-α2b 仅为 6%。

（一）分子结构与理化性质

1. 分子结构

IFN-α 分子由 165～172 个氨基酸组成，无糖基，分子质量约 19kD 左右，含有 4 个半胱氨酸（Cys）。1 位 Cys 与 99 位 Cys 之间，29 位 Cys 与 139 位 Cys 之间形成分子内二硫键。

人 IFN-β 分子含 166 个氨基酸，有糖基，分子质量为 23kD，含有 3 个半胱氨酸（Cys），分别在 17 位、31 位和 141 位。31 位与 141 位 Cys 之间形成的分子内二硫键对 IFN-β 生物学活性非常重要，141 位 Cys 被 Tyr 替代后 IFN-β 则完全丧失抗病毒作用；而 17 位 Cys 被 Ser 替代后不仅不影响 IFN-β 生物学活性，还能使 IFN-β 分子稳定性更好。糖基对 IFN-β 生物学活性无影响。小鼠 IFN-β 分子只有一个 17 位 Cys，分子内无二硫键。

2. 理化性质

各型干扰素的理化性质如表 10-1 所示。

表 10-1 各型干扰素的理化性质比较

性　　质	IFN-α	IFN-β	IFN-γ
分子量/kD	19	22～25	20,25
活性分子结构	单体	二聚体	四聚体或三聚体
等电点	5～7	6.5	8.0
已知亚型数	>23	1	1
氨基酸数	165～172	166	146
pH2.0 的稳定性	稳定	稳定	不稳定
热（56℃）稳定性	稳定	不稳定	不稳定
对 0.1%SDS 的稳定性	稳定	部分稳定	不稳定
在牛细胞（EBTr）上的活性	高	很低	不能检出
诱导抗病毒状态的速度	快	很快	慢
与 ConA-Sepharose 的结合力	小或无	结合	结合
免疫调节活性	较弱	较弱	强
抑制细胞生长活性	较弱	较弱	强
种交叉活性	大	小	小
主要诱发物质	病毒	病毒,poly I：C 等	抗原、PHA、ConA 等
主要产生细胞	白细胞	成纤维细胞	淋巴细胞

除上述性质外，干扰素还有沉降率低，不能透析，可能被胃蛋白酶、胰蛋白酶等破坏，不被 DNase 和 RNase 水解破坏等特性。

（二）生产工艺（以 IFN-α2a 为例）

1. 构建载体和转化

将带有已去除信号肽 23 个氨基酸编码序列的 IFN-α2a cDNA 的 865bp $EcoRⅠ$-$PstⅠ$ 片段，插入质粒 pBV220 启动子 $P_R P_L$ 下游的相应位点，得到表达质粒 pBV888，转化 $E. coli$ $DH_{5α}$ 得到高效表达工程菌。

2. 表达和提取

取单菌落 30℃ 培养过夜，以 1：50 转入新鲜 LB 培养基培养至 OD_{650nm}＝0.4 左右。42℃诱导 6h 后，4℃5000r/min 离心收集菌体，加入 1/100 菌液体积的 7mol/L 盐酸胍裂解液，冰浴搅拌 1～2h，17000r/min 离心 5min，用 5～10 倍体积的 0.15mol/L 硼酸缓冲液稀释上清，在 10mmol/L 氯化铵中透析 12～24h。15000r/min 离心 10min，收集上清液，加入 80％饱和度硫酸铵冰浴沉淀 8～10h，重蒸水溶解蛋白质沉淀，对水透析 12～24h，用 0.1mol/L 盐酸酸化蛋白质溶液，使 pH 为 2。再用水透析 12～24h。

3. DEAE-Sepharose 离子交换柱色谱

样品液用 25mmol/LTris-HClpH7.5 平衡透析 10～20h 后，过 DEAE-Sepharose 离子交换柱，收集活性峰。在 5mmol/L 乙酸-乙酸钠缓冲液 pH4.4 中平衡透析 10～20h，过 CM-Sepharose 离子交换柱，用不同浓度的乙酸-乙酸钠溶液洗脱，收集活性峰，用 PBS（pH8.0）透析平衡。

（三）检测方法

1. 质量检测

重组 IFN-α2a 为澄清透明液体；SDS-PAGE 法测定分子质量为 18.5～20kD；化学裂解和反相 HPLC 分析肽图为 4～6 个峰；等电聚焦电泳测定 pI＝5.5～6.8；紫外分光光度法测定紫外最大吸收波长为 280nm；点杂交法测定外源性 DNA 低于 100pg；残留鼠源 IgG 低于 100ng；福林-酚法测定蛋白质含量为 80～100μg；HPLC 测定纯度高于 95％。

2. 生物效价测定

用细胞病变抑制法测定，比活性不低于 $1×10^8$ IU/mg

（四）生物学活性

干扰素作为人体防御系统的重要组成，其作用有以下几方面。

① 抑制病毒等细胞内微生物的增殖。

② 抗细胞增殖。

③ 通过作用于巨噬细胞、NK 细胞、T 淋巴细胞、B 淋巴细胞而进行免疫调节。

④ 改变细胞表面的状态，使电荷增加，组织相容性抗原表达增加。

⑤ 增加细胞对双链 DNA 的敏感性。

（五）临床应用

研究表明，IFN-α 可抗血中 HIV 病毒、肝炎病毒；IFN-β 能有效地治疗病毒引起的带状疱疹，对乳腺癌、肾细胞癌、恶性黑色素瘤等也有一定的作用；IFN-γ 主要调节免疫系统活性，可治疗类风湿性关节炎。IFN-α、IFN-β 与 IFN-γ 联合应用于抗肿瘤方面的研究正在进行之中。

干扰素主要用于以下几个方面。

（1）病毒性疾病　如普通感冒、疱疹性角膜炎、带状疱疹、水痘、慢性活动性乙型肝炎。

（2）恶性肿瘤　如成骨肉瘤、乳腺癌、多发性骨髓瘤、黑色素瘤、淋巴瘤、白血病、肾细胞癌、鼻咽癌等，可获得部分缓解。

（3）用于病毒引起的良性肿瘤，控制疾病发展。

二、白细胞介素

白细胞介素（interleukin，IL）是一类介导白细胞间相互作用的细胞因子，迄今发现的IL已多达33种，分别命名为IL-1，IL-2…IL-23。许多IL不仅介导白细胞的相互作用，还参与其他细胞，如造血干细胞、血管内皮细胞、成纤维细胞、神经细胞、成骨细胞和破骨细胞等的相互作用。目前已发现的IL很多，但研究较多的是IL-1～IL-6，6种IL的主要生物化学特性见表10-2，其中IL-2和新型IL-2已获批准正式生产，并用于临床。其余几种在国外已进入临床试验，国内也在加紧研制。

表 10-2　白细胞介素的生物化学特性

项　目	IL-1α	IL-1β	IL-2	IL-3	IL-4	IL-5	IL-6
曾用名	LAF	无	TCGF	Multi-CSF	BCGF-1	TRF	BSF-2
产生的细胞	巨噬细胞、成纤维细胞	巨噬细胞、成纤维细胞	活化T细胞	活化T细胞	活化T细胞	活化T细胞	淋巴细胞、单核细胞、成纤维细胞
来源	人外周血淋巴细胞（PBMC）	人（PBMC）	人扁桃体	WEHI-3B	EL-4	B151	TCL-Nal
比活力/(U/mg)	1.2×10^7	2×10^7	1×10^7	2.5×10^4	1.9×10^4	9.6×10^4	1.7×10^4
分子质量(SDS-PAGF)/kD	17.5	18	13～16	28	15	18	19～21
等电点(pI)	5.2,5.4	7	7.0,7.7,8.5	4.5～8.0	6.3～6.7	4.7～4.9	—
化学组成	单链蛋白	单链蛋白	单链糖蛋白	单链糖蛋白	单链糖蛋白	单链糖蛋白	单链糖蛋白
单克隆抗体	有	有	有	无	有	有	无
检测方法	胸腺细胞增殖反应	肿瘤细胞抑制试验	IL-2依赖性细胞株增殖反应	IL-3依赖株增殖反应	抗IgM抗体活化B细胞增殖反应	小鼠脾脏B细胞特异IgG检测	B细胞分泌IgG、IgM检测
生物学活性	激活各种免疫细胞	激活各种免疫细胞	促进T细胞、B细胞增殖分化，诱导多种细胞毒性，抑制角质细胞生长	促进造血干细胞和T细胞增殖，促进肥大细胞和粒细胞增殖分化	促进T细胞、B细胞增殖，调节T细胞和巨噬细胞功能	促进B细胞生长分化，促进嗜酸性粒细胞增殖分化	诱导B细胞增殖、分化、分泌Ig，支持多功能干细胞的增殖，提高NK细胞活性，刺激造血细胞

（一）IL-2的分子结构与性质

人IL-2的前体由153个氨基酸残基组成，在分泌出细胞时，其信号肽（含20个氨基酸残基）被切除，产生成熟的 IL-2 分子。人 IL-2 含有 3 个半胱氨酸（Cys），分别位于 58 位、105 位、125 位氨基酸，其中 58 位和 105 位的两个 Cys 之间形成分子内二硫键，这对 IL-2 保持其生物活性是必不可少的。125 位的 Cys 呈游离态，很不稳定，在某些情况下可与 58 位或 105 位的巯基形成错配的二硫键，从而使 IL-2 失去活性。

IL-2 在 pH2～9 范围内稳定，56℃加热 1h 仍具有活性，但 65℃ 30min 即丧失活性。在 4mol/L 尿素溶液中稳定，对 2-巯基乙醇还原作用不敏感。对各种蛋白酶均敏感，对 DNA 酶和 RNA 酶不敏感。

（二）重组 IL-2 生产工艺

利用大肠杆菌、酵母菌和哺乳动物细胞已成功表达了重组人 IL-2，大量生产重组 IL-2 主要是采用大肠杆菌。

1. IL-2 cDNA 克隆的制备

从 ConA 激活的 Jurkat-Ⅲ细胞（人白血病 T 细胞株）提取高活性 IL-2 mRNA 作为模板，反转录单链 cNDA，经末端脱氧核苷酸转移酶催化，在 cDNA 末端连接若干 dCMP 残基，再以寡聚（dG）12～18 为引物，利用 DNA 聚合酶Ⅰ合成双链 cDNA，经蔗糖密度梯度离心法分离出此 cDNA 片段，通过 G－C 加尾法将此 cDNA 片段插入到 pBR322 质粒的 PstⅠ位点，用重组质粒转化大肠杆菌 K12 株 X1776，得到 IL-2cDNA 文库。利用 mRNA 杂交实验筛选 IL-2 cDNA 文库得到含 IL-2 cDNA 质粒的菌株。

2. IL-2 的表达和纯化

IL-2 基因工程菌在发酵培养，诱导表达，裂解菌体后需通过离心沉淀收集包涵体。包涵体主要含 IL-2 单体分子聚合而成的多聚体，不溶于水，且其中的 IL-2 无生物活性。用 6mol/L 盐酸胍或 8mol/L 尿素使包涵体变性，变性后的还原型 IL-2 分子需要利用空气氧化或用 1.5mmol/L 还原型谷胱甘肽（GSH）复性，恢复二硫键和正常分子结构，获得生物学活性。

IL-2 的纯化，可采用下列几种方法：

① 利用 IL-2 的疏水性特点，经超滤浓缩后利用逆向高效液相色谱（RP-HPLC）和较高浓度的乙腈（60%）梯度洗脱，可得到高度纯化的 IL-2；

② 通过受体亲和色谱柱一步纯化法，可得到纯度 95% 以上的 IL-2；

③ 用 7mol/L 尿素溶解 IL-2 包涵体得到上清液，经过 Sephadex G-100 凝胶过滤和 W650 蛋白质纯化系统 DEAE 离子交换色谱，可得到均一性 IL-2，纯度达 98%，比活达 $4.3 \times 10^6 U/mg$，回收率为 30.8%。

3. 工艺过程

1995 年虞建良等构建了 IL-2 的高效表达质粒，获得了高产工程菌株，并建立了简单、迅速而高效的 IL-2 纯化方法，工艺过程如下。

（1）pLY-4 表达质粒的构建　用 BglⅡ从质粒 pLR-Ⅰ中切出含温控阻遏蛋白基因 clts857 和 P_R 启动子的 2392kb 片段，再用 PstⅠ从此片断中切除一部分不必要的序列，得到 BglⅡ-PstⅠ片段。这个片段完全保留了原来的功能，构建载体相对分子质量小，表达效率高，且能定向重组。用 BglⅡ-ScaⅠ双酶切 IL-2 表达质粒 pLY-M，切出含 P_L 启动子、IL-2cDNA 基因、T_1T_2 终止子及 Amp^r 基因部分序列的片段；再用 ScaⅠ-PstⅠ双酶切 pUC19 质粒，切出含 Amp^r 基因其余部分序列的片段及 ori 序列的片段。将上述三个片段连接，产生 IL-2 高效表达质粒 pLY-4（图 10-1），全长 4.415kb。用它转化大肠杆菌 JF1128

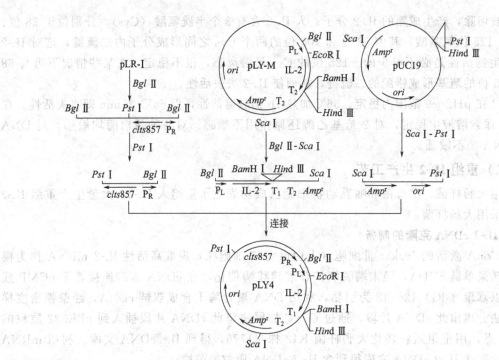

图 10-1　IL-2 高效表达质粒 pLY-4 的构建

或 K802 得到高产工程菌株，IL-2 表达量占菌体总蛋白的 30%～40%。

（2）IL-2 的分离纯化

① 包涵体的制备：工程菌经发酵培养、诱导表达后，离心收集菌体，悬浮于 PBS 溶液中，超声破碎，离心沉淀，用 PBS 洗 3 次，尽量去除杂蛋白及核酸，离心得粗制包涵体，其中 IL-2 含量可达包涵体总量的 80% 以上。再用含 0.1mol/L 乙酸铵和 1% SDS 的溶液（pH7.0）溶解包涵体，离心，取上清，进行凝胶过滤色谱。

② 凝胶过滤色谱：将 SephacrylS-200 柱用含 0.1mol/L 乙酸铵、1% SDS 和 2mmol/L 巯基乙醇的缓冲液（pH7.0）平衡过夜。上柱后，用同一平衡液洗脱，收集 IL-2 活性峰组分。再用乙酸铵 pH7.0 缓冲液，2μmol/L 硫酸铜复性，得 IL-2 纯品，纯度高于 96%，回收率为 50% 左右。经鉴定，各项质量指标均符合标准，比活力超过 1.7×10^7 IU/mg。

（三）检测方法

1. 质量检测

外观为澄清透明液体；SDS-PAGE 法测定其分子质量为 15.5kD 左右；等电聚焦测定等电点为 6.6～8.2；化学裂解和高密度 SDS-PAGE 法测定肽图为 5 条带；免疫印迹反应为一条带；点杂交法测定外源 DNA 低于 100pg；紫外分光光度法测定紫外最大波长为 276～280nm；HPLC 法测定纯度＞95%。

2. 活性测定

用 ^{3}H-TdR 掺入法测定重组 IL-2 生物效价。

（四）生物学活性

1. 促进 T 细胞生长及克隆增殖

抗原或丝裂原激活 T 细胞，使之产生 IL-2，表达 IL-2 受体，并成为 IL-2 的靶细胞。IL-2 通过这种自分泌作用途径促进 T 细胞的生长和增殖，是机体最强有力的 T 细胞生长因子。

2. 诱导多种杀伤细胞的活性

如诱导天然杀伤细胞（natural killer，NK），杀伤性 T 淋巴细胞（cytotoxic T lympho-cyte，CTL），淋巴因子激活的杀伤细胞（lymphokine activating killer cell，LAK）和肿瘤浸润性淋巴细胞（tumor infiltration lymphocyte，TIL）等多种细胞的分化和效应功能，这些细胞在机体的免疫监视及肿瘤免疫方面至关重要。诱导杀伤细胞产生 TNF-α、IFN-γ 等细胞因子。

3. 刺激和调节 B 细胞

可直接作用于 B 细胞，促进其增殖、分化及分泌 Ig。

4. 诱导淋巴细胞表达 IL-2 受体

（五）临床应用

1. 抗肿瘤

临床有效的病例包括肾癌、黑色素瘤、非霍奇金病、白血病等。

2. 抗感染

包括结核杆菌、麻风杆菌、病毒感染等。

3. 用于原发性和继发性免疫缺陷症的治疗

应用大剂量 IL-2 加抗反转录病毒药物治疗 AIDS 收到良好疗效。

三、促红细胞生成素

人促红细胞生成素（erythropoietin，EPO）主要由肾脏产生，肝细胞和巨噬细胞也能产生。在人体内作用于骨髓造血干细胞，促进红系祖细胞的增殖、分化及幼红细胞的成熟。

1. 分子结构

成熟 EPO 分子由 166 个氨基酸组成，其糖基对于 EPO 的生物活性至关重要，因而基因工程的 EPO 不能利用大肠杆菌表达系统，只能利用哺乳动物表达系统生产。成熟 EPO 分子有 2 个分子内二硫键、3 个 N-键糖基化位点和 1 个 O-键糖基化位点，天然 EPO 是一种含唾液酸的酸性糖蛋白。去唾液酸或去糖基化不影响 EPO 体外生物活性，但却缩短了在体内的半衰期，使其在体内完全丧失活性。因此，糖基化对 EPO 十分重要，只有在真核细胞中表达的 EPO 在体内才有生物学活性。

2. 理化性质

重组 EPO 对热稳定，在 80℃不变性，利用此性质可去除粗制品中的杂蛋白及蛋白酶活性；能耐受有机溶剂如丙酮、6mol/L 盐酸胍、8mol/L 尿素、95％乙醇等；等电点为 4.5；在 pH3.5～10 活性稳定；对蛋白水解酶、烷基化及碘化作用敏感；二硫键打开后生物活性丧失；不宜冻干，通常制成含白蛋白保护剂的水溶液。

3. 生产工艺

20 世纪 80 年代中期，首次以人肾癌细胞的 EPO mRNA 为模板，反转录合成 cDNA，并在大肠杆菌中克隆了 EPO cDNA；然后从人基因组 DNA 的噬菌体文库中分离了 EPO 的基因组基因克隆；又用一个 95bp 的 DNA 片段，其中含 87bp 的 EPO 外显子序列，从由胎肝 mRNA 构建的噬菌体 cDNA 文库中分离了 EPO cDNA 克隆。最后，用几种合成寡核苷酸探针的混合物直接从 Charon 4A 人胎肝基因组文库中克隆了 EPO 的完整基因，并在 CHO 细胞中高效表达。由于表达的 EPO 分泌到细胞外，所以很容易纯化。收集培养上清液，经超滤浓缩，再通过柱色谱，即可得到纯品。

20世纪80年代末期，美国FDA已批准数家公司生产的重组EPO上市。国内一些实验室也开展了人EPO基因工程的研究，1995年，毛积芳等利用单链互补延伸和单链与PCR相结合的方法合成了人EPO的两种基因。一种是带信号肽的基因，另一种是去除了信号肽26个氨基酸密码子的基因。合成基因中设计了5个常用的单酶切位点，把整个基因分成4段，这4段基因分别以4个亚克隆进行合成。这个合成的基因已经在大肠杆菌、CHO细胞和昆虫细胞中得到表达。1996年施水良等通过PCR扩增和人工合成相结合的方法，制备了人EPO基因，并在COS-7细胞中获得高效表达。他们用一对PCR引物从正常人胎肝染色体DNA中扩增出一个1572bp的EPO基因组基因片段，其中含有除外显子1和内含子1以外的所有EPO基因外显子和内含子，并通过下游引物在基因的3′末端添加了Bgl Ⅱ切点；又人工合成了外显子1的13bp编码区，并在其5′末端添加了$Hind$ Ⅲ的黏性末端。用T_4多核苷酸激酶使合成外显子1编码区的5′端磷酸化；用Bgl Ⅱ酶切PCR扩增的1572bp片段；再用$Hind$ Ⅲ-Bgl Ⅱ双酶切开SV40衍生的载体pSV2-$dhfr$，并回收大片段。将上述三种片段连接，得到表达载体pSV2-EPO（图10-2）。

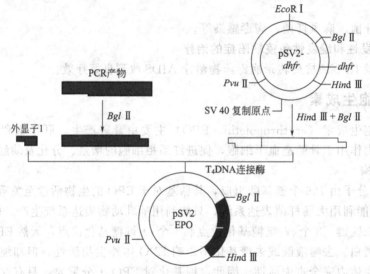

图10-2 质粒pSV2-EPO的构建

这个载体含SV40的增强子和早期启动子，用于控制EPO基因的表达。其中的EPO基因只缺少内含子1。而据文献报道，EPO内含子1具有负调控作用，并且哺乳动物细胞中的外源基因某一内含子缺失不会影响其他内含子的正确拼接。用pSV2-EPO转染COS-7细胞获得EPO基因高效表达。细胞分泌EPO量达到2517U/mL。他们又从高效表EPO的COS-7细胞中分离纯化了mRNA，用RT-PCR扩增并克隆了EPOcDNA，为EPO在其他系统的表达奠定了基础。

4. 检测方法

(1) 质量检测　重组EPO外观为无色澄清透明液体，用电位法测定pH为6.4～7.4；SDS-PAGE法测定迁移率与标准品一致；反相HPLC测定肽图与标准品一致；紫外分光光度法测定唾液酸含量（μg/mL）为9%～12%；用同位素（^{32}P）探针点杂交法测定外源DNA含量<10pg；等电聚焦电泳测定等电点与标准品一致；SDS-PAGE法测定分子质量为30～39kD；用HPLC法（TSKG3000柱）测定纯度>98%。

(2) 活性测定　用小鼠^{59}Fe同位素标记法测定生物学效价为$1.5×10^5$IU/mg。

5. 生物学活性

（1）促进红系细胞的生长、分化和增殖。

（2）稳定红细胞膜，提高红细胞膜抗氧化酶的功能。

6. 临床应用

（1）治疗由肾功能衰竭所致的贫血　这种贫血通常靠连续输血维持生命，但输血有病毒感染和血过量的危险。EPO可刺激红细胞数量和使血红蛋白含量升高，减少病人的输血量。

（2）治疗肿瘤引起的贫血或肿瘤化疗、放疗引起的贫血。

（3）治疗类风湿性关节炎和红斑狼疮（SLE）所致的贫血。

（4）治疗骨髓增生异常综合征贫血。

四、人生长激素

人生长激素（human growth hormon，hGH）是脑下垂体前叶分泌的一种蛋白质类激素，能促进人和动物的生长，临床上用于治疗多种疾病。从前只能由人脑垂体前叶分离纯化，来源困难，价格昂贵，应用受到限制。现在已能利用基因工程方法生产，为其应用开辟了广阔的前景。

（一）分子结构和性质

hGH是由191个氨基酸组成的非糖基化蛋白质，分子质量21.5kD，有4个半胱氨酸，形成2个二硫键，N端和C端均为苯丙氨酸（图10-3）。等电点为5.2。用糜蛋白酶或胰蛋白酶部分水解hGH，其活性并不丧失，说明hGH活性不需要整个分子。hGH分子相当稳定，室温放置48h活性无变化，冷冻可保存数年。

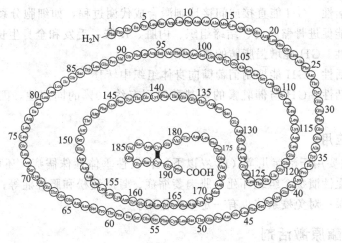

图 10-3　人生长激素的一级结构

（二）生产工艺

重组hGH主要利用动物细胞和大肠杆菌生产。利用大肠杆菌生产重组hGH工艺如下。

1. 合成hGH基因

用化学合成方法分段合成hGH 191肽编码序列，将合成的基因片段用分子克隆技术分别进行克隆化、扩增和纯化，并连接成完整的hGH基因。通过定点突变对hGH基因进行改造。

2. 构建表达载体

pIN-Ⅲ-ompA3质粒含lpp启动子和外膜蛋白ompA的信号肽（α1肽）编码顺序，将经过改造的 hGH 基因克隆到 ompA 信号肽编码顺序之后的 *EcoR* I 位点和黏性末端用 DNA 聚合酶 I 的 Klenow 大片段修平的 *Hind* III 位点之间，得到表达质粒 pSS-M。

3. 细菌转化和表达 hGH

用 pSS-M 质粒转化大肠杆菌 K802，获得基因工程菌株，能高效表达含信号肽的 hGH 前体蛋白。前体蛋白通过细胞内膜时，信号肽（α1 肽）被切除，同时形成分子内 2 个二硫键，成熟 hGH 分泌到细胞周质内。

4. 粗提取

通过渗透休克处理，从周质中提取 hGH 粗品，纯度约 30%。

5. 纯化

通过等电点（p*I* = 5.2）沉淀，硫酸铵盐析，Q-Sepharose Fast Flow 阴离子交换柱色谱和 Sephacryl S-200 柱凝胶过滤得 hGH 纯品，纯度达 95% 以上。

（三）检测方法

1. 质量检测

重组 hGH 为澄清透明液体；SDS-PAGE 测定分子量 21.5kD；反相 HPLC 分析肽图与标准品一致；等电聚焦电泳测定 p*I* = 5.2；N 端氨基酸序列分析结果与文献一致；点杂交法测定残余 DNA 含量 < 100pg；HPLC 测定纯度 > 95%。

2. 活性测定

用大白鼠胫骨增宽法测定生物活性为 2.0IU/mg 蛋白。

（四）生物学活性

GH 主要有四方面的生物学作用。

（1）促生长活性　GH 能直接或间接地刺激合成代谢过程，如细胞分裂、骨骼生长和蛋白质合成，因此能促进骨骼肌肉、结缔组织、内脏、皮肤、毛发和全身生长。

（2）脂解活性　GH 能增强脂肪的氧化作用。

（3）升血糖活性　GH 能抑制葡萄糖向身体组织中转移。

（4）催乳素活性　GH 与催乳素的氨基酸序列有约 50% 的同源性，因此有弱的催乳素活性。

（五）临床应用

重组 hGH 主要用于治疗儿童（15 岁以下）自发性垂体性侏儒症。还可用于治疗烧伤、创伤、骨折、出血性溃疡、组织坏死、肌肉萎缩症、骨质疏松和肥胖症等；对毛发生长和乳汁分泌有良好效果；对免疫系统也有一定增强作用。

五、组织纤溶酶原激活剂

组织纤溶酶原激活剂（tissue plasminogen activator，tPA）由血管内皮细胞合成，本质上属于丝氨酸蛋白酶。它是利用重组 DNA 技术开发的首批生物技术药物之一，也是目前市场上销售额最高的基因工程产品。

1. 分子结构和性质

人成熟 tPA 分子含有 531 个氨基酸，分子质量 68～72kD。tPA 的活性作用于纤溶酶原，同时与纤维蛋白结合形成 tPA-纤维蛋白复合物，高效特异性地激活血凝块中的纤溶酶原，形成纤溶酶，后者使纤维蛋白降解为可溶性产物，使血块溶解，血栓堵塞的血管重新畅通。单链和双链 tPA 均有纤溶活性，双链 tPA 的酰胺水解活性比单链 tPA 高 7～8 倍。

　　tPA 必须糖基化才有生物学活性。根据其糖基化程度分为两型，Ⅰ型在 120 位、181 位和 451 位糖基化；Ⅱ型仅在 120 位和 451 位糖基化。二者分子质量相差 3kD。tPA 的等电点在 7.8～8.6 之间，最适宜 pH 为 7.4。在柠檬酸抗凝血浆中不稳定，其活性丧失速度与温度有关。tPA 在体内半衰期短（1～5min），并且血浆中的 tPA 抑制剂（PAI-I）可加速抑制其活性。

2. 重组人 tPA 的生产工艺

　　1983 年，Pennica 首次报道实现了人 tPA cDNA 的克隆化和在大肠杆菌中的表达。随后，人重组 tPA 基因陆续在大肠杆菌、酵母菌、昆虫细胞、哺乳动物细胞和转基因动物中表达成功，产生了有活性的 tPA。在大肠杆菌中表达的 tPA 没有糖基化，与天然 tPA 活性不同；将 tPA cDNA 插入酵母表达载体，置于酵母磷酸酶（PHOS）基因启动子下游，表达了单链 tPA 蛋白，且产物糖基化。但无论是采用人或酵母蛋白的信号序列，产生的 tPA 都不能分泌到培养液中，给纯化造成困难。因此需用动物细胞表达 tPA。

　　1988 年，Pittius 将人 tPA 基因置于小鼠乳清酸性蛋白（WAP）基因启动子下，成功地培育了 WAP-tPA 融合基因的转基因小鼠。在哺乳期乳腺内表达，乳汁中含有高水平的 tPA。其中一只小鼠系生产活性 tPA 水平达 0.1mg/mL。

　　自"七五"以来，国内数家单位开展了 tPA cDNA 在 CHO 细胞中高效表达的研究，构建了十几种表达质粒，其中欧阳应斌等（1996）的研究进入了中试生产阶段。他们先将含完整 UTR（非翻译区）序列的全长 tPA cDNA 插入真核表达质粒 pLSV，构建成表达载体 pMGO6011。这个质粒的 tPA 表达水平不理想，其中主要因素之一是 tPA cDNA 5′-UTR 影响翻译起始速度，3′-UTR 的一段富含 AU 序列使 tPA mRNA 稳定性下降，翻译效率降低。因此，要提高表达水平，需要对 tPA mRNA 5′及 3′端非翻译区进行改造。用 $Hind$Ⅲ-KpnⅠ双酶切质粒 pMMA6005，从中回收 3′-UTR 缺失、5′-UTR 用 AMV（禽成髓细胞瘤病毒）RNA5′-UTR 置换的人 tPA cDNA 片段，用 DNA 聚合酶Ⅰ的 Klenow 片段修饰成平端后，插入 pLSV 的 SalⅠ位点。用菌落原位杂

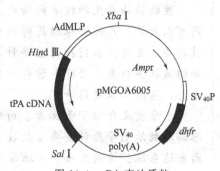

图 10-4　tPA 表达质粒 pMGOA6005 的构建

交筛选出杂交阳性克隆，再经酶切鉴定筛选出正向插入的重组质粒 pMGOA6005（图 10-4）

　　将 pMGOA6005DNA 用 XbaⅠ线性化，与等量鱼精 DNA 混匀，用大剂量电击法转染 CHO-$dfhr$ 细胞，经过加压及筛选，选出高水平表达 tPA 的细胞株 N4B3，表达水平达到 6000IU/10^6 细胞/24h。这个细胞株经过无 MTX 培养，长时间传代及冻存处理等试验，tPA 表达水平没有明显下降。表达产物 tPA 纤溶活性、抗原性、SDS-PAGE 电泳等检测结果均符合标准，主要指标均符合工程细胞株的要求，是一个高效稳定表达 tPA 的细胞株，成为我国中试生产 tPA 的第一代工程细胞株。

3. tPA 的检测方法

　　tPA 活性检测通常用"纤维蛋白琼脂糖平板法"（FAPA）和"间接显色法"，后者是以纤溶酶的特异性底物 S-2251 的产色效应定量测定 tPA 的活性。

4. 临床应用

　　tPA 在临床上是一种高效特异性溶血栓药物。与另外两种临床应用的主要溶血栓药物链激酶（streptokinase，SK）和尿激酶（urokinase，UK）相比，tPA 具有显著的优点。SK

是细菌蛋白质，重复使用会引起过敏反应；UK 主要来源于尿液，其制备受外部因素影响较大，并且对凝血蛋白的降解无选择性，临床应用时，可造成出血倾向。

tPA 只对纤维蛋白有特异亲和性，但对纤维蛋白原亲和力很低。它激活纤溶酶原形成纤溶酶，溶解血栓中的纤维蛋白，溶栓活力比尿激酶高 5~10 倍。但几乎不激活循环血液中的纤溶系统，可直接静脉注射。一般用于治疗心肌梗死、异体肾脏移植后排斥反应、肾病综合征、下腔静脉血栓形成等疾病。血栓溶解时间与 tPA 剂量有关，可根据不同病情使用不同剂量。

我国生物技术药物的研究和开发起步较晚，直到 20 世纪 70 年代初才开始将 DNA 重组技术应用到医学上，但在国家产业政策的大力支持下，使这一领域发展迅速，逐步缩短了与先进国家的差距；产品从无到有，基本上做到了国外有的国内也有。目前已有 15 种基因工程药物和若干种疫苗批准上市，另有十几种基因工程药物正在进行临床验证，还在研制中的约有数十种。国产基因工程药物的不断开发生产和上市，打破了国外生物制品长期垄断中国临床用药的局面。与人类生存密切相关的医药生物技术的发展，必将为保障人类健康做出更大的贡献。

本 章 小 结

　　生物药物与生物技术药物之间有着内在联系，同时又有明显区别；生物技术制药可以大量生产过去难以获得的生理活性蛋白和多肽；可以提供足够数量的生理活性物质。生物技术药物的主要种类有：细胞因子类、激素类、治疗心血管及血液疾病的活性蛋白类、治疗和营养神经的活性蛋白类、可溶性细胞因子受体类、导向毒素类、基因工程疫苗等。

　　本章重点介绍了干扰素、白细胞介素、促红细胞生成素、人生长激素、组织纤溶酶原激活剂等几种重要生物技术药物的结构与性质、重组生产工艺以及它们的基因表达系统、检测方法、生物学活性与临床应用。

习 题

1. 生物药物与生物技术药物之间有何区别与联系？
2. 简述生物技术药物的种类。
3. 重组人生长激素的基本工艺流程有哪些？
4. 简述本章介绍的几种生物技术药物各自的基因表达系统以及这些药物在临床上的用途。
5. 收集国内外新近研发的生物技术药物的相关资料，与同学交流。

第十一章 生物制品

【学习目标】 掌握生物制品的概念；熟悉生物制品的制备与检测；了解生物制品的保存与运输；具备生物制品的一般分离纯化能力。

【学习重点】 生物制品的概念及分类；生物制品的一般制备及保存方法；生物制品质量监测控制；血液制品病毒灭活/去除方法；疫苗的概念。

【学习难点】 生物制品质量监测控制。

采用现代生物技术手段，利用某些微生物、植物或动物体来生产某些初级代谢产物或次级代谢产物，制作成为诊断、治疗或预防疾病的医药用品，统称为生物制品。

生物制品主要包括细菌类疫苗（含类毒素）、病毒类疫苗、抗毒素、免疫血清、血液制品、细胞因子、体内外诊断制品以及其他活性制剂（包括毒素、抗原、变态反应原、单克隆抗体、DNA重组产品、免疫调节剂）等。广义的生物制品还包括一些保健用品。

第一节 生物制品的制备方法

一、原料的选择、预处理和保存方法

生物制品的原材料具有生物活性，其组成成分十分复杂，在生物制品制备工艺研究的过程中，起始原料的质量是生物制品制备研究工作的基础，直接关系到工艺的稳定和终产品的质量，可为质量研究提供有关的杂质信息。如原料中不慎掺入杂质，就会给下游过程的分离提取带来一定的难度，增加下游操作成本。

1. 原料的选择

生物的生长期对生理活性物质的含量影响很大。对于不同来源的原料，要注意选取其最佳的生长时期。①植物原料要注意它生长的季节性；②微生物原料最好选取对数生长期；③动物原料要选取适当的年龄与性别。

2. 原料的预处理

生理活性物质易失活与降解，采集时必须保持材料的新鲜，防止腐败、变质与微生物污染。因此生物材料的采摘必须快速，及时进行预处理，并进行保存。

（1）动物原料　采集后要立即处理，去除结缔组织、脂肪组织等，并迅速冷冻贮存。

（2）植物原料　要择时采集并就地去除不用的部分，保鲜处理。

（3）微生物原料　要及时将菌细胞与培养液分开，进行保鲜处理。

3. 原料的保存方法

通常使用的有以下几种方法。

（1）冷冻法　该方法适用于所有生物原料。常用－40℃速冻。在－80～－70℃保存时间更长。

（2）有机溶剂脱水法　常用的有机溶剂是丙酮。该法适用于原料少而价值高、有机溶剂对活性物质没有破坏作用的原料，如脑垂体等。

（3）防腐剂保鲜　常用乙醇、苯酚、甘油等。该法适用于液体原料，如发酵液、提取液等。

二、生物制品的制备技术

1. 细胞破碎

为了提取细胞内的蛋白质、酶、多肽和核酸等生物物质，首先必须收集细胞或菌体，进行细胞破碎。常用的细胞破碎方法包括以下几种。

（1）磨切法　该法属于机械破碎方法，设备有组织捣碎机、胶体磨、匀浆器、匀质机、球磨机、乳钵等。现已用于包括大肠杆菌、绿脓杆菌、巨大芽孢杆菌等微生物的破碎，也有人在试验中尝试用来破碎真菌和含有包涵体的大肠杆菌。球磨机是将玻璃小球与细胞一起高速搅拌，带动玻璃小球撞击细胞，作用于细胞壁的碰撞作用和剪切力使细胞破碎。破碎程度取决于振动速度、菌体浓度、助磨剂用量、大小及接触时间等。它对大规模破碎细胞的效果好，特别是对于有大量菌丝体的微生物和一些有亚细胞器的微生物细胞。

（2）压力法　有渗透压法、高压法与减压法3种，高压法是用几百万至几千万帕压力反复冲击物料。减压法是对菌体缓缓加压，使气体溶入细胞，然后迅速减压使细胞破裂。渗透压法是一种较温和的细胞破碎法，使细胞在浓盐中平衡，再投入水中，水迅速进入细胞内，引起细胞膨胀破裂，于是细胞内容物释放出来。渗透压法仅适用于细胞壁较脆弱的细胞，或者细胞壁预先用酶处理，或者在培养过程中加入某些抑制剂，使细胞壁有缺陷，强度减弱。

（3）反复冻融法　该法是将细胞放在低温下冷冻，然后在室温中融化，如此反复多次，使细胞壁破裂。其原理主要有两点：一方面，在冷冻过程中会促使细胞膜的疏水键结构断裂，从而增加细胞的亲水性；另一方面，冷冻使细胞内的水结晶，形成冰晶粒，使细胞膨胀而破裂。影响细胞破碎的因素有冷冻温度、冷冻速度、细胞年龄及细胞悬浮液的缓冲液成分。该方法具有设备简便、活性保持好等优点，但用时较长，只适用于细胞比较脆弱的菌体，破碎率低，且反复冻融会使一些蛋白质变性。

（4）超声波振荡破碎法　超声波破碎是当今应用较多的一种细胞破碎方法。该方法破碎效果较好，但由于局部发热，对活性有损失。其原理是当声波达到20000C/s［即循环/秒］时，可使液体产生非常快速的振动，在液体中产生空穴效应而使细胞破碎。超声破碎的效率与声频、声能、处理时间、细胞悬浮液的温度、pH、离子强度、细胞浓度及菌种类型等因素有关。

（5）酶溶破碎法　此方法是利用酶反应分解细胞壁上的特殊连接键，破坏细胞壁结构，进而使细胞破碎，细胞内含物溶解出来。分为外加酶法和自溶法。外加酶法，即在细胞悬浮液中加入一些酶使细胞壁破碎，常用的酶有溶菌酶、β-1,3-葡聚糖酶、β-1,6-葡聚糖酶、蛋白酶、甘露糖酶、糖苷酶等。细胞自溶是利用微生物自身产生的酶来溶解自己的细胞壁结构。

2. 固-液分离

固-液分离是指将发酵液或培养液中悬浮固体沉淀或它们的絮凝体分离除去。固-液分离常用的方法为过滤、沉降和离心。在进行分离时，有些反应体系可以采用沉降或过滤的方式加以分离，有些则需要经过加热、凝聚、絮凝及添加助滤剂等辅助操作才能进行过滤。对于那些固体颗粒小、溶液黏度大的发酵液和细胞培养液，过滤难以实现固-液分离，必须采用离心技术才能达到分离的目的。

3. 初步纯化

初步纯化的目的是利用制备的目的物溶解特性，将目的物与细胞的固形成分或其他结合成分分离，使其由固相转入液相或从细胞内的生理状态转入特定溶液环境的过程。可以除去与产物性质差异很大的杂质，使产物浓度和质量都有显著提高。这一步可选的单元操作范围较广，如吸附、萃取、固相析出、膜过滤等。

4. 高度纯化

高度纯化的目的是除去与目的产物的理化性质比较接近的杂质。通常采用对产物有高度选择性的技术，典型的单元操作有色谱分离、电泳和沉淀等。

色谱分离技术是利用不同组分在固定相和流动相中的理化性质（如吸附力、分子极性及其大小、分子亲和力、分配系数等）的差别，使各组分在两相中以不同的速率移动而进一步实现分离。根据分离机理的不同，可以分为吸附色谱、分配色谱、离子交换色谱、凝胶色谱、亲和色谱等，具有分离效率高、应用范围广、选择性强、分离速度快、操作条件温和、高灵敏度等优点。主要用于粗制品的精制纯化和成品纯度的检查等。

5. 成品加工

成品制作主要是根据产品的最终用途把产品加工成一定的形式。浓缩和干燥是成品制作常用的单元操作。

生物制品必须具备两个重要条件，即安全和有效。安全性包括毒性试验、防腐剂试验、热原质试验、安全试验、有关安全性的特殊试验（如致敏原、DNA、重金属等）5个方面的试验；有效性包括浓度的测定、活菌率或病毒滴度的测定、免疫抗体滴度的测定、动物保护率试验、稳定性试验5个方面的试验。

三、生物制品国家质量标准管理

我国生物制品的质量管理，自从1950年卫生部批准成立国家生物制品检定所以来，其中的一项重要任务就是抓国家生物制品标准的起草、修订和落实执行，向卫生部和国家食品药品监督管理局报告，成立卫生部生物制品委员会、卫生部生物标准化委员会、中国生物制品标准化委员会。主持了中国《生物制品法规》和《中国生物制品规程》的起草和修订。凡批准收载入《生物制品法规》和《中国生物制品规程》中的各种制品规程，均为批准期限内的生物制品现行国家标准。凡在我国境内研究、生产、质量检定、使用的所有生物制品都必须严格执行国家批准颁布的生物制品现行国家标准。进口的所有生物制品，除符合生产所在的国家标准外，还必须符合我国的生物制品现行国家标准。

第二节　生物制品的保存与运输

所有的生物制品都有一定的保存和运输条件，如艾滋病疫苗根据规定是要在

—20℃以下保存和运输。而重组（酵母）乙型肝炎疫苗应于 2～8℃下避光保存和运输，并严防冻结。麻疹、风疹二联减毒活疫苗，乙型脑炎灭活疫苗也应于 8℃以下避光保存和运输。

一、液态保存

1. 低温保存

液态蛋白质样品在—20～—10℃以下冰冻保存比较理想。

2. 超低温保存

通常采用的方法是液氮超低温保藏。这种方法利用液氮的温度可以达到—196℃，远远低于一般细胞新陈代谢作用停止的温度（—130℃），从而使细胞的代谢活动停止，化学作用随之消失，达到长期保藏的目的。操作时要注意从常温到低温的过渡，以使细胞内的自由水通过膜渗出，避免其产生冰晶而损害细胞，即应注意先加入稳定剂或保护剂，再速冻保存，临用前还要快速复原，之后再除去稳定剂或保护剂。

低温冻藏法及其他一些保藏方法，多用于短期保藏。但液氮保藏需要使用专用的器具，所以一般是在一些专业保藏机构使用，故日常多采用冰箱保藏。而在没有低温冰箱的情形下，也可以采用在—20～—18℃的普通冰箱冷冻室中保存菌种。

真空冷冻干燥是在高真空状态下，利用升华原理，使预先冻结的物料中的水分不经过冰的融化，直接以冰态升华为水蒸气被除去，从而达到冷冻干燥的目的。真空冷冻干燥产品可确保产品中蛋白质、维生素等各种生理活性成分，特别是那些易挥发的热敏性成分不损失。因而能最大限度地保持原有的化学成分，有效地防止干燥过程中的氧化、营养成分的转化和状态变化。冻干制品成海绵状，无干缩，复水性极好，含水分极少，使用方便，经相应包装后可在常温下长时间保存和运输。

血清、菌种等生物制品多为一些生物活性物质，真空冷冻干燥技术为保存生物活性提供了良好的解决途径。真空冷冻干燥制品还能很好地保存加工原料和营养保健成分。

3. 在稳定 pH 条件下保存

蛋白质较稳定的 pH 一般在等电点，因而保存液态蛋白质样品时，要调到其稳定的 pH 范围内。

4. 高浓度保存

蛋白质一般在高浓度溶液中比较稳定，这是因为蛋白质溶液容易受水化作用的影响，如保存浓度太低时，可能会引起蛋白质亚基解离和表面变性。所以，应该用高浓度来保存这类生物制品。

5. 加保护剂保存

加入某些稳定剂可以降低蛋白质溶液的极性，以免变性失活。加保护剂与灭菌保存细菌、酵母菌或霉菌孢子等容易分散的细胞时，应将空安瓿管塞上棉塞，121.3℃灭菌 15min。若作保存霉菌菌丝体用则需在安瓿管内预先加入保护剂如 10％的甘油蒸馏水溶液或 10％二甲基亚砜蒸馏水溶液，加入量以能浸没菌落圆块为限，而后再用 121.3℃灭菌 15min。

二、固态保存

一般蛋白质含水量超过 10％时容易失活。含水量降到 5％时，在室温或冰箱中保存均比较稳定，于干燥器中在 4℃以下可保存相当长的时间。

第三节　血液制品

由健康人的血浆或特异免疫人血浆分离、提纯制成的血浆蛋白组分或血细胞组分制品，如人血白蛋白、人免疫球蛋白、人凝血因子（天然的或重组的）、红细胞浓缩物等，用于诊断、治疗或免疫预防者被称为血液制品。血液制品在医疗急救、战伤抢救以及某些特定疾病的预防和治疗上，有着其他药品不可替代的作用。

一、血液制品的种类

血液制品按其组成成分可分为全血、血液成分制品、血浆蛋白制品。

（一）全血

全血是使用不同的抗凝剂于采血后 2～8℃保存。酸性柠檬酸盐-葡萄糖溶液（ACD）抗凝血保存 21d，柠檬酸盐-磷酸盐-葡萄糖溶液（CPD）抗凝可使血液保存 35d。随着保存时间的延长，血液中各种有效成分的功能逐渐丧失。

全血输注主要适用于同时需要补充红细胞和血容量（血浆）的患者，如各种原因引起的失血量超过全身总血量的 40% 的患者；全血置换，特别是新生儿溶血病，经过换血后可除去胆红素、抗体及抗体致敏的红细胞。

4℃保存 72h 以内的全血易传播梅毒（梅毒螺旋体在 4℃时可存活 48～72h）。因此，现代输血不主张使用新鲜全血，提倡成分输血。20 世纪 70 年代成分输血已成为输血的主流，目前在发达国家成分输血占全部输血比例的 95% 以上。

（二）血液成分制品

血液成分制品包括红细胞制剂、白细胞制剂、血小板制剂和血浆制剂。

1. 红细胞制剂

常规的全血输血法造成了血液资源的极大浪费。据估计，在所有的全血输血治疗中，至少其中的 50% 只需输给红细胞即可达到治疗效果，30% 可通过输注其他血液成分获得更佳的治疗效果。

红细胞制剂有浓缩红细胞、添加液红细胞、洗涤红细胞、去白细胞红细胞、冰冻红细胞、代血浆红细胞悬液、照射红细胞、半浆血等。

2. 白细胞制剂

临床上白细胞制剂主要是浓缩白细胞。浓缩白细胞的输注实际上是应用其中的中性粒细胞，发挥其细胞吞噬作用和杀菌能力，提高机体的抗感染能力。

浓缩白细胞（粒细胞）可以用于粒细胞缺乏的替代治疗。但不宜采用预防性粒细胞输注。白细胞除作为输血成分外，还是生产干扰素的重要原料。人白细胞干扰素已可以完全纯化。

3. 血小板制剂

血小板的分离和使用在国外已经比较普遍，我国尚未推广使用。血小板制剂的适应证为白血病、淋巴瘤及其他肿瘤患者因治疗而导致的骨髓抑制症状。许多再生障碍性贫血病人往往需要长期输注。此外，对血小板缺乏性出血有纠正作用，但对免疫性或原发性血小板缺乏性紫癜则无效，输入量可根据病人体重计算。可供选择的血小板制品主要有常规浓缩血小板、单采浓缩血小板和照射血小板。

临床上血小板输注针是对血小板数量减少或血小板功能异常者实施的临时性替代措施，以达到止血或预防出血的目的，适用于血小板生成障碍所致的血小板减少性疾病、急性血小板减少、血小板功能障碍性疾病、大手术前预防性输注血小板。

4. 血浆制剂

血浆制剂的分类方法和名称很多，中国卫生部 2000 年颁布的《临床输血规范》中列有4 种血浆制剂，即新鲜冷冻血浆、普通冷冻血浆、新鲜液体血浆和冷沉淀。

（1）新鲜冷冻血浆 新鲜采集的抗凝全血在 4℃离心后分出的血浆，迅速用−30℃冰箱或速冻冰箱将血浆速冻成块，并冻存在−20℃以下，从全血采集到血浆速冻结束不超过 6h或 8h。新鲜冷冻血浆可在许多临床疾病中应用，包括先天性或获得性凝血因子缺乏症、免疫球蛋白缺乏症等。

（2）普通冷冻血浆 普通冷冻血浆又称冷冻血浆，与新鲜冷冻血浆的区别是其来源不同。制备普通冷冻血浆的血液来源于不超过 5d 保存期的抗凝全血或保存期满 1 年的新鲜冷冻血浆。制备方法同新鲜冷冻血浆。该制品含有全部稳定的凝血因子，但缺乏不稳定的凝血因子Ⅴ和凝血因子Ⅷ。临床上用于扩充血容量，补充各种稳定的凝血因子。

（3）新鲜液体血浆 保存期内的抗凝全血在（4±2）℃条件下经离心后分出血浆，24h内输注，即为新鲜液体血浆。含有新鲜血液中全部凝血因子。临床上用于扩充血容量，补充凝血因子。

（4）冷沉淀 冷沉淀又称冷沉淀抗血友病因子。将约 200mL 新鲜冷冻血浆在 1～6℃复融后留下冰渣状不溶性成分，迅速高速离心，移去上层血浆，剩下的白色沉淀物即为"冷沉淀"，连同剩下的少量血浆即刻置于−30℃冷冻。从新鲜冷冻血浆完全融化到分离结束不应超过 1h。其有效成分主要是凝血因子Ⅷ和纤维蛋白原，其他主要成分还有纤维粘连蛋白和因子Ⅻ等。用于补充凝血因子Ⅷ、纤维蛋白原、因子Ⅻ等。分离出沉淀后的血浆称"去冷沉淀新鲜冷冻血浆"，这种血浆中因子Ⅷ和纤维蛋白原含量较低，可作为普通冷冻血浆使用。

（三）血浆蛋白制品

血浆蛋白制品是指从人血浆中分离制备的有明确临床疗效和应用意义的蛋白制品的总称，国际上将这部分制品称为血浆衍生物。血浆蛋白成分中主要是白蛋白和免疫球蛋白，此外还有百余种小量和微量的蛋白质、多肽成分。

已知及已鉴定的血浆蛋白制品超过百种，但能够生产成制品的只是其中的少数。发达国家已可从血浆中生产五大类 20 余种制品（表 11-1），我国目前能够生产并正式获准使用的只有白蛋白、免疫球蛋白、凝血因子Ⅷ、纤维蛋白原、凝血酶原复合物等数种产品。

表 11-1 国外生产的部分血浆蛋白制品

制品类别	主要制品
蛋白制品类	白蛋白、蛋白成分等
免疫球蛋白类	免疫球蛋白、特异性免疫球蛋白
凝血因子类	纤维蛋白原，凝血因子Ⅱ、Ⅶ、Ⅷ、Ⅸ、Ⅺ、Ⅻ，vWF 多因子复合物，蛋白 C 等
生物材料类	纤维蛋白胶等
蛋白酶抑制剂类	抗凝血酶、α_1-抗胰蛋白酶等

1. 白蛋白类制品

白蛋白类制品还包括血浆蛋白组分，也叫血浆蛋白溶液，其中白蛋白占 85% 左右，其

余主要是血浆中的 α-球蛋白或 β-球蛋白。白蛋白是血浆中含量最高的蛋白质，临床需求量大，本身性质稳定，是最基本的血浆制品。

白蛋白制品的主要作用是：调节血浆胶体渗透压，扩充和维持血容量，Ig 白蛋白可产生 0.79kPa 渗透压，增加循环量 13～24mL；提高血浆白蛋白水平；维持血液中金属离子的结合和运输。临床上白蛋白制剂主要用于烧伤、失血性休克、水肿及低蛋白血症的治疗。

2. 免疫球蛋白类制品

免疫球蛋白根据其结构不同，分为 IgA、IgD、IgE、IgG 和 IgM5 种。IgA 常以二聚体形式存在于分泌液中，参与黏膜抗感染免疫；IgM 常以五聚体形式存在；IgE 参与过敏反应；IgG 是作用最广泛、含量最多的抗体，可参与多种免疫反应。这类蛋白构成了机体防御感染的体液免疫系统，它和细胞免疫系统一起，对机体抵抗外来病原物的侵袭发挥了极其重要的作用。

免疫球蛋白制剂包括肌内注射免疫球蛋白、静脉注射免疫球蛋白和特异性免疫球蛋白制剂三类。其主要作用是给受者补充免疫抗体，以增强机体的体液免疫，临床效果主要取决于制剂中所含抗体的种类及其生物学效价。

3. 补体系统蛋白制品

补体系统是由一系列蛋白质分子组成的，是机体的主要防御体系之一，在许多生物学反应中，如吞噬、调理、趋化和细胞溶解等，都有着重要作用。另外，补体在自身免疫性疾病及循环疾病中起着损伤机体的作用。

补体系统Ⅰ因子制品现在已进入临床，用于先天性Ⅰ因子缺乏症。临床研究表明，输注纯化了的Ⅰ因子浓缩剂 32mL（相当于 640mL 正常人血浆中的Ⅰ因子含量），就可以完全纠正患者的补体功能，其效果可以维持 17d。

4. 凝血系统蛋白制品

血浆中的凝血系统蛋白在维持机体的正常凝血机制、保护血管渗漏方面起着重要作用。这类蛋白包括与凝血有关的蛋白质、酶或因子等，如纤维蛋白原、凝血酶原、纤溶酶原等。该类蛋白的含量大多是微量或超微量。表 11-2 列出了人血浆中的各种凝血系统蛋白（因子）。

表 11-2　人血浆中的各种凝血系统蛋白（因子）

国际命名	常用名（习惯名称）	正常含量/(mg/dL)	国际命名	常用名（习惯名称）	正常含量/(mg/dL)
因子Ⅰ	纤维蛋白原	200～450	因子Ⅹ	Stuart 因子	1.5～4.7
因子Ⅱ	凝血酶原	5～10	因子Ⅺ	血浆凝血酶前质	约 0.5
因子Ⅲ	组织因子		因子Ⅻ	接触因子	1.5～4.7
因子Ⅳ	钙离子		因子ⅩⅢ	纤维蛋白稳定因子	1.0～4.0
因子Ⅴ	前加速素,易变因子			激肽酶原	4～5
因子Ⅶ	前转化素,稳定因子			高分子量激肽酶原	6
因子Ⅷ	抗血友病因子	0.1～1		纤溶酶原	10～15
因子Ⅸ	血浆凝血酶激酶成分	0.1～0.7		蛋白 C	0.4～0.5

凝血因子制剂可用于凝血因子缺乏症的治疗。目前用于临床的凝血因子类制剂主要有因子Ⅷ类制剂，因子Ⅸ类制剂，因子Ⅱ、因子Ⅶ、因子Ⅺ、因子Ⅹ复合物制剂及纤维蛋白原类制剂。已开发的其他凝血因子类制品还有因子Ⅺ、因子Ⅻ制品等，但因其适应证范围较窄，目前临床使用不够广泛。

5. 蛋白酶抑制剂类制品

表 11-3 列出了人血浆中几种主要的蛋白酶抑制剂。在这一类物质中，α₁-抗胰蛋白酶含

量最高，它能保护机体正常细胞不受蛋白酶的破坏和损伤，能协助控制感染和炎症，维持机体内环境的稳定。α_1-抗糜蛋白酶的作用和 α_1-抗胰蛋白酶相似。间-α-胰酶抑制物和 α_1-抗胰蛋白酶、α_2-巨球蛋白共同作用，有制约、中和、清除某些蛋白酶的作用，能防止凝血系统蛋白酶的自身消化引起的副反应。抗凝血酶Ⅲ能在肝素的促进下，与凝血酶形成复合物，使凝血酶失活，制约凝血作用。抗凝血酶Ⅲ缺失或缺陷与血栓形成有关。现已开发应用的蛋白酶抑制剂制品主要有 α_1-抗胰蛋白酶、抗凝血酶Ⅲ、α_2-巨球蛋白及 Ci-脂酶抑制剂等。

表 11-3　人血浆中主要的几种蛋白酶抑制剂

抑制物名称	相对分子质量/×10³	正常含量/(mg/dL)	抑制物名称	相对分子质量/×10³	正常含量/(mg/dL)
α_1-抗胰蛋白酶	54	290±45	Ci-酯酶抑制剂	104	23.5±3.0
α_1-抗糜蛋白酶	60	48.7±6.5	α_2-巨球蛋白	725	260±70
间-α-胰酶抑制剂	160	50.0	α_2-抗纤溶酶	70	7.0
抗凝血酶Ⅲ	65	23.5±2.0			

6. 血浆运载蛋白类制品

这是一类能在血液循环中对机体的营养物质、代谢产物、激素、药物等进行转输的血浆蛋白。人血浆中主要的运载蛋白列于表 11-4。白蛋白的含量最高，其次是脂蛋白，它们构成一组能转运脂质、固醇和激素等的特殊蛋白。

现在临床中应用的血浆运载蛋白类制品有结合珠蛋白、运铁蛋白、铜蓝蛋白等。

表 11-4　人血浆中主要的运载蛋白

蛋白名称	正常含量/(mg/dL)	主要功能
白蛋白	500～5500	转运脂肪酸、色素、阳离子、药物、维生素 C
前白蛋白	25	结合转运甲状腺素结合蛋白和视黄醇结合蛋白
α-脂蛋白	360	转运脂质、胆固醇、激素等
β-脂蛋白	400	转运脂质、胆固醇、激素等
结合珠蛋白	170～235	转运循环中游离血红蛋白
血红蛋白结合蛋白	80	转运游离血红素
转铁蛋白	295	将铁转运至网织红细胞和其他组织
铜蓝蛋白	35	结合转运铜，调节铜吸收等
转钴胺素蛋白Ⅰ	微量	转运维生素 B_{12}
GC 球蛋白	40	转运维生素 B_3
视黄醇结合蛋白	4.5	转运视黄醇
甲状腺素结合球蛋白	1～2	甲状腺激素的结合载体

7. 其他血浆蛋白制品

除上述介绍的主要种类外，血浆中其他很多活性蛋白均有潜在的药用价值，如血清胆碱酯酶可用于有机磷中毒的治疗、琥珀酰胆碱麻醉后过长窒息的救护等，现已有商品上市。

二、血液制品的安全性

1. 可经血液制品传播的病毒

血液制品既抢救了成千上万人的性命，同时也存在传播疾病的可能，给人类健康带来威胁。已经确认可以通过受污染的血液和其制品传播的病毒主要有乙型肝炎病毒（HBV）、丙型肝炎病毒（HCV）、人类免疫缺陷病毒（HIV）和嗜人 T 淋巴细胞病毒Ⅰ型（HTLV-Ⅰ）等，此外，尚有巨细胞病毒（CMV）、非洲淋巴细胞瘤病毒（EBV）、甲型肝炎病毒（HAV）、人类乳头状瘤病毒（HPV）和雅克病病毒（CJDV）等。其中 HIV、HBV 和

HCV 几种病毒由于感染率高，危害特别严重，受到人们的普遍关注。

由于血液及血液制品有传播病毒的可能性，所以严重影响了其在疾病的预防和治疗上的应用。因此，在血液制品的生产中，必须加入病毒灭活、去除工艺，以保证血液制品的安全性。

2. 血液制品病毒灭活/去除方法

用于血液和血液制品病毒灭活/去除的方法多种多样，最早研究应用的是加热法，目前在研究和应用的方法可分为物理学方法、化学方法和物理-化学联合方法。表 11-5 列出了用于血液制品病毒灭活/去除的主要方法。

表 11-5　血液制品病毒灭活/去除的主要方法

分　　类	病毒灭活/去除方法	应用处理的血液制品
物理方法	加热	血浆，白蛋白，静脉注射丙种球蛋白、凝血因子制品、血细胞制品
	照射	
	射线照射（X 射线，γ 射线）	
	紫外线	
	物理分离	
	过滤	
	离心、洗涤	
	色谱	
化学方法		
针对核酸	烷化剂	血浆、血浆蛋白制品
针对膜脂质	有机溶剂/表面活性剂、氧化剂	
物理-化学联合方法	光敏剂＋紫外线或可见光	红细胞、血小板、血浆
	有机溶剂/表面活性剂＋色谱	

（1）加热　自 1948 年开始，巴氏消毒法（60℃，液态加热 10h）已成功地应用于清（白）蛋白制品的生产，并证明作为病毒灭活方法是安全有效的。温度越高、加热时间越长，则病毒灭活作用越强。目前采用的都是高温（60℃、80℃等）和长时间加热。

为了减少加热时高温对血浆蛋白分子，特别是热不稳定的凝血因子的损害，常选用各种化合物作为保护剂。最早成功地用于白蛋白制品巴氏消毒法工艺的保护剂是辛酸钠和色氨酸盐。对其他制品常用的保护剂有低分子量糖（蔗糖、葡萄糖、麦芽糖等）、氨基酸（如甘氨酸）和柠檬酸盐。

（2）有机溶剂/表面活性剂　有机溶剂/表面活性剂法是最早成功地应用于血浆蛋白制品，特别是高危凝血因子制品的病毒灭活技术。

有机溶剂在疫苗研究中被用以处理脂质包膜病毒，使病毒丧失传染性，从而制成疫苗。经血传播的主要病毒 HIV、HBV、HCV 均为脂质包膜病毒。有机溶剂能破坏病毒包膜脂质使病毒失去传染性和繁殖复制能力。而表面活性剂可以进一步提高有机溶剂破坏病毒脂质包膜的能力，从而提高病毒灭活效力。应用的有机溶剂为磷酸三丁酯。表面活性剂应用的有 Tween 80、胆酸钠、Triton X-100。

（3）β-丙内酯法　β-丙内酯是一种烷化剂，可以单独用来灭活病毒或与紫外线照射结合起来应用。原先 β-丙内酯用于在制备死病毒疫苗时灭活病毒，后来转用于杀灭血液制品中的病毒。

β-丙内酯灭活病毒的主要机制是和病毒核酸起反应，使病毒失去传染性。另外，β-丙内酯也能使病毒蛋白变性，当联合应用紫外线照射时，进一步增强其病毒灭活作用。β-丙内酯/紫外线照射方法一般应用 0.25% 的 β-丙内酯，在 pH7.2 条件下作用 60min，紫外线照射用 UVA，早期也曾试用过 UVC。

（4）纳米过滤　对于一些表面直径较小不能通过滤膜而被除去的病毒如 HAV 和细小病毒 B19 等，利用纳米膜过滤是最有效的去除方法。

目前，常用的滤膜孔径为 35nm，经血液传播的病毒，如 HIV、HBV、HCV 均不能通过滤膜而被除去。当然，也可以根据制品的特点而选用不同孔径的滤膜。

过滤除病毒主要应用于静脉注射免疫球蛋白制品（其蛋白质分子较小），而且往往与其他方法，如有机溶剂/表面活性剂法、加热法合用，以进一步提高制品的病毒安全性，一般不单独应用于处理血液制品。

（5）低 pH 法　低 pH 法主要应用于静脉注射免疫球蛋白的病毒灭活，该方法简单易行，将免疫球蛋白溶液的 pH 降低至 4.0（或 4.25），有的还加入微量的胃蛋白酶，在常温条件下孵育一定时间可以杀灭其中可能存在的病毒。孵育时间最初为 20h，以后证明需要延长至 50h 或更长。

3. 病毒灭活/去除效果的验证

灭活/去除病毒的方法是否有效，还必须通过实验室小量或中量规模模拟生产中病毒灭活去除处理时的各种条件，用加入指定的标志病毒来加以确证，这就是病毒灭活/去除效果的验证。进行灭活病毒验证时，通常采用缩小规模的方式，在料液中加入足够量的指示病毒，然后按照工艺条件完成病毒灭活步骤，甚至完成整个工艺过程。然后检测病毒的残留量，所采用的灭活方法其病毒灭活率至少达到 99.9999%。已用于病毒灭活/去除验证的病毒有多种，但目前病毒灭活验证实验中多采用 HIV、水泡性口炎病毒、辛德毕斯病毒 3 种病毒作为指示病毒。需要注意的是，在设计病毒灭活/去除实验时，必须要根据实际情况，如生产工艺、制品种类、血液来源等综合考虑。

第四节　病毒疫苗

疫苗是将病原微生物（如细菌、立克次氏体、病毒等）及其代谢产物，经过人工减毒、灭活或利用基因工程等方法制成的用于预防传染病的自动免疫制剂。疫苗保留了病原微生物刺激动物体免疫系统的特性。当动物体接触到疫苗后，免疫系统便会产生一定的保护物质，如免疫激素、活性生理物质、特殊抗体等；当动物再次接触到相应的病原微生物时，动物体的免疫系统便会依循其原有的记忆，制造更多的保护物质来阻止病原微生物的伤害。国内常将由细菌制作的人工主动免疫生物制品称为菌苗，将病毒、支原体等微生物制成的生物制品称为狭义疫苗，现在国际上一般将细菌性制剂、病毒性制剂以及类毒素统称为疫苗。

一、传统病毒疫苗

传统疫苗的研制和生产主要是通过改变培养条件，或在不同寄主动物上传代致使致病微生物毒性减弱，或通过物理化学方法将其灭活来完成的，称为第一代疫苗，是长期以来用于传染病预防的主要生物制品，传统疫苗主要包括下面几种形式。

1. 灭活疫苗

灭活疫苗又称死疫苗，是指利用加热或甲醛等理化方法将人工大量培养的完整的病原微生物杀死，使其丧失感染性和毒性而保持其免疫原性，并结合相应的佐剂而制成的疫苗。疫苗液中除含有灭活的病毒颗粒外，还含有细胞成分和培养病毒时加入的牛血清等蛋白质类物质，多次接种疫苗容易发生过敏反应。至20世纪80年代，超滤、区带离心和柱色谱技术的广泛应用，使大规模制备纯化疫苗成为可能。我国新开发的狂犬病病毒、甲型肝炎、流感和乙型脑炎灭活疫苗也已改进为纯化疫苗。

灭活疫苗中含有的病毒颗粒或菌体及寄生虫经过灭活剂处理后，其感染性已被灭活剂所灭活，而其抗原性仍然保留。灭活疫苗一般只能刺激机体产生抗病毒外膜蛋白的循环性抗体IgM和IgG，表现一定程度的保护力。目前广泛应用的灭活疫苗有乙型脑炎疫苗、流感疫苗、狂犬疫苗、脊髓灰质炎疫苗等。

2. 减毒活疫苗

减毒活疫苗又称弱毒疫苗，是指将微生物的自然强毒株通过物理的、化学的和生物学的方法，连续传代，使其对原宿主丧失致病力，或只引起亚临床感染，但仍保持良好的免疫原性、遗传特性，用这种毒株制备的疫苗就叫减毒活疫苗。当前使用的病毒疫苗多数是减毒活疫苗，如脊髓灰质炎、麻疹、风疹和腮腺炎等活疫苗及近年来开发的甲型肝炎和乙型脑炎活疫苗。活疫苗具有可诱发全面的免疫应答反应（体液免疫和细胞免疫）、免疫力持久等优点。

制备减毒活疫苗的首要工作就是选择合适的减毒疫苗菌、毒株。其减毒标准应达到足以产生模拟自然发生的隐性感染、引起免疫应答的满意水平，但不诱生临床症状。当前用于制造活疫苗的毒种，大多来源野生株，通过人工减毒过程获得。

3. 亚单位疫苗

亚单位疫苗是指提取或合成细菌、病毒外壳的特殊蛋白结构，即抗原决定簇制成的疫苗，这类疫苗不是完整的病毒，是病毒的一部分物质，故称亚单位疫苗。亚单位疫苗仅有几种主要表面蛋白，因而能消除病毒（或细菌）的许多无关抗原决定簇和粗制或半提纯的病毒（或细菌）制剂诱发的不良反应。灭活疫苗、减毒活疫苗和亚单位疫苗三类疫苗的比较列于表11-6。

表 11-6　三类疫苗的比较

项　目	灭活疫苗	减毒活疫苗	亚单位疫苗
制备方法	通过化学或物理方法使病原体失活	通过非正常培养选择减毒株或弱毒株	以化学方法获得病原体的某些具有免疫原性的成分
免疫机理	病原体失去毒力，但保持免疫原性，接种后产生特异性抗体或致敏淋巴细胞	接种后病原体在体内有一定生长繁殖能力，似隐性感染，产生细胞、体液和局部免疫	接种后能刺激机体产生特异性免疫
疫苗稳定性	相对稳定	相对不稳定	稳定
毒力回升	不可能	有可能	不可能
免疫接种	多次免疫接种	一般为一次性	多次免疫接种
安全性	较安全	对免疫缺陷者有危险	安全性好
常用疫苗	乙型脑炎、脊髓灰质炎灭活疫苗	麻疹、脊髓灰质炎减毒活疫苗	白喉、破伤风类毒素

二、新一代病毒疫苗

新一代病毒疫苗（新型疫苗）主要指利用基因工程技术研制的疫苗，包括基因工程亚单位疫苗、基因工程载体疫苗、核酸疫苗、基因缺失活疫苗、蛋白质工程疫苗等，通常将遗传重组疫苗、合成肽疫苗、抗独特型抗体疫苗包括在新型疫苗范畴。

1. 基因工程疫苗

基因工程疫苗，也称遗传工程疫苗，是指使用重组 DNA 技术克隆并表达保护性抗原基因，利用表达的抗原产物或重组体本身制成的疫苗。主要包括基因工程亚单位疫苗、基因工程载体疫苗、核酸疫苗、基因缺失活疫苗及蛋白质工程疫苗 5 种。

用基因工程表达的抗原其优点：①产量大；②纯度高；③免疫原性好，原则上讲，用这些疫苗接种人体，都可使之获得抗性而免受病原体的感染；④安全性高，它只含有病原体的一种或几种抗原，而不含有病原体的其他遗传信息，不含有感染性组分，因而不需要灭活，也无致病性。

几种基因工程疫苗的比较总结于表 11-7。

表 11-7　几种基因工程疫苗的比较

项　目	基因工程亚单位疫苗	基因缺失或突变疫苗	活载体疫苗	核酸疫苗
免疫效果	较差	好	好	较好
免疫次数	多次	一次	一次	一次
佐剂	需要	不需要	不需要	需要
安全性	好	好	较好	好
稳定性	强	强	较强	较强
保存期	长	长	较长	较长
研制周期	较长	较长	长	短

2. 遗传重组疫苗

遗传重组疫苗是指使用经遗传重组方法获得的重组微生物制成的疫苗。通常是将对人体无致病性的弱毒株与强毒株（野毒株）混合感染，弱毒株与野毒株间发生基因组片段交换造成重组，然后使用特异方法筛选出对人体不致病的但又含有野毒株强免疫原性基因片段的重组毒株。目前已研制成功的遗传重组疫苗有使用甲型流感弱毒株与流感病毒野毒株重组获得的流感减毒活疫苗，使用对人体不致病的恒河猴轮状病毒与小儿轮状病毒野毒株重组获得的小儿轮状病毒减毒活疫苗等。遗传重组是分节段基因组病毒疫苗研制的重要途径。

3. 合成肽疫苗

合成肽疫苗，也称为表位疫苗，是指使用化学方法合成能够诱发机体产生免疫保护的多肽制成的疫苗。制成这类疫苗的前提是对目的蛋白质一级和高级结构进行分析，预测该蛋白质的抗原表位，并通过筛选确定有保护性抗原作用的肽段。这种方法主要适用于由连续氨基酸序列组成的抗原表位。

4. 微胶囊疫苗

微胶囊疫苗，也称可控缓释疫苗，指使用微胶囊技术将特定抗原包裹后制成的疫苗，是一种使用现代材料和工艺技术改进现有疫苗的剂型，简化免疫程序，提高免疫效果的新型疫苗。微胶囊是由丙交酯和乙交酯的共聚物制成的，可干燥成粉末状颗粒，不需稳定剂。微胶囊包裹的疫苗，由于两种酯类的比例不同，颗粒大小和厚薄不同，注入机体后可在不同时间有节奏地释放抗原，释放的时间持续数月，高抗体水平可维持两年，因此微胶囊是一个疫苗释放系统，可起到初次接种和加强接种的作用。粒径小于 $10\mu m$ 的微胶囊在注射部位可被巨噬细胞吞噬并携带至淋巴结附近和免疫系统其他部位，具有更强的免疫效果。大于 $30\mu m$ 的微胶囊，更适于做可控缓释。微胶囊包裹糖蛋白或全病毒也证明具有提高免疫效果的作用。此外，微胶囊在肠道内不受酸或酶的影响，可用于口服。

本 章 小 结

　　采用现代生物技术手段人为地创造一些条件，借用某些微生物、植物或动物体生产的初级代谢产物或次级代谢产物，制成作为诊断、治疗、预防疾病的医药用品，统称为生物制品。根据其用途可分为预防用品、治疗用品和诊断用品三大类。

　　本章对生物制品一般制备方法、质量检测与控制、保存与运输，以及血液制品、病毒疫苗等作了详细的介绍。

习　题

1. 何谓生物制品？生物制品如何分类？
2. 生物制品制备的主要技术有哪些？
3. 生物制品如何保存与运输？
4. 血液制品有哪些？应如何保证血液制品的安全性？
5. 病毒疫苗有哪些种类？对保障人类健康有何意义？

参 考 文 献

[1] 林元藻，王凤山．生化制药学．北京：人民卫生出版社，1998.

[2] 周东坡，赵凯，马玺．生物制品学．第2版．北京：化学工业出版社，2014.

[3] 卢锦汉，章以浩，赵铠．医学生物制品学．北京：人民卫生出版社，1995.

[4] 邱玉华．生化分离与纯化技术．北京：化学工业出版社，2007.

[5] 朱威．生物制品基础及技术．北京：人民卫生出版社，2003.

[6] 董德祥．疫苗技术基础及应用．北京：化学工业出版社，2002.

[7] 李忠明．当代新疫苗．北京：高等教育出版社，2001.

[8] 辛秀兰．生化分离与纯化技术．北京：科学出版社，2005.

[9] 熊宗贵．生物技术制药．北京：高等教育出版社，2000.

[10] 汪家政，蒋明．蛋白质技术手册．北京：科学出版社，2000.

[11] 邓才彬．生物药品制剂工艺．北京：人民卫生出版社，2003.

[12] 程备久．现代生物技术概论．北京：中国农业出版社，2003.

[13] 欧阳平凯，胡永红．生化分离原理及技术．北京：化学工业出版社，1999.

[14] 孙彦．生物分离工程．北京：化学工业出版社，1998.

[15] 郭勇．生物制药技术．北京：中国轻工业出版社，2000.

[16] 王永芬．生物制品生产技术．北京：化学工业出版社，2013.

[17] 吴梧桐．生物制药工艺学．北京：中国医药科技出版社，2001.

[18] 蒋立科，杨婉身．现代生物化学实验技术．北京：中国农业出版社，2003.

[19] 周海钧，程夷，唐元泰．药品生物鉴定．北京：人民卫生出版社，2005.

[20] 齐香君，现代生物制药工艺学．北京：化学工业出版社，2003.

[21] 李津，俞咏霆，董德祥．生物制药设备和分离纯化技术．北京：化学工业出版社，2003.

[22] 张惟杰．糖复合物生化研究技术．杭州：浙江大学出版社，1994.

[23] 国家药典委员会．中华人民共和国药典．北京：中国医药科技出版社，2015.

[24] 崔晓江，刘枝俏，田颖川．杀菌肽的研究进展及应用前景．生物化学与生物物理进展，1995，22（1）：5-8.

[25] 辛秀兰．现代生物制药工艺学．第2版．北京：化学工业出版社，2016.

[26] 马大龙，生物技术药物．北京：科学出版社，2001.

[27] 李津明．现代制药技术．北京：中国医药科技出版社，2005.

[28] 吴剑波．微生物制药．北京：化学工业出版社，2002.

[29] 朱宝泉．生物制药技术．北京：化学工业出版社，2004.

[30] 戎志梅．生物化工新产品与新技术开发指南．北京：化学工业出版社，2004.

[31] Daniel Figeys. Industrial Proteomics：Applications for Biotechnology and Pharmaceuticals. Hoboken：Wiley，2005.

[32] James P. Wood. Containment in the Pharmaceutical Industry. New York：M. Dekker，2001.

[33] Rodger Edwards. Pharmaceutical Engineering Series. Butterworth-Heinemann，2004

[34] Stefania Spada and Gary Walsh. Directory of Approved Biopharmaceutical Products. Boca Raton：CRC Press，2005.

[35] Syed Imtiaz Haider. Pharmaceutical Master Validation Plan：the Ultimate Guide to FDA，GMP，and GLP compliance. Boca Raton：St. Lucie Press，2002.

[36] Timothy M. Crowder. A Guide to Pharmaceutical Particulate Science. Boca Raton，Fla.：Interpharm Press/CRC，2003.